# 电力系统基础

DIANLI XITONG JICHU

郭新华 / 主编

电子科技大学出版社
University of Electronic Science and Technology of China Press
· 成都 ·

**图书在版编目(CIP)数据**

电力系统基础 / 郭新华主编. -- 成都：电子科技大学出版社，2019.6

ISBN 978-7-5647-7256-7

Ⅰ. ①电… Ⅱ. ①郭… Ⅲ. ①电力系统－高等学校－教材 Ⅳ. ①TM7

中国版本图书馆CIP数据核字（2019）第150005号

**电力系统基础**

**郭新华　主编**

策划编辑　罗　雅
责任编辑　唐祖琴

出版发行　电子科技大学出版社
　　　　　成都市一环路东一段159号电子信息产业大厦九楼　邮编　610051
主　　页　www.uestcp.com.cn
服务电话　028-83203399
邮购电话　028-83201495

印　　刷　成都市火炬印务有限公司
成品尺寸　185mm × 260mm
印　　张　12
字　　数　300千字
版　　次　2019年6月第1版
印　　次　2019年6月第1次印刷
书　　号　ISBN 978-7-5647-7256-7
定　　价　40.00元

# 前　言

随着社会经济的发展，电力系统基础在现代电力系统运行管理中的作用越来越重要，其发展趋势是在电力系统的各个方面实现自动化技术的综合。目前，电力系统自动化正在向着功能更加强大的、更高层次的综合自动化技术方向发展。同时，电力系统学科也得到更新、丰富与发展，对电力技术工作者的要求也越来越高，各电力部门急需大量既懂电力知识又懂计算机、通信技术等方面的综合性人才。

本书是根据普通高等学校和高等职业学校人才的培养目标，以及社会对电力工程人才培养的需求所编写的。本书内容丰富，浅显易懂，注重电力系统技术的实际应用，主要作为普通高等学校和高等职业学校电气工程及其自动化等相关专业的教材，也可作为电力工程技术人员的参考用书。

由于作者水平有限，加之电力系统新技术发展之快，书中错误和不足之处在所难免，敬请专家和读者批评指正，作者不胜感激。

编　者

# 目　录


**第1章　绪　论** ……1

1.1　电力系统的基本组成 ……1
1.2　电力系统运行的特点和要求 ……3
1.3　电力系统负荷 ……5
1.4　电力系统中性点运行方式 ……11
1.5　电力网 ……16

**第2章　电力系统的接线及设备** ……20

2.1　电力网的接线方式 ……20
2.2　电力线路的结构 ……21
2.3　配电装置 ……29
2.4　高压电器设备 ……33
2.5　接地保护 ……39

**第3章　电力系统的等值电路及潮流计算** ……42

3.1　电力线路的参数及其等值电路 ……42
3.2　变压器的参数及其等值电路 ……45
3.3　负荷的参数及其等值电路 ……52
3.4　电力系统的等值网络 ……55
3.5　开式网络的潮流分析 ……61
3.6　简单闭式网络的潮流分析 ……64

**第4章　电力系统电能质量与功率平衡** ……69

4.1　电力系统电能质量 ……69
4.2　电力系统中有功功率平衡 ……71
4.3　电力系统的频率特性 ……73
4.4　电力系统的频率调整 ……77
4.5　电力系统的自动调频方法 ……80
4.6　电力系统总无功功率平衡 ……86
4.7　电力系统综合负荷的电压静态特性 ……93

4.8 电力系统的电压和无功管理 ……95
4.9 电力系统的电压调整 ……98

**第5章 电力系统故障分析 ……102**

5.1 电力系统故障分析概述 ……102
5.2 无穷大电源供电电路的三相短路 ……105
5.3 电力系统三相短路电流的实用计算 ……110
5.4 电力系统不对称故障的分析和计算 ……112

**第6章 电力系统稳定运行 ……138**

6.1 概述 ……138
6.2 同步发电机的功—角特性 ……138
6.3 电力系统静态稳定性 ……142
6.4 电力系统暂态稳定性 ……159
6.5 提高电力系统稳定性的措施 ……179

**参考文献 ……186**

# 第1章 绪 论

## 1.1 电力系统的基本组成

电力系统通常是由发电机、变压器、电力线路和用户等组成的三相交流系统。

电力系统中的电气设备也称电力系统的元件，它们之间既有区别，又相互作用。发电机产生电能，升压变压器把发电机发出的低压电变换成高压电，由输电线路进行输送，降压变压器把线路中的高压电能变换为低压电能，便于用户使用。由生产、输送、分配和使用电能的电气设备连接在一起组成的统一整体称为电力系统。

确切地说，电力系统是指由发电机、变压器、电力线路、用户的用电设备等在电气上相互连接所组成的有机整体，如图 1-1 所示。

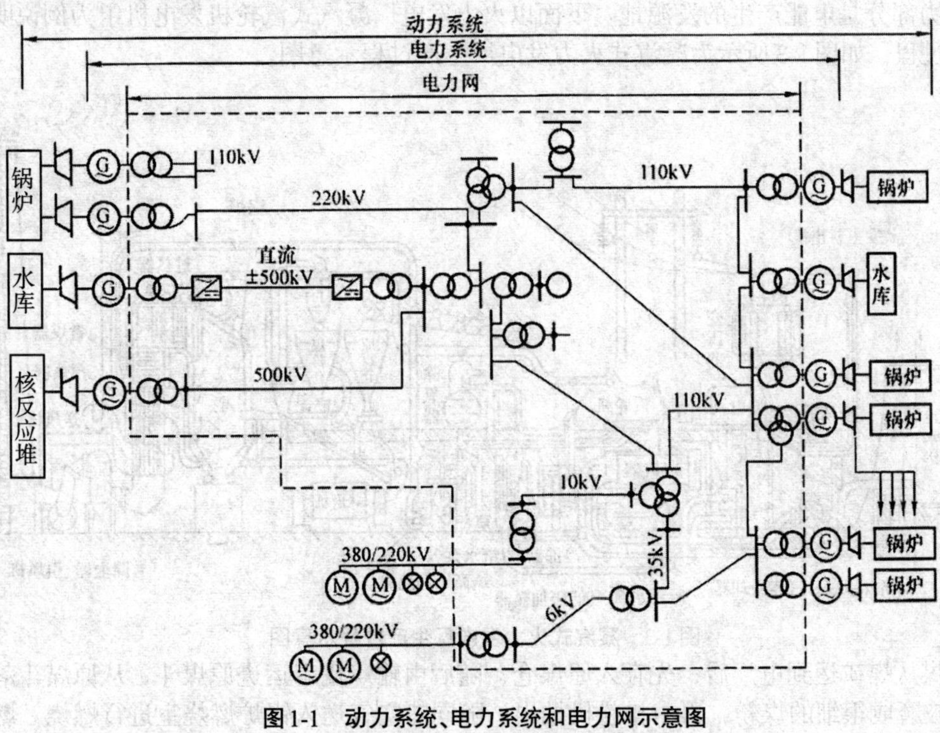


图 1-1 动力系统、电力系统和电力网示意图

Ⓖ—发电机；Ⓜ—电动机；⊗—电灯；—换流器；

—双绕组变压器；—三绕组变压器；—自耦变压器；—水轮机、汽轮机与“电力系统”一词相关的还有“电力网”和“动力系统”。电力网是指由各种电压等级的输、配电线路及由它们所联系起来的各类变电站组成的网络。电力网按其本身结构，又分为开环电力网和闭环电力网。凡用户只能从单方向得到供电的电力网称为开环电力网，凡用户可以从两个或两个以上方向得到供电的电力网称为闭环电力网。动力系统是指电力系统和发电厂动力部分的总和。

所谓发电厂动力部分，随电厂的性质不同而不同，主要有以下几种。

(1) 火力发电厂的锅炉、汽轮机、供热网络等。

(2) 水力发电厂的水库、水轮机。

(3) 原子能发电厂的反应堆。

电力网是电力系统的一个组成部分，而电力系统又是动力系统的一个组成部分，三者的关系如图1-1所示。

为了便于分析和讨论，我们常用如图1-2所示的网络来表示简单电力系统。

图1-2　简单电力系统

动力部分是电能产生的发源地。下面以火力发电厂凝汽式汽轮机发电机组为例说明电能的产生过程，如图1-3所示为凝汽式火力发电厂生产过程示意图。

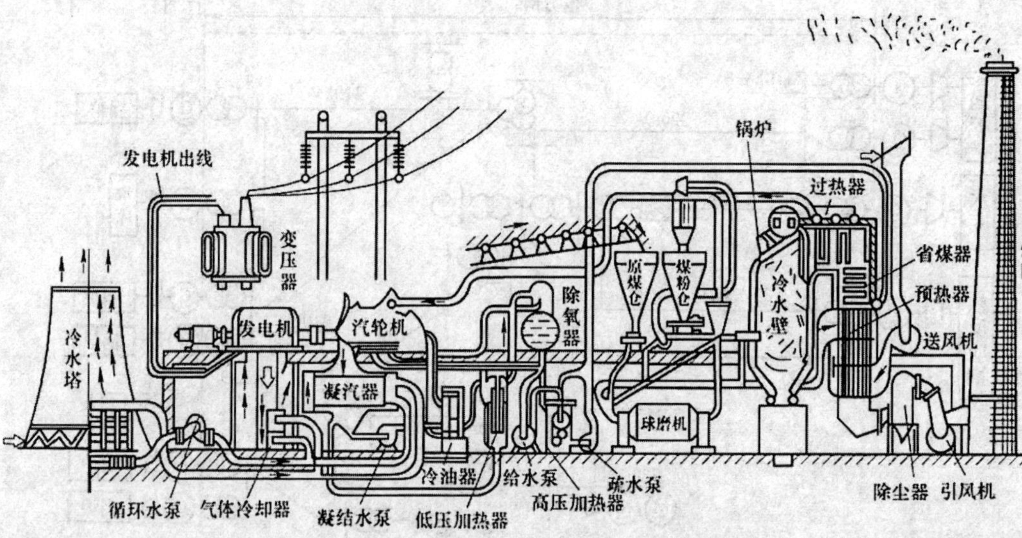


图1-3　凝汽式火力发电厂生产过程示意图

原煤从煤矿运到电厂后，先存入原煤仓，随后由输煤皮带运进原煤斗，从原煤斗落入球磨机中被磨成很细的煤粉，再由排粉机抽出，随同热空气送入锅炉燃烧室进行燃烧。燃烧放出的热量一部分被燃烧室四周的水冷壁吸收，一部分加热燃烧室顶部和烟道入口处过热器中的蒸汽，余下的热量则被烟气携带穿过省煤器、空气预热器传递给这两个设备内的水和空气。烟气经过除尘器净化处理，由引风机导入烟囱并被排入大气。将燃烧时产生的灰渣和由降尘器收集下来的细灰，用水冲进冲灰沟排出厂外。

燃烧用的助燃空气经送风机进入空气预热器中加热，加热后小部分被送往球磨机作为干燥和运送煤粉的介质，其余部分送入燃烧室参与助燃。

水和蒸汽是把热能转化成机械能的重要物质。净化后的给水先送进省煤器进行预热，继而进入汽包，由汽包降入水冷壁管中吸收燃烧室热能后蒸发成为蒸汽。蒸汽通过过热器再次被加热，变为高温高压的过热蒸汽。过热蒸汽经过主蒸汽管道进入汽轮机膨胀做功，推动汽轮机转子转动，将热能变为机械能。做完功的蒸汽在凝结器中冷却凝结成水。凝结水经除氧器去氧、加热器加热后再由给水泵重新送入省煤器预热，便可作为介质继续循环使用。

凝汽器需要的冷却水由循环水泵送入，冷却水在凝汽器中吸热后，流回冷却塔散热，然后再经循环水泵供给凝汽包。由汽轮机转子带动发电机转子旋转，在发电机中又把机械能转换成电能。发电机发出的电能经变压器升高电压后送入高压电力网。

## 1.2 电力系统运行的特点和要求

### 1.2.1 电能的优点

电能在各种能源中占有特殊的地位，具有许多优点。

（1）电能可以很方便地转换成其他形式的能量，如光能、热能、机械能、化学能等。

（2）电能便于生产、输送、分配、使用，易于控制。

（3）自然界中具有丰富的电力资源，如石油、煤、天然气、原子能、水力、太阳能等。

由于这些原因，所以电能是被人们广泛使用的一种能源。

### 1.2.2 电力系统运行的特点

任何一个系统都有自己独有的特征。电力系统的运行和其他工业系统比较起来，具有以下明显特点。

**1. 电能不能大量存储**

电能的生产、输送、分配、消费、使用是同时进行的，每时每刻系统中发电机发出的电能应等于该时刻用户使用的电能，再加上输送这些电能时在电网中损耗的电能。这个产销平衡关系是电能生产最大的特点。

**2. 过渡过程非常迅速**

电能的传输近似于光速，以电磁波的形式传送，传播速度为$30\times10^5$km/s，“快”是其极大的特点。电能从一处输送至另一处所需要的时间仅为千分之几秒；电力系统从一种运行状态过渡到另一种状态的过程也非常快。

**3. 与国民经济各部门密切相关**

现代工业、农业、国防、交通运输业等都广泛使用着电能，此外，在人民日常生活中也广泛使用着各种电器，而且各部门电气化程度越来越高。因此，电能供应的中断或不足，不仅直接影响各行业生产，造成人民生活紊乱，而且在某些情况下甚至会造成政治上的损失或极其严重的社会灾难。

由于这些特点的存在，对电力系统的运行提出了严格要求。

### 1.2.3 对电力系统运行的基本要求

评价电力系统性能的指标是安全可靠性、电能质量和经济性能。根据电力系统运行的特点，电力系统应满足以下三大要求。

1. **保证安全可靠地供电**

电力系统运行首先要满足安全可靠、不间断供电的要求。虽然保证安全可靠、不间断供电是电力系统运行的首要任务，但并不是所有各种负荷都绝对不能停电，一般可按负荷对供电可靠性的要求将负荷分为三级，运行人员根据各负荷的重要程度不同区别对待。

（1）一级负荷。属于重要负荷，如果对该负荷中断供电，将会造成人身事故、设备损坏、产生大量废品，或长期不能恢复生产秩序，给国民经济带来巨大损失。

（2）二级负荷。如果对该级负荷中断供电，将会造成大量减产、工人窝工、机械停止运转、城市公用事业和人民生活受到影响等。

（3）三级负荷。指不属于第一、第二级负荷的其他负荷，短时停电不会带来严重后果，如工厂的不连续生产车间或辅助车间、小城镇和农村用电等。

通常对一级负荷要保证不间断供电，应设置两个或两个以上的独立电源，要求电源之间应能够自动切换；对二级负荷，如有可能也要保证不间断供电，应设置两个独立电源，但电源之间可采用手动切换；当系统中出现供电不足时，三级负荷可以短时断电，一般采用一个电源供电即可。当然，对负荷的这种分级不是一成不变的，会随着国家技术经济政策的改变而改变。

2. **保证良好的电能质量**

我国先后颁布了有关电能质量的6个国家标准，即GB/T 12325—2008《电能质量　供电电压偏差》、GB/T 15945—2008《电能质量　电力系统频率偏差》、GB/T 14549—1993《电能质量　公用电网谐波》、GB/T 15543—2008《电能质量　三相电压不平衡度》、GB/T 12326—2008《电能质量　电压波动和闪变》、GB/T 18481—2001《电能质量暂时过电压和瞬态过电压》。

电力系统的电压和频率正常是保证电能质量的基本指标，电压质量和频率质量一般以偏离额定值的大小来衡量。实际用电设备是按额定电压来设计，若电压偏高或偏低都将影响用电设备运行的技术和经济指标，甚至不能正常工作。一般规定，电压偏移不应超过额定电压的±5%。频率的变化同样影响用电设备正常的工作，以电动机为例，频率降低会引起转速下降，频率升高则转速上升。电力系统运行规定，频率偏移不应超过±0.5Hz。

近些年来，随着冶金工业、化学工业及电气化铁路的发展，电力系统的非线性负荷（如整流设备、电解设备、电力机车等）及冲击性负荷（如电弧炉、轧钢机等）使电能的非线性、非对称性和波动性日趋严重。由于大量非线性负荷接入系统，引起谐波比重增大，交流电波形达不到规定的标准，正弦交流电的波形质量一般以谐波畸变率衡量。所谓谐波畸变率是指周期性交流量中谐波含量（减去基波分量后所得的量）的方均根值与其基波分量的方均根值之比（用百分数表示）。谐波畸变率的允许值随电压等级的不同而不同，如110kV供电时为2%，35kV供电时为3%，10kV供电时为4%。

为将电力系统中的冲击性负荷对供电电压质量的影响控制在合理的范围内，按照标准规定，电力系统公共供电点由冲击性功率负荷产生的电压波动允许值：在10kV及以下为2.5%，35～110kV为2%，220kV及以上为1.6%。电压闪变$\Delta U_{10}$（等值10Hz电压闪变值）允许值：对照明要求较高的白炽灯负荷为0.4%，一般性照明负荷为0.6%。

三相电力系统中三相不对称的程度称为三相不平衡度。用电压或电流负序分量与正序分量的方均根值百分比表示。按标准规定，电力系统公共连接点正常电压不平衡度允许值为

2%，短时不得超过4%。

关于电能质量的暂时过电压和瞬态过电压，按国标规定有下列指标。

（1）系统工频过电压限值。工频过电压限值3 ~ 10kV为$1.1\sqrt{3}$，35 ~ 66kV为$\sqrt{3}$，110 ~ 220kV为1.3。

（2）操作过电压限值。标准过电压限制110 ~ 252kV为3.0，330kV为2.2，550kV为2.0。

由此可知，衡量电能质量的指标是电压偏差、频率偏差、谐波畸变率、三相不平衡度、电压波动和闪变、暂时过电压和瞬态过电压。如果不能满足这些指标要求，无论对用户还是对电力系统本身都会产生不良后果。因此，运行人员必须随时调节电力系统的电压和频率，并在一些地点实施相应限制电压波动措施及谐波治理措施，以保证电力系统的电能质量。

**3. 保证电力系统运行的经济性**

电力系统运行的经济性主要反映在降低发电厂的能源消耗、厂用电率和电力网的电能损耗等指标上。电能所消耗的能源在国民经济能源总消耗中占的比重很大。要使电能在生产、输送和分配的过程中耗能小、效率高，最大限度地降低电能成本有着十分重要的意义。电能成本的降低，不仅意味着能量资源的节省，还将影响各用电部门成本的降低，为整个国民经济带来很大益处。而要实现经济运行，除了进行合理的规划设计外，还需要对整个系统实施最佳的经济调度。

以上对电力系统的三条基本要求，前两条必须保证，在保证可靠性、电能质量的前提下力求经济。把以上几点归纳起来可知，保证为用户供应充足、优质而又经济的电力，就是电力系统运行的基本任务。

## 1.3 电力系统负荷

系统中所有电力用户的用电设备所消耗的电功率总和就是电力系统的负荷，也称为电力系统的综合用电负荷，它是把不同地区、不同性质的所有用户的总负荷加起来而得到。

系统中主要的用电设备有异步电动机、同步电动机、电热设备、整流设备和照明设备等。根据用户的性质，用户用电负荷可分为工业负荷、农业负荷、交通运输负荷和人们生活用电负荷等。在不同性质的用户中，上述各类用电设备的比重也不同。某电力系统曾对若干工业部门各类设备用电功率的比重做过统计，其结果见表1-1。

**表1-1 几个工业部门设备用电功率比重的统计（%）**

| 用电设备 | 综合性中小工业 | 纺织工业 | 化学工业（化肥厂、焦化厂） | 化学工业（电化厂） | 大型机械加工厂 | 钢铁厂 |
|---|---|---|---|---|---|---|
| 异步电动机 | 79.1 | 99.8 | 56.6 | 13.0 | 82.5 | 20.0 |
| 同步电动机 | 3.2 | | 43.4 | | 1.3 | 10.0 |
| 电热设备 | 17.7 | 0.2 | | | 15.0 | 70.0 |
| 整流设备 | | | | 87.0 | 1.2 | |
| 合计 | 100.0 | 100.0 | 100.0 | 100.0 | 100.0 | 100.0 |

电力系统的供电负荷包括综合用电负荷和电力网功率损耗，电力系统的发电负荷包括电力系统的供电负荷和发电厂用电负荷。

### 1.3.1 负荷曲线

用户用电是随时间变化的，而且有很大的随机性。所以电力系统的供电负荷是时刻变化的，相对应的电力系统的功率（或电流）分布、母线电压、系统频率、功率损耗以及电能损耗等也在变化。因此，在分析和计算电力系统的上述运行参数时，首先必须了解负荷随时间的变化规律，用户、变电所、发电厂及电力系统的负荷随时间变化的规律，通常以负荷曲线来表示。一般用直角坐标系的横坐标表示时间，以小时、日、月等为单位，纵坐标表示有功功率、无功功率、视在功率或电流。负荷曲线可以分为有功功率日负荷曲线、无功功率日负荷曲线、年最大负荷曲线、年持续负荷曲线等类型。一般常用的负荷曲线有日负荷曲线和年负荷曲线。

**1. 日负荷曲线**

图1-4表示某用户或地区的日负荷曲线，它可以由自动记录式仪表或运行人员运行记录日志的有关数据画出。日负荷曲线描述了电力负荷24h的变化情况。

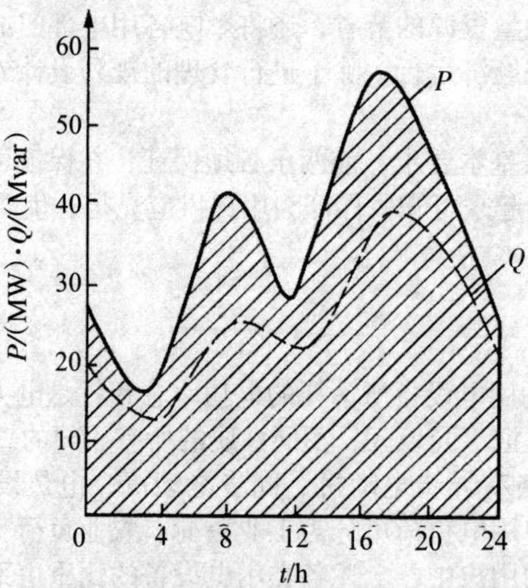


**图1-4 有功功率及无功功率日负荷曲线图**

日负荷曲线，包括有功功率日负荷曲线与无功功率日负荷曲线。由于用户取用有功功率的同时也取用无功功率，无功功率日负荷曲线与有功功率日负荷曲线形状基本相似。不过，当有功功率负荷降低时，由于变压器、电动机取用的励磁无功功率只与电力网电压有关而与负荷无关，所以，无功功率负荷并不成比例地下降。因此，在最小负荷时，无功功率负荷减少的程度比有功功率负荷要小些。

同时，由于照明负荷取用的无功功率甚少，有功功率负荷因照明而出现峰值时，无功功率负荷比有功负荷增加的程度要低些。因此，无功功率负荷曲线比有功功率负荷曲线平坦。

为了方便计算，实际上常把连续变化的负荷看成在测量的那一小段时间内不变，将连续变化的曲线绘制成阶梯形的负荷曲线，如图1-5所示。

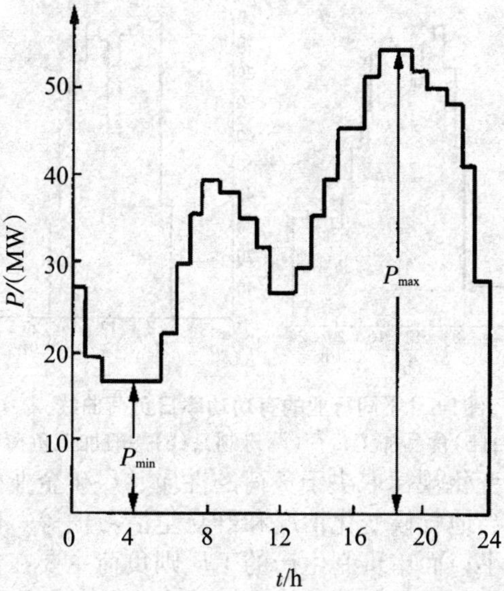


图1-5 阶梯形有功功率日负荷曲线

日负荷曲线中最大值为日最大负荷$P_{max}$，又称峰荷；最小值为日最小负荷$P_{min}$，又称为谷荷。日负荷曲线除了描述电力负荷24h的变化情况，还可以根据有功功率日负荷曲线计算一日的总耗电量，即

$$A=\int_0^{24}P\,\mathrm{d}t \tag{1-1}$$

很明显，这就是日负荷曲线下面所包围的面积。如果有功功率$P$的单位为kW，时间的单位为h，则电能$A$的单位为kW·h。知道了整个电力系统的日负荷曲线，电力系统的调度管理部门就可以据此制订日发电量计划。

日平均负荷$P_{av}$是把一日内各小时的负荷加起来取平均值，其值等于图1-4曲线下的面积除以24h

$$P_{av}=\frac{A}{24}=\frac{1}{24}\int_0^{24}P\,\mathrm{d}t \tag{1-2}$$

表示负荷曲线特性的系数有

负荷系数（负荷率）
$$k_m=\frac{P_{av}}{P_{max}} \tag{1-3}$$

基本负荷系数
$$\alpha=\frac{P_{min}}{P_{av}} \tag{1-4}$$

最小负荷系数
$$\beta=\frac{P_{min}}{P_{max}} \tag{1-5}$$

这三个负荷系数不仅用于日负荷曲线，也用于其他时间段的负荷曲线。对于不同性质的用户，负荷曲线是不相同的。图1-6给出了不同行业的有功功率日负荷曲线。

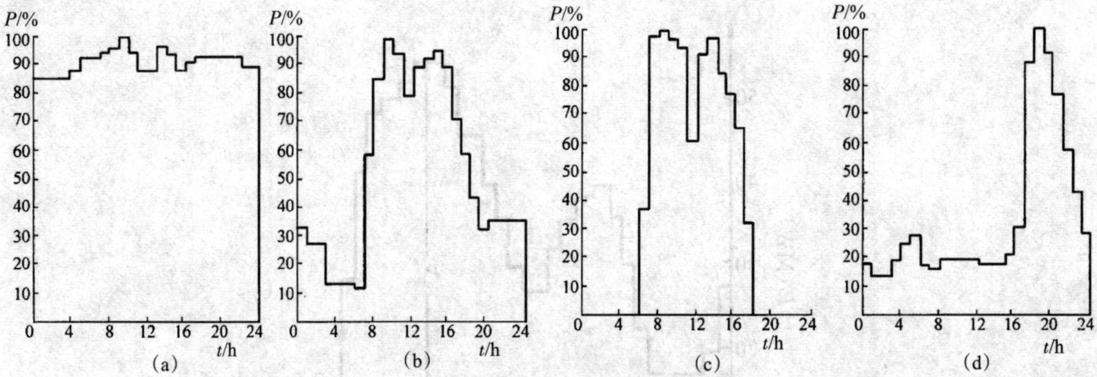


**图1-6　不同行业的有功功率日负荷曲线**

(a)钢铁工业负荷(三班制负荷);(b)食品加工负荷(两班制);(c)一般加工负荷(单班制);(d)人们生活负荷

一般来说，负荷曲线的变化规律取决于负荷的性质、厂矿企业生产的发展情况及作息制度，用电地区的地理位置、当地气候变化情况和群众生活习惯等。例如，照明的最大负荷出现在天黑以后，白天却比较小；而单班制生产的工厂则负荷主要在白天。不同班制工厂的日负荷曲线有很大的差别，单班制的日负荷曲线在一天中变化比较剧烈，而三班制的则比较平稳。另外，就是同一用户的负荷曲线每天也是不完全相同的。例如，一般工作日与休假日负荷差别很大。三班制企业最小负荷率可达到0.85，单班制企业最小负荷率只有0.13。各用户最大负荷不是同时出现，所以系统最大负荷总是小于各用户最大负荷之和。而系统最小负荷总是大于各用户最小负荷之和。

**2.年最大负荷曲线**

在电力系统的运行和设计中，不仅要知道一天之内负荷的变化规律，而且还要知道一年之中负荷的变化规律。最常用的是系统年最大负荷曲线，如图1-7所示。年最大负荷曲线是描述一年内从年初元月一日起至年终系统每月（或每日）最大有功功率负荷变化的情况。它主要用来安排发电设备的检修计划，同时也可制定发电机组或发电厂的扩建或新建计划提供依据。从图1-7中可以看到，夏季的最大负荷比较小些，这是由于夏季日长夜短，气候炎热，照明负荷及其他热负荷普遍减小的缘故。不过，如果季节性负荷如农业加工，防暑降温措施，露天煤矿开掘等负荷比重较大时，则可能使夏季负荷值反而增大。至于年末负荷比年初大，是由于厂矿企业技术革新和电气化程度不断提高以及新建、扩建厂矿投入生产而用电增加的结果。

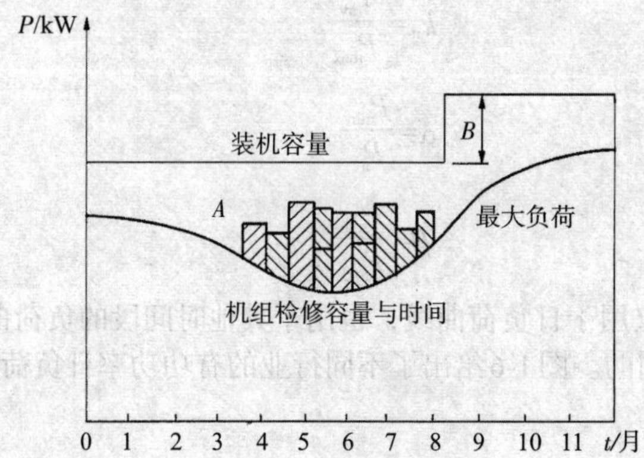


**图1-7　年最大负荷曲线**

图1-7中带斜线小方块的面积$A$代表系统计划检修机组容量和检修时间乘积之和，$B$代表系统新装的机组容量。显然这些退出运行而检修的设备，应安排在年最大负荷曲线低谷的地方，并且不能超过系统装机容量。

**3. 年持续负荷曲线**

在电力系统的分析计算中，还常常用到年持续负荷曲线，如图1-8所示。它是根据全年的负荷变化，按照一年（8760h）中系统负荷的数值大小及其累计时间数的顺序排列而绘制成的。年持续负荷曲线下的面积，表示用户一年中消耗电能的大小，用计算式表示为

$$A=\int_0^{8760} P\,\mathrm{d}t=\sum_{t=1}^{n} P_t\,\Delta t_t \tag{1-6}$$

利用年持续负荷曲线，可以计算出电网一年中电能消耗的大小。

**4. 最大负荷利用时间$T_{max}$**

用户全年所取用的电能与一年内的最大负荷相比所得的时间称为用户年最大负荷利用时间，记作$T_{max}$，用数学式表示为

$$T_{max}=\frac{A}{P_{max}}=\frac{\int_0^{8760} P\,\mathrm{d}t}{P_{max}} \tag{1-7}$$

$T_{max}$的几何意义如图1-8所示。负荷所消耗的电能为曲线从0 ~ 8760h所围成的面积，如果把这一面积用一相等的矩形面积表示，矩形的宽代表最大负荷$P_{max}$，则矩形的长$T_{max}$就表示最大负荷利用小时。$T_{max}$的物理意义是：如果用户始终以最大负荷$P_{max}$运行，则经$T_{max}$小时后，它所消耗的电能恰好等于全年按实际负荷曲线运行所消耗的电能。

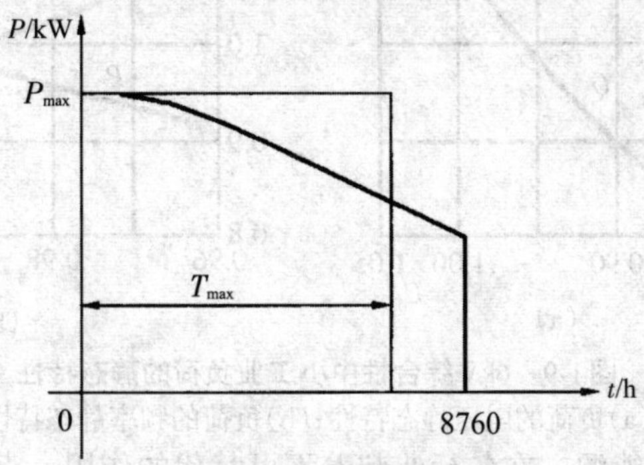


**图1-8　年持续负荷曲线(连续性)**

年最大负荷利用小时数的大小，在一定程度上反映了实际负荷在一年内变化的程度。如果负荷曲线比较平坦，即负荷随时间的变化比较小，则$T_{max}$的值较大；如果负荷变化剧烈，则$T_{max}$的值较小。根据电力系统长期运行和实测所积累的经验，不同类型的负荷，其年最大负荷利用小时数大体上在一定的范围之内，见表1-2。

**表1-2　各类负荷的最大负荷利用小时（$T_{max}$）**

| 负荷类型 | 年最大负荷利用小时/h |
|---|---|
| 户内照明及生活用电 | 2000 ~ 3000 |
| 单班制企业用电 | 1500 ~ 2200 |
| 两班制企业用电 | 2000 ~ 4500 |
| 三班制企业用电 | 6000 ~ 7000 |
| 农业用电 | 2500 ~ 3000 |

在电力网设计与运行中，用户的负荷曲线往往是未知的。但如果知道负荷的性质，掌握了各类用户的年最大负荷利用小时后，就可以选择适当的$T_{max}$值，从而可以利用$A=P_{max}T_{max}$近似地估算出用户的全年耗电量。

### 1.3.2　负荷特性

负荷取用的功率一般是要随系统的运行参数（主要是电压和频率）的变化而变化，反映这种变化规律的曲线或数学表达称为负荷特性。

当频率维持额定值不变时，负荷功率与电压的关系称为负荷的压静态特性；当负荷端电压维持额定值不变时，负荷功率与频率的关系称为负荷的频率静态特性。所谓“静态”，是指这些关系是在系统处于静态下确定的。

各类用户的负荷特性依其用电设备的组成情况而不同，一般是通过实测而定。图1-9表示由6kV电压供电的中小工业负荷的静态特性，其中负荷的组成为异步电动机的79.1%，同步电动机的3.2%，电热电炉的17.7%。

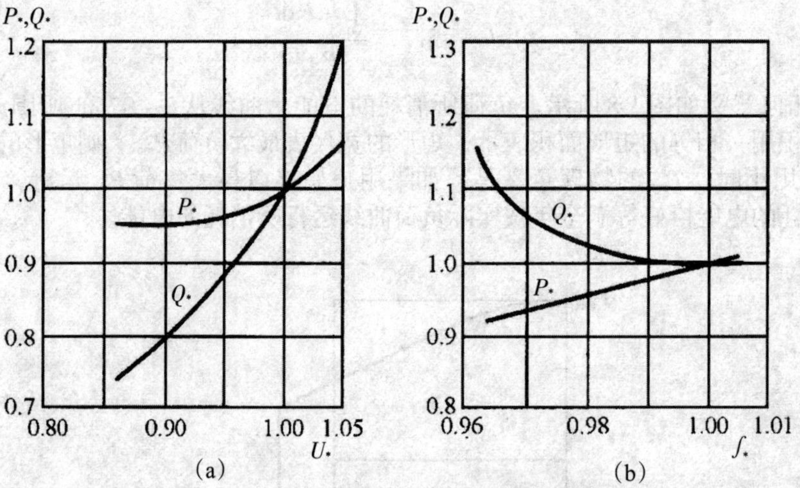


图1-9　6kV综合性中小工业负荷的静态特性

(a)负荷的电压静态特性;(b)负荷的频率静态特性

电力作为一种特殊的能源，在各行业起着不可替代的作用，直接影响国民经济的发展。

电力工业经过一百多年的发展，世界各国都已经形成了各自特点的电力系统，组成了不同的电力网络。电力系统是由发电厂电气部分、各电压等级的变电所、输配电线路以及电力用户组成。

为了标准化、系列化生产以及运行的技术性与经济性，电力系统中的各电气设备均规定了额定电压。我国根据电压的高低，把多种电力设备的额定电压分为三类。

联系发电厂、变电所和电力用户是通过电力线路来实现的，电力线路分为架空线路和电力电缆。架空线路是由导线、避雷线、杆塔、绝缘子和金具等元件组成；电缆线路则主要由电缆本体、电缆接头、电缆终端等组成。

电能作为一种特殊的产品，要有衡量它的质量标准。其质量标准的指标主要有频率、电压、波形、电压波动和闪变、三相电压不平衡度等。

电力用户不同，对供电可靠性的要求不同，目前我国将电力负荷分为一级、二级和三级负荷，并按不同等级的负荷采用适当的接线方式。为了解用户、变电所、发电厂及电力系统的负荷随时间变化的规律，制定了负荷曲线。负荷曲线可以分为有功功率日负荷曲线、无功功率日负荷曲线、年最大负荷曲线、年持续负荷曲线等类型。一般常用的负荷曲线有日负荷曲线和年负荷曲线。

## 1.4 电力系统中性点运行方式

电力系统的中性点是指星形接线的变压器或发电机的中性点。

电力系统中性点的运行方式是一个复杂的系统工程问题，它涉及短路电流大小、供电的可靠性、过电压的大小、继电保护与自动装置的配置及动作状态、通信干扰、系统稳定等许多方面的综合技术问题，故需经合理的技术经济比较后确定。

电力系统中性点运行方式可分为两大类。

（1）电力系统的中性点有效接地，即中性点直接接地（常把中性点经小电阻接地也归入此类）。

（2）电力系统的中性点非有效接地，即包括中性点不接地、中性点经消弧线圈接地、中性点经电阻接地等。

### 1.4.1 各种中性点运行方式的特点

**1. 中性点不接地系统**

中性点不接地系统等值电路和相量图如图1-10所示。在正常运行中，线路各相对地电压$\dot{U}_a$、$\dot{U}_b$和$\dot{U}_c$是对称的，其大小为相电压。如线路经过完整的换位，三相对地电容相等都等于$C_0$，则各相对地电容电流对称且平衡（大小相等、相位差为120°），三相电容电流相量和为零，地中没有电容电流通过，中性点对地电压$\dot{U}_N = 0$。

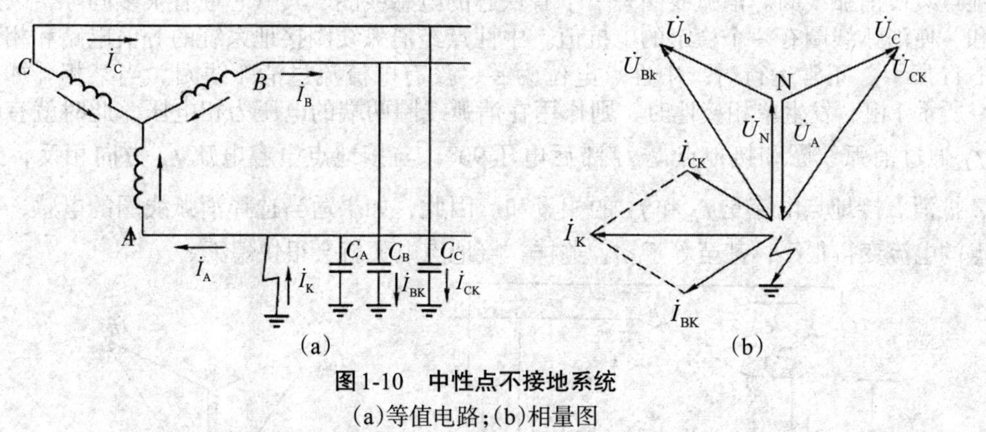


**图1-10 中性点不接地系统**

(a)等值电路；(b)相量图

当$A$相接地短路时，故障相对地电压变为零，中性点对地电压值为相电压，未故障两相对地电压值升高为原来的$\sqrt{3}$倍，变为线电压，即

$$\dot{U}_{Ak} = 0$$

$$\dot{U}_N = -\dot{U}_A$$

$$\dot{U}_{Bk}=\dot{U}_N+\dot{U}_B=-\dot{U}_A+\dot{U}_B$$

$$\dot{U}_{Ck}=\dot{U}_N+\dot{U}_C=-\dot{U}_A+\dot{U}_C$$

$$U_{Bk}=U_{Ck}=\sqrt{3}U_A$$

在A相接地短路情况下，A相电容被短接，流过短路点的电流是B、C两相对地电容电流的和，即$\dot{I}_k=\dot{I}_{Bk}+\dot{I}_{Ck}$，由$\dot{U}_{Bk}$和$\dot{U}_{Ck}$产生的$\dot{I}_{Bk}$和$\dot{I}_{Ck}$分别超前它们90°，大小为正常运行时各相对地电容的$\sqrt{3}$倍，由图1-10可知，$\dot{I}_k$又为$\dot{U}_{Bk}$或$\dot{U}_{Ck}$的$\sqrt{3}$倍。因此，短路点接地电流有效值为

$$I_k=\sqrt{3}\sqrt{3}U_{\text{ph}}/X_C=3U_{\text{ph}}\omega C_0 \tag{1-8}$$

式中，$U_{\text{ph}}$——相电压；

$X_C$——线路容抗；

$C_0$——每相对地电容。

由图1-10可见，单相接地短路时，线间电压不变，三相用电设备工作不受影响，系统可继续供电。但此时应发出信号，工作人员应尽快查清并清除故障。一般允许继续运行时间不超过2h。

从式（1-8）可以看出，单相接地短路电流大小与网络电压和相对地电容大小（即线路长度）有关。网络电压等级高、线路长，单相接地短路电流就大；电流大到一定程度，电弧将难以熄灭，形成稳定性电弧或间歇性电弧。稳定性电弧可能烧坏设备或引起两相、三相短路。间歇性电弧可能使电网电容、电感形成振荡回路而产生弧光接地过电压，从而危及电气设备的绝缘，所以都必须设法解决。

**2. 中性点经消弧线圈接地系统**

为了解决中性点不接地系统单相接地电流大、电弧不能熄灭的问题，最常用的方法是在中性点装设消弧线圈。消弧线圈是一个有铁芯的电感线圈，其铁芯柱有很多间隙，以避免磁饱和，使消弧线圈有一个稳定的电抗值。中性点经消弧线圈接地系统的等值电路和相量图如图1-11所示。正常运行时，中性点电位为零，没有电流流过消弧线圈。当某相［如图1-11（a）所示A相］发生单相接地时，则作用在消弧线圈两端的电压为相电压，此时就有电感电流$\dot{I}_L$通过消弧线圈和接地点。$\dot{I}_L$滞后电压90°，与接地点电容电流$\dot{I}_K$方向相反，互相补偿、抵消。接地点电流是$\dot{I}_L$和$\dot{I}_K$的相量和。因此，如果适当选择消弧线圈的电感，可使接地点的电流变得很小，甚至等于零。这样，接地点电弧就会很快熄灭。

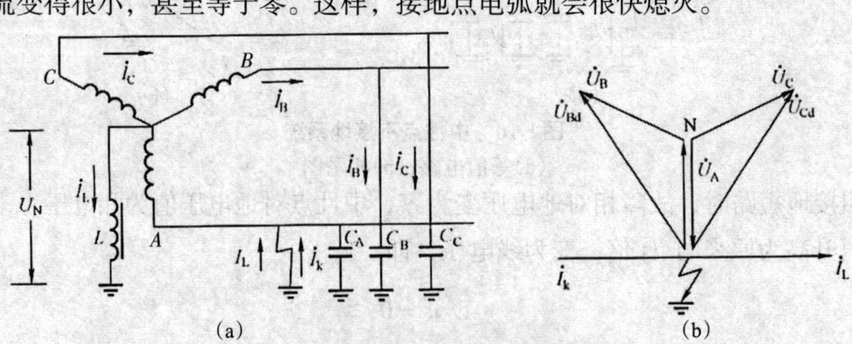


**图1-11　中性点经消弧线圈接地系统**

(a)等值电路；(b)相量图

中性点经消弧线圈接地系统和中性点不接地系统不一样，发生单相接地时，接地相对地电压为零，未故障相对地电压为原来的$\sqrt{3}$倍。

根据消弧线圈的电感电流对接地电容电流补偿程度不同，有三种补偿方式。

（1）全补偿（$I_L = I_k$），接地点电流为零。从消弧观点来看，全补偿最好，但实际上并不采用这种补偿方式。因为在正常运行中，由于各种原因造成电网三相电压不对称，中性点出现一定的电压时，可能引起串联谐振过电压，危及电网的绝缘。

（2）欠补偿（$I_L < I_k$），接地点尚有未补偿的电容性电流。欠补偿方式也较少采用，原因是在检修、故障切除线路或系统频率降低等情况下，可能使系统接近或达到全补偿，从而出现串联谐振过电压。

（3）过补偿（$I_L > I_k$），接地点具有多余的电感性电流。过补偿可避免谐振过电压的产生，因此得到广泛应用。过补偿接地点的电感性电流也不能超过规定值，否则电弧不能可靠地熄灭。

**3. 中性点直接接地系统**

防止单相接地故障电弧不能自动熄灭的另一种方法是将系统的中性点直接接地，如图1-12所示。在这种系统中发生$A$相单相接地时，故障相经过大地形成单相短路回路。由于单相短路电流$I_k^{(1)}$很大，继电保护装置立即动作，将接地相线路切除，不会产生稳定电弧或间歇性电弧。同时中性点接地，其零电位不变，非故障相对地电压也不会升高，仍为相电压，这样就可以使电力网的绝缘水平和造价降低。

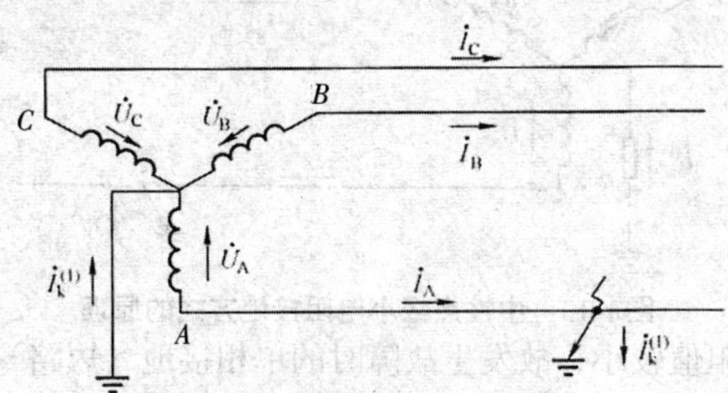


**图1-12　中性点直接接地系统**

**4. 中性点经小电阻接地系统**

从20世纪80年代起，在我国沿海地区一些经济发达城市，为了提高供电可靠性以及美化城市，在城网供电中开始用电缆线路来逐步代替架空线路。近年来，这种趋势发展很快，许多城市和大型工业区的中、低压网络都朝着以电缆供电方式为主的方向转变。

对于电缆供电的中、低压网络而言，传统的消弧线圈接地方式存在着下列主要缺点。

（1）由于电缆单位长度的对地电容通常较架空线路大得多。因而电缆网络的电容电流大大增加，有的地区甚至达到150A及以上，相应就要求补偿用消弧线圈的容量很大，再加上运行中电容电流的随机性变化范围很大，即使采用自动跟踪调谐的消弧线圈，在机械寿命、响应时间、调节限位等方面，也难以满足在这种情况下需要频繁地、适时地大范围调节的需要。

（2）电缆线路为非自恢复性绝缘，发生单相接地多为永久性故障。如采用的消弧线圈运行在单相接地情况下，其非故障相将处在稳态的工频过电压下，持续运行可能超过2h，其结果不仅会导致绝缘的过早老化，甚至将引起多点接地之类的事故扩大，所以电缆线路在发生单相接地后是不允许继续运行的，必须迅速切断电源，避免扩大事故。应当看到这是电缆线路与架空线路的最大不同之处。

（3）消弧线圈接地系统的内部过电压倍数较高，可为3.5～4倍相电压，特别是弧光接地过电压与铁磁谐振过电压，已超过了避雷器容许的承载能力，从而势必提高整个电网的绝缘水平。

（4）人身触电不能立即跳闸，甚至因接触电阻大而发不出信号，因此对运行人员的安全不能保证。

为了克服上述缺点，目前对主要由电缆线路所构成的电网，当电容电流超过10A时，均建议采用经小电阻接地，其电阻值一般不大于10Ω。例如，DL/T 620—1997《交流电气装置的过电压保护和绝缘配合》（1997年10月1日实施）中明确规定："6kV～35kV主要由电缆线路构成的配送电系统，单相接地故障电容电流较大时，可采用中性点经小电阻接地方式"。

中性点经小电阻接地方式的原理如图1-13所示。其基本运行性能接近于上述中性点直接接地方式，当发生单相接地故障时，将经小电阻流过较大的单相接地（短路）电流，与此同时依靠单相接地的继电保护装置将使出口断路器立即断开并切除故障。这样非故障相的电压一般不会升高，也不致发生前述的内部过电压，因而电网的绝缘水平较之采用消弧线圈接地方式要低。

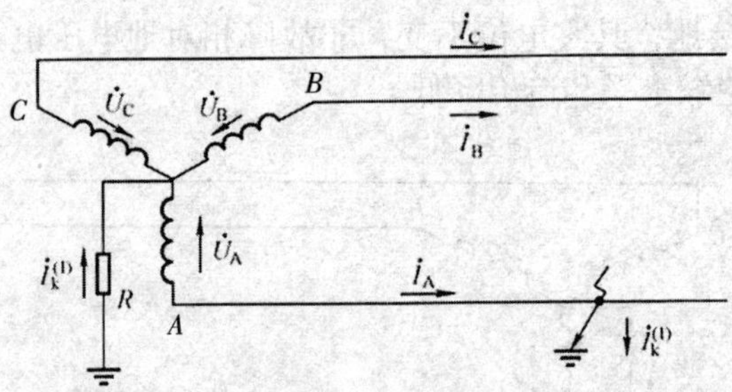


**图1-13　中性点经小电阻接地方式的原理**

但是，由于接地电阻值较小，故发生故障时的单相接地（短路）电流值较大，从而对接地电阻元件的材料及其动、热稳定性能也提出了较高的要求。目前，我国有不少厂家都已生产了这种小电阻接地的成套装置，其运行性能良好。

综上可知，中性点经小电阻接地应当属于"有效接地系统"或"大接地电流系统"。

### 1.4.2　各种中性点运行方式的优缺点

#### 1. 电气设备和线路的绝缘水平

中性点运行方式对电力网的过电压与绝缘水平有着很大影响。在电力网发展初期，人们首先是从过电压与绝缘的角度来考虑中性点接地问题的。电气设备和线路的绝缘水平除与长期最大工作电压有关外，主要取决于各种过电压的大小。对非有效接地的电力网而言，无论是最大长期工作电压或遭受的过电压，均较中性点直接接地时要大。研究表明，中性点直接接地电力网的绝缘水平与不直接接地时相比，大约可降低20%。归纳起来，从过电压与绝缘水平的观点看。采用接地程度越高（有效接地）的中性点接地方式越有利。

降低绝缘水平的经济意义随设备额定电压的不同而异，在110kV以上的高电压电力网中，变压器等电气设备的造价大约与其绝缘水平成比例地增加。因此，在采用中性点直接接地时，设备造价可降低20%左右。但是，在3kV～10kV的电力网中，绝缘费用占总造价的比例较小，采用中性点直接接地方式来降低绝缘水平的意义并不大。

**2. 继电保护工作的可靠性**

在中性点不接地或经消弧线圈（非有效接地）的电力网中，单相接地电流往往比正常负荷电流小，因而要实现有选择性的接地保护就比较困难，特别是经过消弧线圈接地的电力网困难更大一些。而在中性点直接接地的电力网中，实现有选择性的接地保护就比较容易，且保护装置结构简单、工作可靠。因此，从继电保护的观点出发，显然采用中性点直接接地方式更有利。

**3. 供电可靠性与故障范围**

众所周知，单相接地是电力网中最常见的一种故障。根据分析，中性点直接接地电力网在单相接地时将产生很大的单相接地电流，个别情况下甚至比三相短路电流还大，因此它相对于非有效接地的电力网而言，存在下列缺点。

（1）电力系统的任何部分发生单相接地时，都必须将其切除，即使采用自动重合闸装置，在发生永久性故障时，供电也将较长时间中断。

（2）巨大的接地短路电流将产生很大的力效应和热效应，可能造成故障范围的扩大和损坏设备。

（3）一旦发生单相接地，断路器就跳闸，从而增大了断路器的维修工作量。

（4）大的接地短路电流将引起电压急剧降低，可能导致系统暂态稳定的破坏。

反之，非有效接地电力网不仅避免了上述缺点，而且在发生单相接地故障后，还容许电力网继续工作一段时间。因此，总的来说，从供电可靠性和故障范围的观点来看，非有效接地具有明显的优越性。

**4. 对通信和信号系统的干扰**

当电力网正常运行时，只要三相对称，则不管中性点接地方式如何，中性点的位移电压都等于零，各相电流及对地电压数值相等，相位差为120°。因而它们在线路周围空间各点所形成的电场和磁场均彼此抵消，不会对通信和信号系统产生干扰影响。但是，当电力网发生单相接地时，所出现的单相接地电流将形成强大的干扰源（主要由故障电流中的零序分量产生）。电流越大，干扰越严重。因而，从干扰的角度来看，中性点直接接地的方式当然最为不利，而非有效接地的电力网一般不会产生较严重的干扰问题。

当干扰严重时虽然可以增大通信线路和电力线路之间的距离来减少干扰的程度或采取其他抗干扰措施，但有时受环境、地理位置等条件的限制而难以实现，或使投资大量增加。特别是随着工农业生产的发展和现代化程度的提高，这种干扰的影响将日益突出。因此，在有的地区或国家，把对通信干扰的考虑，甚至视为选择中性点接地方式的主要限制条件。

### 1.4.3 各种中性点运行方式的使用范围

上面分析了选择中性点运行方式的各种因素，下面将根据电压等级的不同，说明各种中性点运行方式的使用范围。

**1. 220kV及以上的电力网**

对于超高压电网，从降低电压与绝缘水平方面考虑占首要地位，因为它对设备价格和整个电力网建设的投资影响很大。而且在这种电力网中接地电流具有很大的有功分量，实际上已使消弧线圈不能起到消弧的作用，所以目前世界各国在超高压电力网中都无例外地采用中性点直接接地方式。

2. 110kV ~ 154kV的电力网

对这样的电压等级而言，前述几个因素都对选择中性点接地方式有影响。各国由于具体的条件和考虑的侧重点不同，所采用的方式是不一样的。有的国家采用直接接地方式，而有的国家则采用经消弧线圈接地方式。在我国，有的154kV电力网是经消弧线圈接地的，而110kV电力网则大部分采用直接接地方式。在一些雷击活动强烈的地区或没有装设避雷线的地区，采用经消弧线圈接地可以大大减小雷击跳闸率，从而提高了供电的可靠性。

3. 20kV ~ 60kV电力网

一般来说，这类电力网线路长度不大，网路结构不太复杂，电压也不算很高，绝缘水平对电力网建设费用和设备投资的影响不如110kV及以上电力网那样显著。另外，这种电力网一般都不是沿全线装设架空地线，所以通常总是从提高供电可靠性出发，采用经消弧线圈接地或不接地方式。对大量采用电缆供电的城市电网，则可采用经小电阻接地的方式。

4. 3kV ~ 10kV电力网

对于这类电力网，考虑供电可靠性与故障后果是主要因素，一般均采用中性点不接地的方式。当电网的接地电流大于30A时，则采用经消弧线圈接地的方式。

5. 1kV以下的电力网

由于这类电力网绝缘水平低，保护设备通常只有熔断器，故障范围所带来的影响也不大，因此前述几个方面都不会有显著影响，可以选择中性点接地方式，也可选择中性点不接地的方式。唯一例外的是对电压为380V/220V的三相四线制电力网，从安全的观点出发，其中性点是直接接地的，这样可以防止一相接地时出现超过250V的危险电压。

## 1.5 电力网

### 1.5.1 电力网的接线方式

按供电可靠性不同，电力网的接线方式可分为无备用接线和有备用接线两大类。

1. 无备用接线

在无备用接线的网络中，负荷只能从一个方向获得电能，如图1-14（a）所示。无备用接线的特点是：接线简单、经济、运行方便，但供电可靠性较低，并且当线路较长时，线路末端的电压往往偏低。

2. 有备用接线

在有备用接线的网络中，负荷能从两个或两个以上方向获得电能，如图1-14（b）所示。常见的有双回路、环形网络、两端供电网络。有备用接线的特点是：供电可靠性较高，但投资较大，运行操作比较复杂。

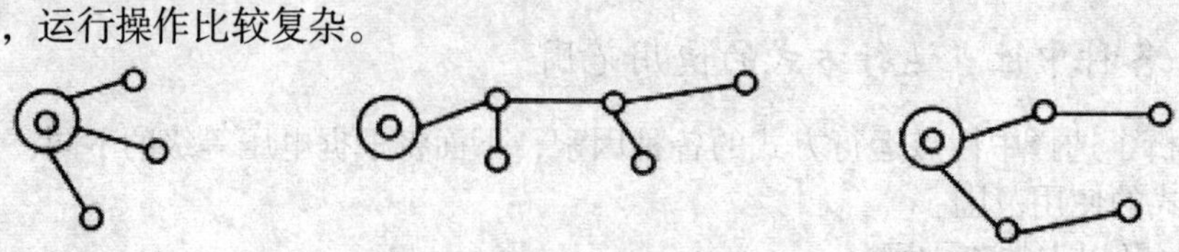

放射式　　干线式　　链式

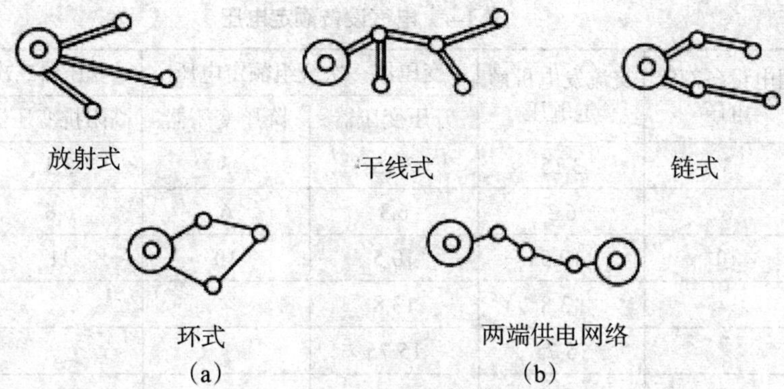


**图1-14 电力网接线方式**

(a)无备用接线方式;(b)有备用接线方式

### 1.5.2 电力网的额定电压等级

对于三相交流系统，输电线路传输的功率$S$和线电压$U$、线电流$I$之间的关系为

$$S=\sqrt{3}UI \tag{1-9}$$

$$I=\frac{S}{\sqrt{3}U} \tag{1-10}$$

当输送功率一定时，输电电压越高，电流越小，从而在电力网中产生的电压损耗和电能损耗也越小，且输电导线的界面也可以较小。所以，为了提高电网的输电容量和距离，需要提高输电电压。但电网电压越高，对绝缘的要求也越高，电气设备的绝缘投资就越大。因此，对应一定的输电距离和输送功率，应确定一个在技术上和经济上均较合理的电压；反之，确定一个电压，也对应一个在技术上和经济上合理的输电距离和输送功率。

为了标准化、系列化地制造电力设备，便于电力设备的运行、维护和管理，我国国家标准规定了电力网的额定电压等级（见表1-3）和电气设备的额定电压（见表1-4）。经验表明：在同一个地区、同一个电网内电压等级不宜过多。110kV及以下，电压级差一般在3倍以上；110kV以上，电压级差一般在2倍左右。选择电力网电压，应根据输电距离和输送功率经过技术经济比较确定。

**表1-3 电力网额定电压等级及其适用范围**

| 额定电压等级/kV | 经济输送容量/MW | 经济输送距离/km | 适用地区 |
|---|---|---|---|
| 0.38 | 0.1以下 | 0.6以下 | 低压动力与三相照明 |
| 3 | 0.1 ~ 1.0 | 1 ~ 3 | 高压电动机 |
| 6 | 0.1 ~ 1.2 | 4 ~ 15 | 发电机电压、高压电动机 |
| 10 | 0.2 ~ 2.0 | 6 ~ 20 | 配电线路、高压电动机 |
| 35 | 2.0 ~ 10 | 20 ~ 50 | 县级输电网、用户配电网 |
| 110 | 10 ~ 50 | 30 ~ 150 | 地区级输电网、用户配电网 |
| 220 | 100 ~ 200 | 100 ~ 300 | 省、区级输电网 |
| 330 | 200 ~ 500 | 200 ~ 600 | 省、区级输电网和联合系统输电网 |
| 500 | 400 ~ 1000 | 150 ~ 850 | 省、区级输电网和联合系统输电网 |

表1-4　电气设备额定电压　　（单位：kV）

| 额定电压等级 | 用电设备额定电压 | 交流发电机额定电压 | 变压器一次绕组额定电压 | | 变压器二次绕组额定电压 | |
|---|---|---|---|---|---|---|
| | | | 升压变压器 | 降压变压器 | 高阻抗变压器 | 低阻抗变压器 |
| 3 | 3 | 3.15 | 3.15 | 3 | 3.3 | 3.15 |
| 6 | 6 | 6.3 | 6.3 | 6 | 6.6 | 6.3 |
| 10 | 10 | 10.5 | 10.5 | 10 | 11 | 10.5 |
| | | 13.8 | 13.8 | | | |
| | | 15.75 | 15.75 | | | |
| | | 18 | 18 | | | |
| 35 | 35 | | | 35 | | 38.5 |
| 60 | 60 | | | 60 | | 66 |
| 110 | 110 | | | 110 | | 121 |
| 220 | 220 | | | 220 | | 242 |
| 330 | 330 | | | 330 | | 363 |
| 500 | 500 | | | 500 | | 550 |

### 1.5.3　电力网的分类

**1. 根据接线方式分类**

根据接线方式不同，电力网可以分为单端电源供电网（又称为开式网）、两端电源供电网（包括环网）以及多端电源供电网（又称为复杂网）。

**2. 根据电压等级和供电范围分类**

根据电压等级的高低和供电范围的大小，电力网可以分为地方电力网、区域电力网以及超高压远距离输电网络。地方电力网一般电压等级小于110kV，输送距离一般在几十千米内，主要为一般城市、工矿业、农村配电网络；区域电力网一般电压等级为110kV～220kV，输送距离在几十至几百千米；超高压远距离输电网络电压等级为330kV、500kV以及750kV，它将远距离大容量发电厂的电能送往负荷中心，同时联系几个区域电力网形成联合电力系统。

**3. 根据电力网的职能分类**

按其职能不同，电力网可以分为输电网和配电网。

（1）输电网

输电网将大容量发电厂的电能输送到负荷中心地区。其通常由电力系统中电压等级最高的一级或两级电力线路等组成，是电力系统中的主要网络（简称主网），起到电力系统骨架的作用，所以又可称为网架。在一个现代电力系统中既有超高压交流输电，又有超高压直流输电，通常称为交、直流混合输电系统。对输电网的接线方式要求有足够的可靠性。

（2）配电网

配电网的作用是将电能从枢纽变电站直接分配到用户区或用户的电网，它将电力分配到配电变电站后再向用户供电；也有一部分电力不经配电变电站直接分配到大用户，由大用户的配电装置进行配电。配电网接线方式主要取决于负荷的性质。无备用接线只适用于向第三级负荷供电。对于第一级负荷和第二级负荷占较大比重的用户，应该采用有备用接线。

**4. 电力网的结构**

在电力系统中，电力网按电压等级的高低分层，按负荷密度的地域分区。不同容量的发电厂和用户分别接入不同电压等级的电网。大容量主力发电厂应接入主网，较大容量的发电厂应接入较高电压等级的电网，容量较小的发电厂接入较低等级的电网。配电网按地区划分，一个配电网担负分配一个地区的电力以及向该地区供电的任务。它一般不与邻近的地区配电网直接进行横向联系，若要联系，则通过高一级的输电网发生联系。不同电压等级电网的纵向联系通过输电网逐级降压形成。不同电压等级的电网要避免电磁环网。一个大型的电力系统总是由许多子系统发展、互联而成的。子系统通过输电线路连接，形成互联电力系统。连接两个电力系统的输电线路称为联络线。

如图1-15所示为电力网分层结构示意图。

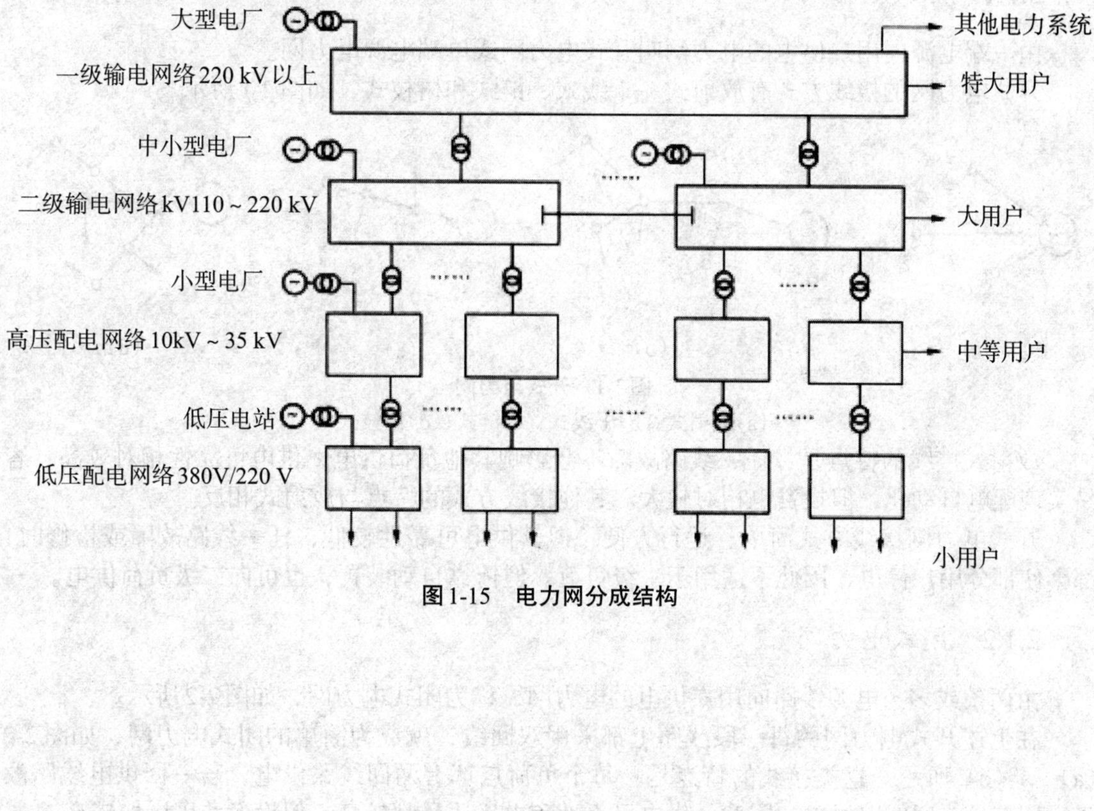


图1-15 电力网分成结构

# 第2章　电力系统的接线及设备

## 2.1　电力网的接线方式

### 2.1.1　开式电力网

由一端电源向用户供电的电力网叫开式电力网或单端电源电力网。

开式电力网的接线方式有放射式、干线式、链式和树枝式，如图2-1所示。

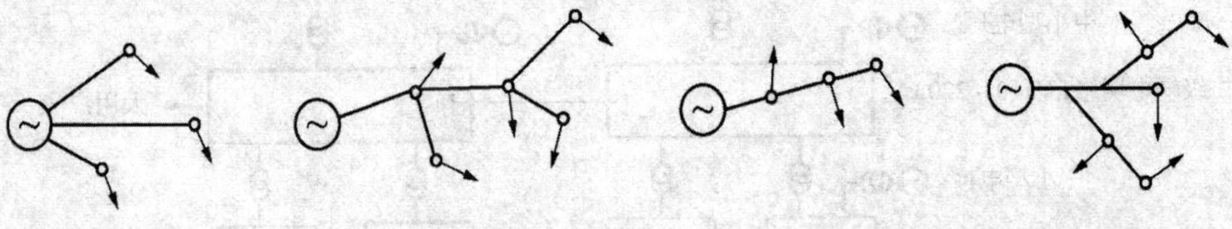

(a)　(b)　(c)　(d)

图2-1　开式电力网

(a)放射式；(b)干线式；(c)链式；(d)树枝式

放射式接线的特点是：任一线路故障不会影响其他负荷供电，供电可靠性相对较高，容易实现配电自动化，但投资也相对较大。其他接线方式的特点与放射式相反。

开式电力网接线方式简单、运行方便，但其供电可靠性较低，任一线路故障或检修时，都会使部分用户停电，因此不适用于一级负荷。但依靠自动装置，也可向二级负荷供电。

### 2.1.2　闭式电力网

由两条或多条电源线路向用户供电的电力网，称为闭式电力网，如图2-2所示。

在上述开式电力网的每一段线路上都采用双回线，就成为简单的闭式电力网，如图2-2（a）～（d）所示。这类接线的特点是：每个负荷点都有两回线路供电，若一回供电线路故障，还有另一回线路供电，因此，供电可靠性和电压质量都较高，但设备费用增加较高。

如图2-2（e）所示的环形接线可靠性也较高，是大城市普遍采用的一种接线方式。城市电网的骨干网架都是多供电点的环形结构，这样有利于防止发生大面积停电，但运行调度比较复杂。

如图2-2（f）所示的两端供电网络也是一种最常见的闭式电力网接线方式，其供电可靠性很高，但必须有两个独立电源。

闭式电力网适用于一级负荷供电。

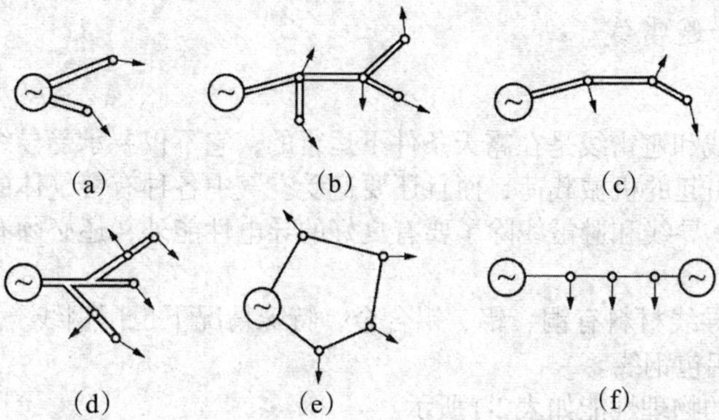


图2-2 闭式电力网

(a)放射式;(b)干线式;(c)链式;(d)树枝式;(e)环式;(f)两端供电

## 2.2 电力线路的结构

电力线路按结构可分为架空线路和电缆线路两大类。架空线路如图2-3所示，其导线和避雷线架设在露天的线路杆塔上。电缆线路一般直接埋设在地下，如图2-4（a）所示；也可敷设在沟道中，如图2-4（b）所示。

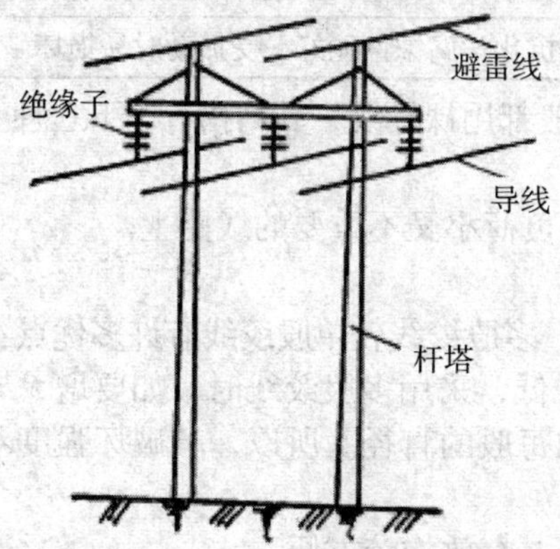


图2-3 架空线路

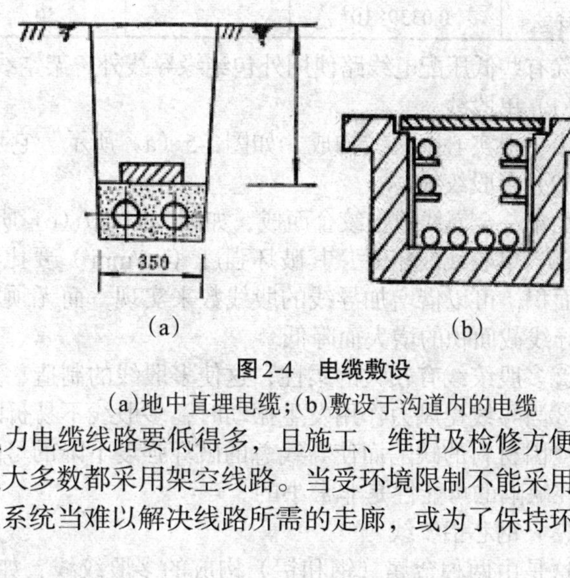


图2-4 电缆敷设

(a)地中直埋电缆;(b)敷设于沟道内的电缆

由于架空电力线路的建设费用比电力电缆线路要低得多，且施工、维护及检修方便，因此，不管是输电线路还是配电线路，绝大多数都采用架空线路。当受环境限制不能采用架空线路时才考虑用电缆线路。大城市配电系统当难以解决线路所需的走廊，或为了保持环境美时，要求采用地下电缆网。

架空线路由导线、避雷线（架空地线）、绝缘子、金具和杆塔等主要部件组成。它们的作用分别如下：

（1）导线用来传导电流，担任传送电能的任务；

（2）避雷线用来将雷电流引入大地，以保护电力线路免遭直击雷的破坏；

（3）杆塔用来支撑导线和避雷线，使导线与导线，导线与大地之间保持一定的安全距离；

（4）绝缘子用来使导线和杆塔之间保持足够的绝缘距离；

（5）金具用以连接导线，使导线固定在绝缘子上，并将护线条和绝缘子固定在杆塔上。下面着重介绍架空线路各部件的结构，并简单介绍电缆线路的结构。

### 2.2.1 导线和避雷线

**1. 架空线路**

架空线路的导线和避雷线是在露天条件下运行的，它不仅要承受导线自重、风压、冰霜及温度变化等因素引起的机械载荷，而且还要遭受空气中各种有害气体的化学侵蚀，运行条件相当恶劣。因此，导线和避雷线除了要有良好的导电性能外，还必须有较高的机械强度和耐化学腐蚀的能力。

目前，常用的导线材料有铜、铝、铝合金，特殊情况下也用钢线。避雷线一般用钢线，在某些情况下也用铝包钢线。

各种导线材料的物理性能如表2-1所示。

**表2-1 导线材料的物理性能**

| 材料 | 20℃时的电阻率/(Ω·m) | 比重/(g·cm³) | 抗拉强度/(kg·mm²) | 抗化学腐蚀能力及其他 |
|---|---|---|---|---|
| 铜 | $0.0182\times10^{-8}$ | 8.9 | 39 | 表面易形成氧化膜，抗腐蚀能力强 |
| 铝 | $0.029\times10^{-8}$ | 2.7 | 16 | 抗一般化学侵蚀性能好，但易受酸、碱、盐的腐蚀 |
| 铜 | $0.103\times10^{-8}$ | 7.85 | 120 | 在空气中易生锈，镀锌后不易生锈 |
| 铝合金 | $0.0339\times10^{-8}$ | 2.7 | 30 | 抗化学腐蚀性能好，受振动时易损坏 |

除有些低压配电线路使用外包绝缘导线外，架空线一般都用裸导线，其结构有以下三种。

（1）单股线

由单根实心金属线构成，如图2-5（a）所示。它用在负荷小又不重要的线路上。

（2）多股绞线

由单一金属线数根绞合而成，如图2-5（b）（c）所示。多股绞线较单股绞线有许多优点：

①当单股线较粗时，其破坏强度（kg/mm²）要比细线低，采用多股绞线时，如要增大导线截面积，可以借增加导线的股线数来实现，而无须增加每股的直径。所以，其破坏强度不会随导线截面积的增大而降低。

②多股绞线有较大的柔性，这使多股线的制造、安装、存放均较方便。

③当导线受风力作用发生振动时，多股线不易折断。

④因材料的缺陷而使导线总的破坏强度下降的可能性小。因为多股导线的各股都在同一处存在缺陷的可能性是非常小的。

（3）钢芯铝绞线

这是由两种金属（钢和铝）构成的多股绞线，如图2-5（d）所示。其中，芯线为钢线，它承受导线的大部分机械载荷；外层由多股铝线绞成，承受绝大部分电载荷。按照铝线和钢线截面比的不同，分成三种类型，它们有不同级别的机械强度。

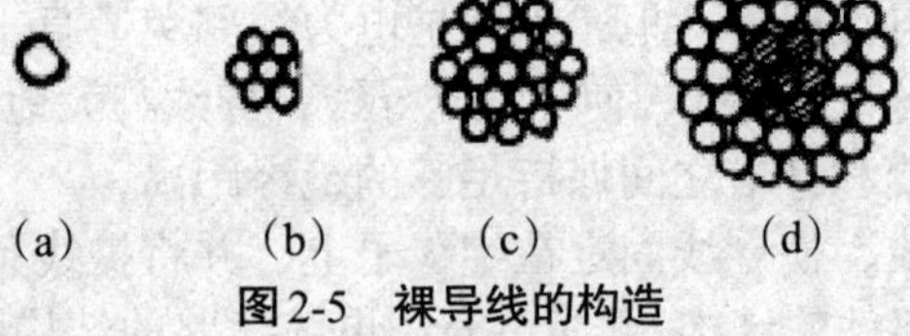

(a)　(b)　(c)　(d)

**图2-5 裸导线的构造**

(a)单股线；(b)(c)一种金属的多股线绞线；(d)两种金属的多股线绞线

第一类：LGJ型——普通钢芯铝绞线。其铝部分截面积$S_L$和钢部分截面积$S_\sigma$的比值为5.3～6.1。

第二类：LGJQ型——轻型钢芯铝绞线，$S_L/S_\sigma$=7.6～8.3。

第三类：LGJJ型——加强型钢芯铝绞线，$S_L/S_\sigma$=4～4.5。

由于钢芯铝绞线具有良好的导电性能和机械性能，在35kV及以上架空线路上得到广泛的应用，在相同载流条件下，钢芯铝绞线可加大线路档距，从而减少杆塔基数，节约线路造价。架空导线型号中字符的含义列于表2-2。

**表2-2 架空导线型号字符的含义**

| 类别（主要以导体区分） | 特征 | | 派生 |
|---|---|---|---|
| | 结构、形状 | 性能 | |
| T钢线 | J绞制 | F防腐 | A-A型 |
| L铝线 | J加强型 | R柔软 | B-B型 |
| G钢线 | Q轻型 | Y硬 | 1—第一种 |
| HL：热处理型铝合金线 | K空芯结构或扩径型 | | 2—第二种 |
| HL：非热处理型铝合金线 | Y压缩型 | | 3—第三种 |
| | G沟形 | | |

导线型号后的数字表示导线截面积（$mm^2$），而钢芯铝绞线型号后面的数字只表示铝部分的截面积。

对于220kV以上输电线路，为减少导线的电晕损耗和线路电抗，要采用扩径空芯导线（如图2-6所示）或分裂导线（如图2-7所示）。

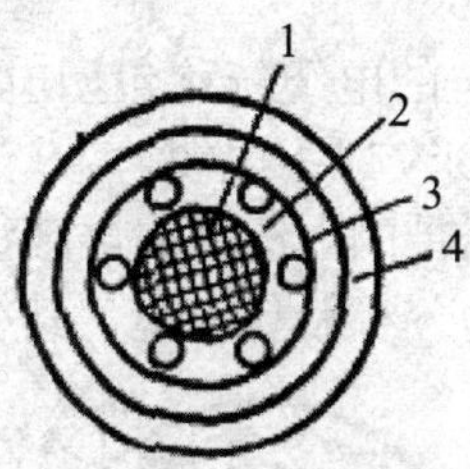


**图2-6 扩径导线(实际尺寸)**

1—钢芯(19股钢线)；2—支撑层(6股铝钢线)；3—内层(18股铝线)；4—外层(24股铝线)

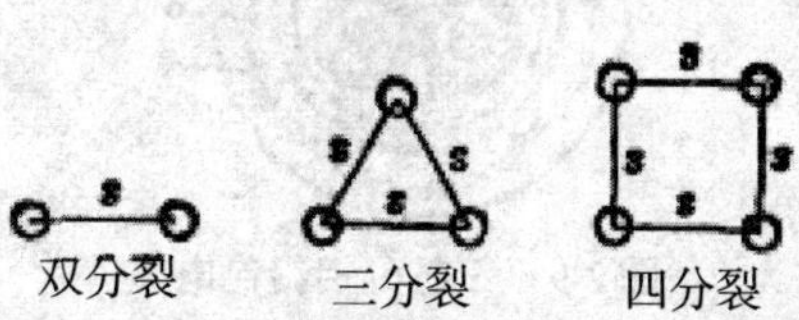


**图2-7 分裂导线**

分裂导线就是把线路每一相的导线分成2，3，4或更多根，每根之间保持一定的距离，例如每根相距400mm。这样就使导线的有效半径增大，使电晕损耗相应减少。

**2. 电缆线路**

电力电缆的结构主要由三个部分组成：导体、绝缘层和保护包皮。

（1）导体

电缆导体通常采用多股铜绞线或铝绞线。多股线能增加电缆的柔性，便于弯曲，这对存放及施工都是必要的。

根据电缆中导体数目的不同，电缆可做成单芯电缆，三芯电缆和四芯电缆。单芯电缆的导体截面是圆形的；三芯或四芯电缆的导体截面除圆形外，更多是采用扇形，这可充分利用电缆的总面积，其结构如图2-8所示。

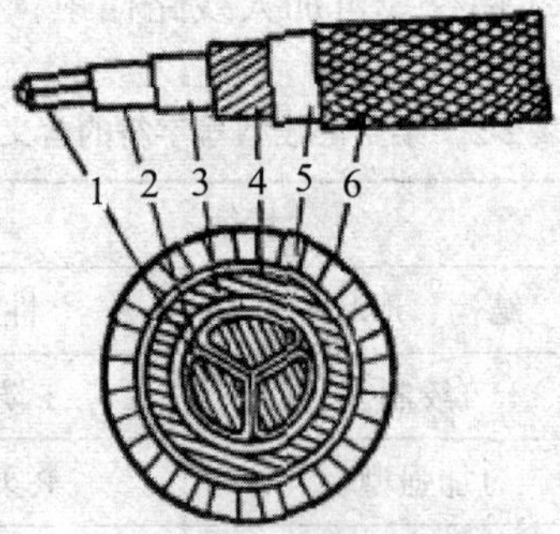


图2-8　扇形三芯电缆

1—导体；2—绝缘层；3—铅包皮；4—黄麻层；5—钢带铠甲；6—黄麻保护层

（2）绝缘层

它的作用是使导体与导体之间，导体与保护包皮之间保持绝缘。绝缘层使用的绝缘材料种类很多，有橡胶，沥青、绝缘油、气体、聚乙烯、丝麻、纸等。常见的电力电缆多采用油浸纸绝缘。

（3）保护包皮

用来保护绝缘层，使其在运输、敷设及运行过程中不受机械损伤，防止水分浸入，绝缘油流出。所以，要求它有一定的密封性和机械强度。常用的包皮有铝包皮和铅包皮。此外，在电缆最外层还包有钢带铠甲。

三相芯线绝缘层外有一共同铅包的电缆统称包型电缆，由于它的内部电场分布不均匀，不能充分利用绝缘层强度，只用于10kV以下电缆。

每相芯线绝缘层外面都包有金属带的电缆称为屏蔽型电缆。

每相分别都有铅包皮的电缆称为分相铅包电缆，其结构如图2-9所示。

图2-9　三芯分相铅包电缆

1—导体；2—纸绝缘；3—铅包；4—填充物；5—黄麻层；6—钢丝铠甲

屏蔽型和分相铅包型电缆都可得到均匀分布的辐射电场，可更有效地利用电缆绝缘，在10kV以上电缆中得到广泛应用。

对于110kV及以上电力电缆，一般要采用单芯充油式或充气式结构。

## 2.2.2　杆塔

**1. 按所用材料对杆塔的分类**

根据所用材料，杆塔分为木杆、钢筋混凝土杆和铁塔三种。木杆重量轻，制造安装方便，价格便宜，绝缘性能好，但要消耗大量木材，且木杆易腐、易燃，寿命短，目前在电力线路上已不多用。

钢筋混凝土杆大多采用离心浇制而成，有等径杆和锥形（拔梢）杆两种。受运输条件限制，锥形杆目前最长制成15m单杆；等径杆可做成便于运输的标准段长，在施工现场分段组装成所需长度。

钢筋混凝土杆塔有单杆、冗型杆等，如图2-10所示。钢筋混凝土杆塔的优点是节约钢材，木材，寿命长，维护工作量小。目前，我国建设的220kV及以下架空线路大多采用钢筋混凝土杆塔。

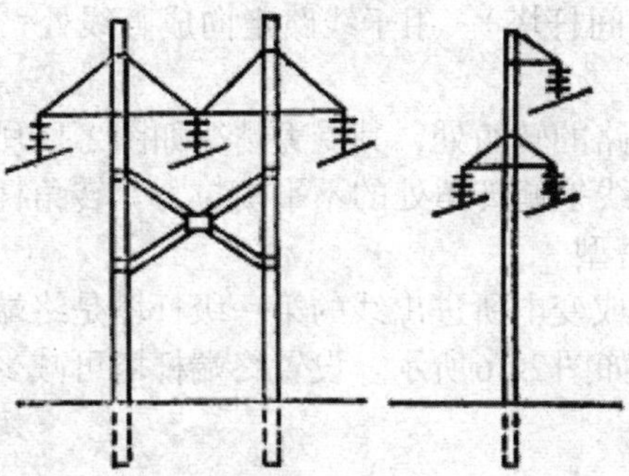

型杆（直线杆）　　单杆（直线杆）

**图2-10　钢筋混凝土杆塔**

铁塔是用角钢等其他形式钢材料经铆接或螺栓连接而成。铁塔形式种类很多，结构也较复杂。铁塔的特点是塔身机械强度高，一般不需要拉线，基座占地面积小，使用寿命长，多用于大跨越，超高压输电线路，以及某些线路的耐张、转角、换位等杆塔上。铁塔的主要缺点是耗用钢材多，造价高，维护工作量大。几种具有代表性的铁塔结构在图2-11至2-13中给出。

**图2-11　直线铁塔**

**图2-12　转角铁塔**

**图2-13　跨越铁塔**

**2. 杆塔的使用类型**

根据使用的目的不同，杆塔可以分为下述几种类型。

（1）耐张杆塔（又称承力杆塔）。用来承受对导线的拉紧力。用它将线路分隔成若干耐张段，这样可使断线故障的影响范围被限制在断点所在的耐张段内，同时便于施工和检修。耐张杆塔的布置如图2-14所示。通常在耐张杆塔上，导线是通过耐张线夹和耐张绝缘子链悬挂在横担上，其两侧的导线通过跳线相连接。

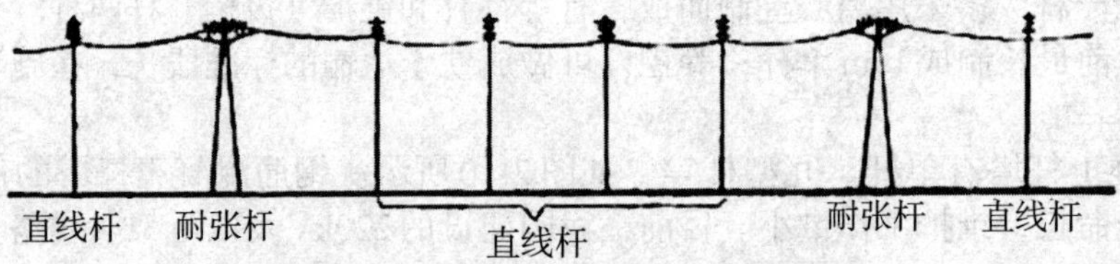


**图2-14 一个耐张端的杆塔布置示意图**

（2）直线杆塔（又称中间杆塔）。用于线路走向成直线处。正常只承受导线自重，覆冰和风压。

（3）转角杆塔。用在线路的转角处，其受力情况如图2-15所示。转角杆塔两侧导线拉力不在一条直线上，一般用拉线平衡转角处的不平衡拉力。转角杆可做成耐张杆塔型。当转角$\alpha$很小时，也可做成直线杆塔型。

（4）终端杆塔。发电厂或变电所进出线的第一级杆塔是终端型杆塔，它要承受最初或最末一个耐张段中导线拉力，如图2-16所示。设置终端杆塔可减少建筑物所受拉力，从而减少发电厂、发电站的土建费用。

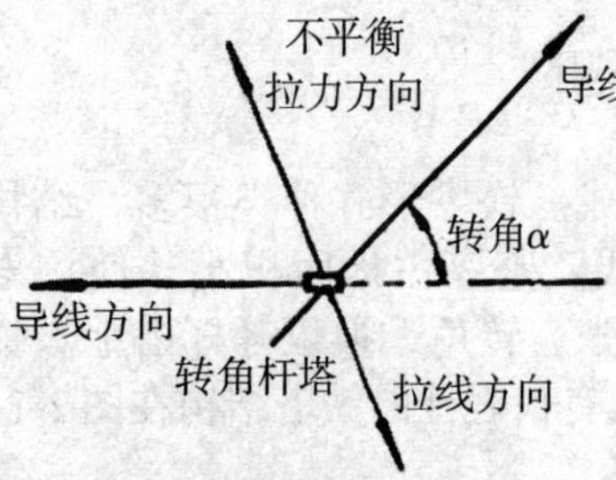


**图2-15 转角杆的受力分布**

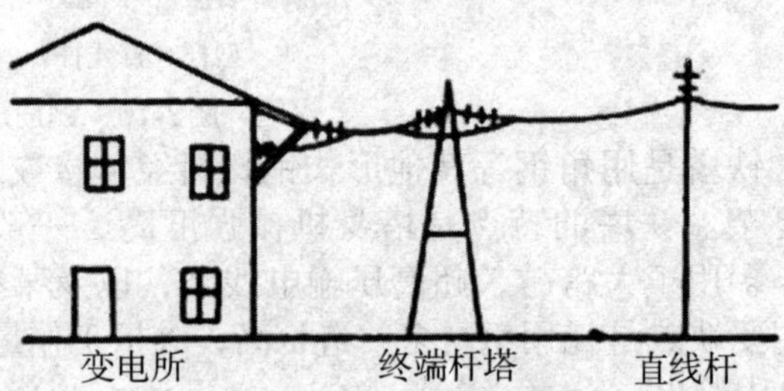


**图2-16 终端杆塔布置图**

（5）特殊杆塔。主要有跨越杆塔和换位杆塔。当线路跨越河流或山谷时，中间无法设置杆塔，档距很大，需用高大的大跨越杆塔。由于三相导线在杆塔上的排列常常是不对称的，将出现三相导线的感性和容性电抗不对称，这会对电力系统运行产生不利的影响。为此在线路上每隔一定距离，将三相导线进行轮流变换位置，称为换位。导线在杆塔上换位需要专门的换位杆塔，它有耐张换位杆塔和直线换位杆塔两种。

### 2.2.3 绝缘子和金具

**1. 绝缘子**

绝缘子用来支持或悬挂导线，并使之与杆塔绝缘。它是一种瓷质或玻璃质元件，需要有足够的电气与机械强度，同时对化学侵蚀有足够的抵抗能力，还要适应周围大气温度、湿度的变化。架空线路上采用的绝缘子主要有针式和悬式两种，如图2-17、图2-18所示。此外，在个别情况下还用棒式或瓷横担等形式的绝缘子。

图2-17 针式绝缘子

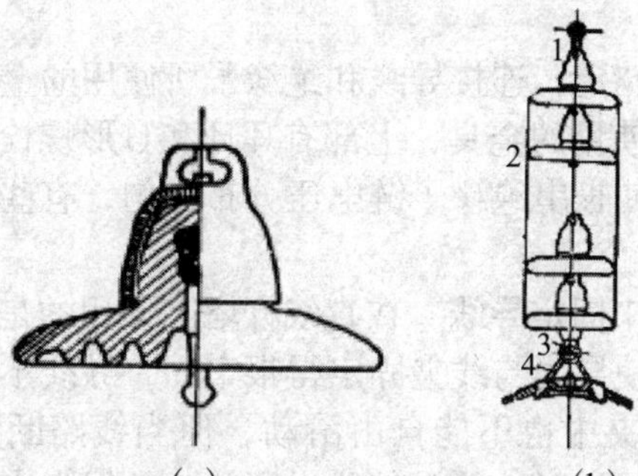


(a) (b)

图2-18 悬式绝缘子

(a)单个悬式绝缘子;(b)悬式绝缘子链

1-耳环;2-绝缘子;3-吊环;4-线夹

针式绝缘子用于35kV及以下的线路上，使用在直线杆塔或小转角杆塔上。

悬式绝缘子广泛用于35kV以上的线路，通常将它们组装成绝缘子串，每串绝缘子的个数与绝缘子型号及线路额定电压有关。规程中有关这方面的规定见表2-3。

表2-3 规程中的有关规定

| 额定电压（kV） | 35 | 60 | 110 | 154 | 220 | 330 | 500 |
|---|---|---|---|---|---|---|---|
| 绝缘子片数 | 3 | 5 | 7 | 10 | 13 | 19 | 24 |

注：①本表适用于铁塔或钢筋混凝土杆塔；

②220kV以下用$C_{-5}$或$X_{-4.5}$型绝缘子，330kV用$XP_{-10}$型绝缘子；

③耐张绝缘子串为35kV～154kV线路上要多用1片，220kV线路上要多用2片；

④全超过40m，并且有避雷线的杆塔，高度每增加10m，应增加一个绝缘子，全高超过100m的杆塔，则要根据运行经验，并结合计算确定。

瓷横担绝缘子可以同时起到绝缘子和横担的作用，如图2-19所示。采用这种绝缘子可节省木材、钢材、有效地降低杆塔高度。一般估计可节约线路投资30%～40%。目前，我国在110kV及以下线路推广使用，在220kV线路上也开始使用。

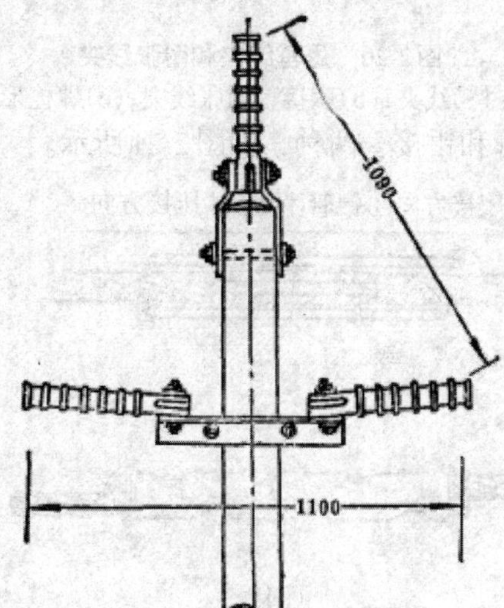


图2-19 瓷横担绝缘子

2. **金具**

在架空线路上，连接导线和绝缘子所使用的金属部件通常总称为金具。

绝缘子串使用的金具，上部有耳环和U形螺栓与横担连接，下部有吊环和线夹与导线连接。此外，为使长串绝缘子链电压分布均匀，有些情况下，在绝缘子串的导线侧或两侧装设均压环。

线夹是用来固定导线。在直线杆塔上使用的是支持线夹，它分为固定线夹和释放线夹两种。固定线夹使导线与线夹固定得很牢固，导线不能自由滑动；释放线夹用在线路正常运行时，导线在线夹中也不能自由滑动，但当线路断线时，绝缘子链中心线偏移到某一角度$\theta$（一般为30°左右）时，导线被线夹释放，从线夹中脱落，这样可以减轻直线杆塔所受到的不平衡拉力，防止倒杆。在耐张杆塔上使用的线夹是耐张线夹。按其结构可分为压接型、楔形和螺栓形，如图2-20所示。

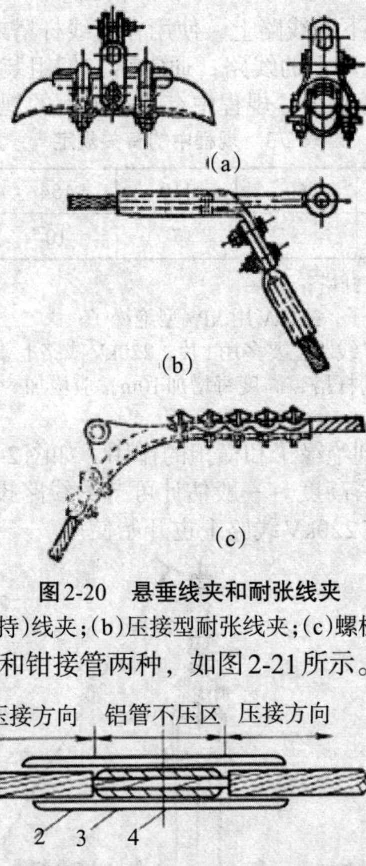

**图2-20　悬垂线夹和耐张线夹**

(a)悬垂(支持)线夹；(b)压接型耐张线夹；(c)螺栓形耐张线夹

导线接续金具。有压接管和钳接管两种，如图2-21所示。

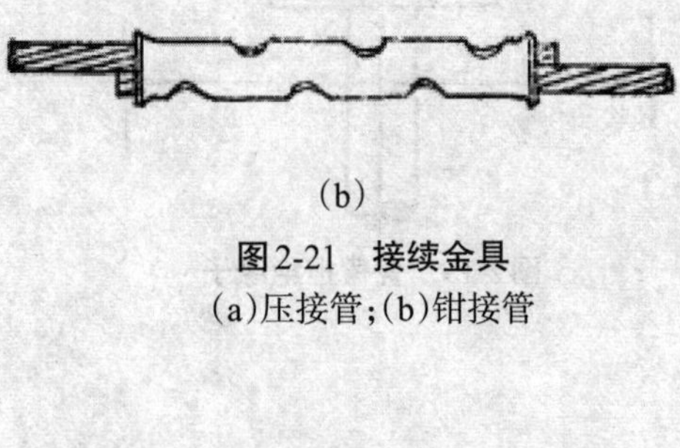


**图2-21　接续金具**

(a)压接管；(b)钳接管

保护金具。有护线条、防震锤和悬重锤三种，如图2-22所示。

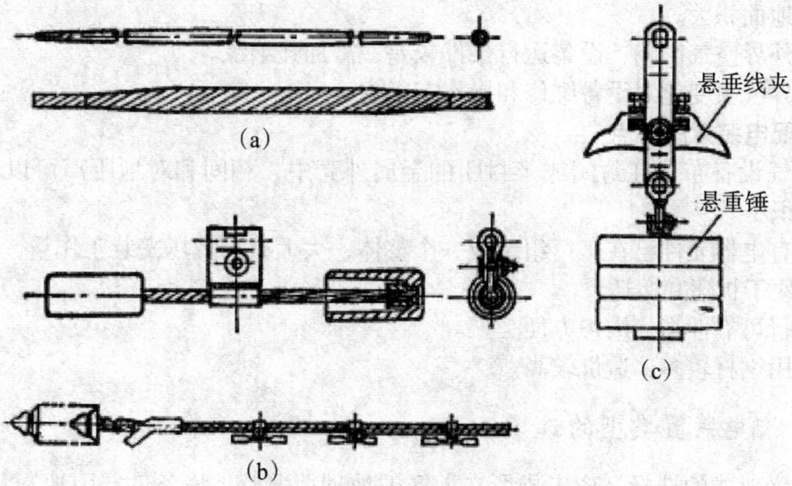


**图2-22　几种保护金具**

(a)护线条；(b)防震锤；(c)悬重锤

## 2.3　配电装置

配电装置是发电厂和变电站的重要组成部分。它是按主接线的要求，由开关设备、保护和测量电器、母线装置和必要的辅助设备构成，用来接收和分配电能。

### 2.3.1　对配电装置的基本要求

配电装置是发电厂和变电站中的重要组成部分，它是按主接线的要求，由母线、开关设备、保护电器、测量电器和必要的辅助设备组成的电工建筑物。对配电装置的基本要求是：符合国家技术经济政策，满足有关规程要求；保证运行可靠；设备选择合理，布置整齐、清晰，保证有足够的安全距离；节约用地；运行安全和操作巡视、检修方便；便于安装和扩建；节约用材，降低造价。

### 2.3.2　配电装置的分类和特点

配电装置按电气设备装置地点不同可分为屋内和屋外配电装置；按其组装方式，又可分为由电气设备在现场组装的装配式配电装置和在制造厂预先将开关电器、互感器等安装成套，然后运至安装地点的成套配电装置。

**1. 屋内配电装置的特点**

（1）由于允许安全净距小和可以分层布置，故占地面积较小。

（2）维修、巡视和操作在室内进行，不受气候影响。

（3）外界污秽空气对电气设备影响较小可减少维护工作量。

（4）房屋建筑投资较大。

**2. 屋外配电装置的特点**

（1）土建工程量和费用较少，建设周期短。

（2）扩建比较方便。

（3）相邻设备之间距离较大，便于带电作业。

（4）占地面积大。

（5）受外界空气影响，设备运行条件较差，需加强绝缘。

（6）外界气象变化对设备维修和操作有影响。

**3. 成套配电装置的特点**

（1）电气设备布置在封闭或半封闭的金属外壳中，相间和对地距离可以缩小，结构紧凑，占地面积小。

（2）所有电器元件已在工厂组装成一个整体，大大减少现场安装工作量，有利于缩短建设周期，也便于扩建和搬迁。

（3）运行可靠性高，维护方便。

（4）耗用钢材较多，造价较高。

### 2.3.3 配电装置类型的选择

配电装置形式的选择，应考虑所在地区的地理情况及环境条件，因地制宜，节约用地，并结合运行及检修要求，通过经济技术比较确定。一般情况下，在大、中型发电厂和变电站中，110kV及以上电压等级一般多采用屋外配电装置。35kV及以下电压等级的配电装置多采用层内配电装置。

### 2.3.4 配电装置的安全净距

配电装置的整个结构尺寸是综合考虑设备外形尺寸、检修和运输的安全距离等因素而决定的。在各种间隔距离中，最基本的是带电部分对接地部分之间和不同相的带电部分之间的空间最小安全净距，即所谓的$A_1$和$A_2$值。最小安全净距，是指在此距离下，无论是处于最高工作电压之下，或处于内外过电压下，空气间隙均不致被击穿。我国《高压配电装置设计技术规程》规定的屋内、屋外配电装置的安全净距，如表2-4和表2-5所示，其中，$B$、$C$、$D$、$E$等类电气距离是在$A_1$值的基础上再考虑一些其他实际因素决定的，其含义如图2-23和图2-24所示。

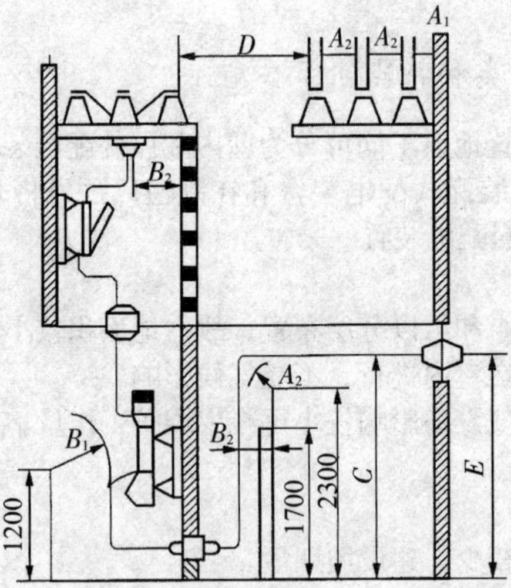


图2-23 屋内配电装置安全净距校验图(单位:mm)

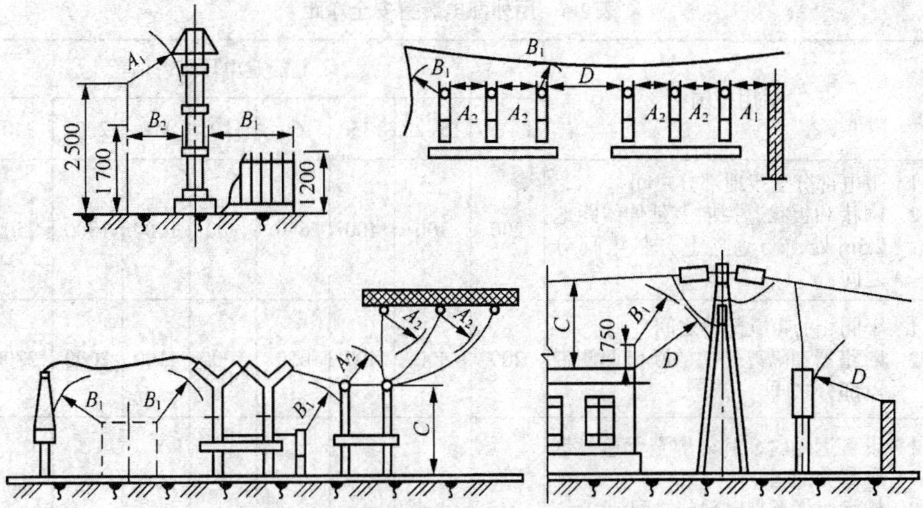


图2-24　屋外配电装置安全净距校验图(单位:mm)

表2-4　屋内配电装置安全净距

| 符号 | 适用范围 | 额定电压/kV | | | | | | | | | |
|---|---|---|---|---|---|---|---|---|---|---|---|
| | | 3 | 6 | 10 | 15 | 20 | 35 | 60 | 110J | 110 | 220J |
| $A_1$ | 1. 带电部分至接地部分之间<br>2. 网状和板状遮拦向上延伸线距地2.5m处，与遮拦上方带电部分之间 | 70 | 100 | 125 | 150 | 180 | 300 | 550 | 850 | 950 | 1800 |
| $A_2$ | 1. 不同相的带电部分之间<br>2. 断路器和隔离开关的断口两侧带电部分之间 | 75 | 100 | 125 | 150 | 180 | 300 | 550 | 900 | 1000 | 2000 |
| $B_1$ | 1. 栅状遮拦至带电部分之间<br>2. 交叉的不同时停电检修的无遮拦带电部分之间 | 825 | 850 | 875 | 900 | 930 | 1050 | 1300 | 1600 | 1700 | 2550 |
| $B_2$ | 网状遮拦至带电部分之间 | 175 | 200 | 225 | 250 | 280 | 400 | 650 | 950 | 1050 | 1900 |
| $C$ | 无遮拦裸导体至地面之间 | 2375 | 2400 | 2425 | 2450 | 2480 | 2600 | 2850 | 3150 | 3250 | 4100 |
| $D$ | 平行的不同时停电检修的无遮拦裸导体之间 | 1875 | 1900 | 1925 | 1950 | 1980 | 2100 | 2350 | 2650 | 2750 | 3600 |
| $E$ | 屋外出线套管至屋外通道路面 | 4000 | 4000 | 4000 | 4000 | 4000 | 4000 | 4500 | 5000 | 5000 | 5500 |

表2-5 屋外配电装置安全净距

<table>
<tr><th rowspan="2">符号</th><th rowspan="2">适用范围</th><th colspan="9">额定电压/kV</th></tr>
<tr><th>3～10</th><th>15~20</th><th>35</th><th>60</th><th>110J</th><th>110</th><th>220J</th><th>330J</th><th>500J</th></tr>
<tr><td>$A_1$</td><td>1. 带电部分至接地部分之间<br>2. 网状和板状遮拦向上延伸线距地2.5m处，与遮拦上方带电部分之间</td><td>200</td><td>300</td><td>400</td><td>650</td><td>900</td><td>1000</td><td>1800</td><td>2500</td><td>3800</td></tr>
<tr><td>$A_2$</td><td>1. 不同相的带电部分之间<br>2. 断路器和隔离开关的断口两侧带电部分之间</td><td>200</td><td>300</td><td>400</td><td>650</td><td>1000</td><td>1100</td><td>2000</td><td>2800</td><td>4300</td></tr>
<tr><td>$B_1$</td><td>1. 设备运输时，其外廓至无遮拦带电部分之间<br>2. 栅状遮拦至带电部分之间<br>3. 交叉的不同时停电检修的无遮拦带电部分之间<br>4. 带电作业时的带电部分至接地部分之间</td><td>950</td><td>1050</td><td>1150</td><td>1400</td><td>1650</td><td>1750</td><td>2550</td><td>3250</td><td>4550</td></tr>
<tr><td>$B_2$</td><td>网状遮拦至带电部分之间</td><td>300</td><td>400</td><td>500</td><td>750</td><td>1000</td><td>1100</td><td>1900</td><td>2600</td><td>3900</td></tr>
<tr><td>$C$</td><td>无遮拦裸导体至地面之间</td><td>2700</td><td>2800</td><td>2900</td><td>3100</td><td>3400</td><td>3500</td><td>4300</td><td>5000</td><td>7500</td></tr>
<tr><td>$D$</td><td>平行的不同时停电检修的无遮拦裸导体之间</td><td>2200</td><td>2300</td><td>2400</td><td>2600</td><td>2900</td><td>3000</td><td>3800</td><td>4500</td><td>5800</td></tr>
</table>

注：J指中性点直接接地系统。

### 2.2.5 屋内配电装置

屋内配电装置将电气设备和载流导体安装在室内。在大、中型发电厂和变电站中，35kV以下电压等级的配电装置多为屋内配电装置。110kV和220kV装置如有特殊要求或处于严重污秽地区时，亦可采用屋内配电装置。

按照布置形式的不同，屋内配电装置可分为单层、二层和三层。单层式多用于中、小容量的发电厂和变电站，采用单母线接线的出线不带电抗器的配电装置、成套开关柜，占地面积较大；二层式是将所有电气设备按照轻重分别布置，较重的设备布置在一层，较轻的设备布置在二层，一般用于有出线电抗器的情况，结构简单、占地较少、运行与检修较方便、综合造价较低；三层式则将所有电气设备依其轻重分别布置在三层中，安全、可靠、占地面积小，但结构复杂、施工时间长、造价高，检修和运行很不方便，目前国内较少采用。

采用屋内配电装置时，同一回路的电器及导体应设于同一间隔内，以保证检修安全和限定故障范围；应尽量把电源进线布置于每段中部，以使母线上的穿越电流较小；比较重的设备需布置在下层；要充分利用间隔空间；要使布置对称且便于操作；要利于扩建，留有空间裕量；要设置必要的操作、维护、防爆等通道；装置的门要向外开，并安装弹簧锁；相邻装置之间的门要可以双向开启；配电装置可开窗以利于采光和通风，但要有防雨雪和小动物等进入的措施。

### 2.2.6 屋外配电装置

屋外配电装置按照电气设备及母线布置的高度和重叠情况的不同，可分为中型、半高型和高型。

中型布置是将所有设备都安装在同一水平面的同一高度（2~2.5m）的基础上，以便带电设备对地保持必要高度，从而保证地面上活动的工作人员的人身安全。需要说明的是，中型布置的母线所在平面要比电器设备所在平面稍高。

而半高型和高型配电装置的母线和电器设备则分别安装在几个不同水平的基础上，并重叠布置。其中半高型把母线隔离开关抬高，母线与断路器、电流互感器等重叠布置；而高型则是一组母线与另一组母线重叠布置。半高型和高型的布置可以大大减少占地面积，但运行和维护不便。

屋外配电装置的结构形式不但与主接线、电压等级、容量及重要性等有关，还与母线、断路器和隔离开关的类型密切相关。必须注意合理布置，保证电气安全净距，同时还要考虑带电检修的可能性。

## 2.4 高压电器设备

### 2.4.1 概述

发电厂和变电站中除电机设备外还有许多高压电器设备，如开关电器、限流电器、过电压保护电器、测量电器等。其中开关电器按其功能的不同，又可分为断路器、负荷开关、隔离开关、熔断器、短路器等。它们的功能分别如下：

断路器——断开或接通电路中的正常工作电流及故障电流。它是电力系统中最重要的操作、控制电器设备，它具有完善的熄灭电弧的装置；

负荷开关——接通与断开电路中的正常工作电流，具有简单的灭弧装置；

熔断器——断开电路中的过负荷电流和故障电流，不能进行操作；

隔离开关——接通与断开无电流或仅有很小电流的电路，在检修电气设备时用来隔离电源，形成可见间隙，以保证检修设备及工作人员的安全；

短路器——用来造成人工接地短路，以提高继电保护动作的灵敏度。在简易主接线中保证故障被可靠地切除。

本节主要介绍断路器的熄灭电弧原理、结构、型号、参数等。对其他电器设备，如隔离开关和电器仅做简单介绍。

### 2.4.2 电弧的产生和熄灭

开关在闭合状态时它是电路的一部分，当它断开时，电路即被断开。所谓开关作用就是在具有一定电位的导体电路的一部分上，实现导体与绝缘体之间的相互迅速转换。其中间媒介就是电弧。当断路器的动、静触头刚刚分开瞬间，如触头两端电压不低于10V、电流不小于80mA就要出现电弧。电弧把分开的触头两端连接起来，电流仍继续流通，只有当在极短的时间内使电弧熄灭，这时电路才被切断。

**1. 电弧产生的物理过程**

电弧本身是一种高温等离子体，在电弧空间充满自由电子和正、负离子，它们是通过气体分子的热分解和热电离而形成的。因此，电弧产生的过程就是触头间中性电介质点（分子和原子）被游离的过程。

当通有电流的开关触头刚分开时，触头间距离很小，电场强度很高，可达$3\times10^6$V/m以上，足以从阴极表面拉出电子。从阴极发射出来的自由电子在电场力的作用下向阳极做加速运动，当它与中性质点相碰撞时的动能达到中性质点的游离能时，便产生碰撞游离。中性质点被游离为正离子和自由电子。新产生的和原有的自由电子一起在电场力的作用下继续向阳极做加速运动，又会发生碰撞游离，如此碰撞游离的结果，使触头间充满了自由质被击穿产生的电弧。由于电弧电流密度很大，触头间电弧压降很小，弧隙电场强度很低，此时碰撞游离已不可能，电弧的维持与发展靠的是热游离。这是因为弧隙间弧柱温度极高，可达$10^4$K以上，依靠气体中性质点的热运动就能积累足够的能量，使中性质点相互碰撞发生游离。此外，在高温作用下，阴极表面会向周围空间发射电子，称热电子发射。高温又会使金属触头表面熔化和蒸发，产生金属蒸汽，这就进一步增大了弧隙电导，使热游离所需温度大为降低，大约为$5\times10^3$K。由于弧隙中总是有一些金属蒸汽，且弧芯温度总会高于$5\times10^3$K，所以热游离足以维持电弧的存在。

需要指出的是，在气体热游离过程中，自由电子形成的速度与温度有密切关系，它将随温度的下降而迅速减小，这就引起电弧等离子体电导的迅速改变。因此可将断路器的电弧等离子体看作一种可以控制的可变电导。因而，电弧的温度控制是实现熄弧的主要途径。

**2. 弧柱的去游离过程**

在弧隙介质游离的过程中，同时还存在着相反的过程，这就是带电质点减少的去游离过程。去游离的方式有复合和扩散两种。

异号离子或正离子与电子接近时相互吸引、接触而中和成中性质点的过程称为复合。实际上由于电子质量小，运动速度很快，因此正离子与电子直接复合的机会是极少的。通常是在碰撞的适当条件下，电子首先附着在中性质点上形成负离子，然后正负离子相复合。复合与温度有关，温度低，质点运动速度慢，复合的机会增多，复合还与离子密度有关，压力高离子密度大，复合快。

带电质点从弧隙中逸出，进到周围介质中去的现象称为扩散。扩散的基本原因在于带电质点的热运动和带电质点的空间密度不均匀。而任何空间质点密度不均匀，它们的热运动就必然带有扩散的性质。在稳定燃烧的电弧中，扩散与复合相比只起微小的作用。如果在电弧断开中，能使电弧气体做强烈旋涡运动，这时扩散将起很大作用。在电弧与固体介质表面接触时，复合就强烈地增加。

**3. 交流电弧的特性及熄灭**

由于交流电弧电流每半周要自然过零一次，过零瞬间电弧暂时熄灭，过零后电弧又重燃，其伏安特性如图2-25所示，其中图（b）是图（a）的一种简化。交流电弧的伏安特性是动态特性曲线。$U_A$为燃弧电压，$U_B$为熄弧电压，熄弧电压低于燃弧电压。电弧电流自然过零瞬间，弧隙输入能量为零，电弧温度急剧下降，去游离速度大于游离速度，是熄弧的有利时机。因此，交流断路器都是利用电弧电流自然过零熄弧的。

交流电弧熄弧可能在两个不同的时刻。

对熄弧能力很强的断路器，或在开断小电流时，会出现电流自然过零前开断的现象。这是由于过零前一段时间随着电流的减小，电源输入弧隙的能量减少，弧隙温度下降；另一方面当电弧受到外界条件的强力吹动，电弧被拉长，冷却，致使弧隙电导突变，电弧在电流自然过零前被强制截断。从根本上说，加强去游离有利于介质强度的迅速恢复。在电路方面采取适当措施可降低恢复电压的恢复速度，这样就可以实现交流电弧的熄灭。

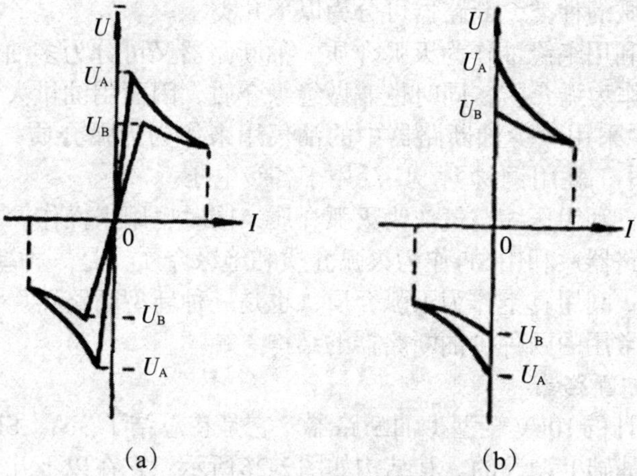


图2-25 交流电弧的伏安特性

对于熄弧能力较差的断路器，或在断路器断开大电流时，由于弧隙温度极高，热惯性很大，通常不会出现弧电流零值前开断的现象。在电流自然过零时，弧隙温度远高于中性质点热游离温度，致使弧隙仍具有一定电导，在弧隙电压作用下，存在一微小电流，称为弧后剩余电流，这样电源仍可向弧柱输送能量。因此在电流过零瞬间，一方面弧隙被周围介质冷却，大量散失能量，去游离增强；另一方面电源通过剩余电流继续向弧柱注入能量，加强热游离，如果电流过零后下半周弧隙温度仍高于热游离温度，电弧就会重燃。这种由于热游离而使电弧重燃的现象称为热击穿重燃。反之，散失能量超过输入能量，弧隙温度降低到热游离温度以下，热游离停止，弧隙将由导电状态向介质状态跃变，如果也不发生电击穿，那么电弧就此熄灭。

由此可见，一方面交流电弧熄灭的关键在于造成强烈地去游离条件，使热游离不能维持，便不会发生热击穿；另一方面使弧隙介质强度始终高于恢复电压，便不会发生电击穿，这样电弧电流自然过零后便不会重燃，使断路器断开成功。

### 2.4.3 熄灭交流电弧的基本方法

工程上采用的熄灭交流电弧的方法概括有以下几种。

（1）迅速拉长电弧。提高断路器的分闸速度，采用多断口结构。这对加大弧隙电阻，增大介质强度恢复速度十分有利。

（2）吹弧。利用气体（空气、氢气、$SF_6$或在高温下固体绝缘材料分解出的气体等），或绝缘油吹动电弧，使电弧拉长、冷却，实现强烈的去游离，这是高压断路器的主要熄弧手段。吹弧的基本方式有横吹和纵吹两种。

（3）弧隙并联电阻。主要用来降低暂态恢复电压的恢复速度与幅值，提高断路器的熄弧能力。通常在220kV及以上线路侧断路器上使用。

（4）提高弧隙介质压力，有利于加强复合，减小游离。

（5）其他方面：采用新型灭弧介质$SF_6$，采用新型耐弧材料三聚氰胺玻璃纤维压塑材料制作隔弧板，采用新型触头材料如铜钨触头代替普通铜触头等。

### 2.4.4 断路器的类型及其结构

按照所用灭弧介质的种类，断路器可分为以下几类。

（1）油断路器。利用绝缘油作为灭弧介质。油断路器又可分为多油式和少油式两类。多油断路器中的油不仅作为弧介质，同时也兼做绝缘介质，因而用油量大，耗用钢材多，目前仅在35kV电压等级中采用。少油断路器中的油仅用来作为灭弧介质，而不作为绝缘介质，故用油量少，体积也小，耗用钢材少，广泛用于各级电压。

（2）空气断路器。利用压缩空气作为灭弧介质，同时也用来操作。

（3）六氟化硫断路器。利用$SF_6$作为灭弧介质和绝缘介质，是一种新型断路器。

（4）真空断路器。利用真空作为灭弧介质，也是一种新型断路器。

下面简单介绍最常用的两种少油断路器的结构。

**1. $SN_{10}$—10型少油断路器**

这是全国统一设计的10kV轻型少油断路器。它是在总结了$SN_1$、$SN_2$型少油断路器的运行经验和大量试验的基础上设计的。其结构如图2-26所示。它在以下几个方面做了改选。

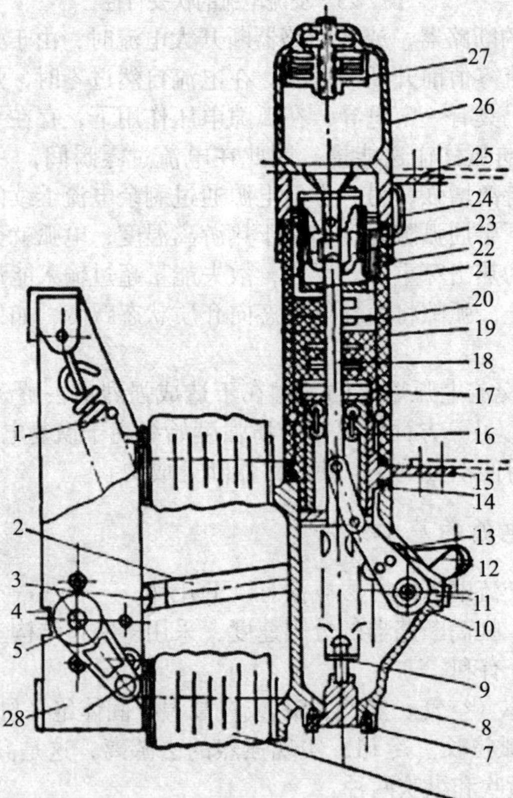


**图2-26 $SN_{10}$—10型少油断路器一相的断面**

1—分闸弹簧；2—绝缘拉杆；3—拐臂；4—轴承；5—主轴；6—支持绝缘子；7—放油螺栓；8—底罩；9—油缓冲活塞杆；10—轴承；11—轴；12—拐臂；13—缓冲橡皮垫；14—密封圈；15—下出线座；16—紫铜滚轮；17—压环；18—导电杆，19—绝缘筒；20—灭弧室；21—铁片；22—内法兰；23—瓣形定触头；24-油位指示器；25—上出线座；26—上帽；27—油气分离器；28—框架

（1）用高强度环氧玻璃布绝缘筒代替有铜焊缝的钢筒，大大提高了防爆性能。

（2）静触头固定在油箱顶部，动触头向下运动，电弧高温分解的油气向上运动，这一逆流运动有利于电弧冷却和带电介质排出弧道，使弧隙介质强度迅速恢复。此外随着动触头向下运动，下面的冷油被挤入灭弧室，形成机械压力油吹灭弧，这对熄灭小电流电弧有利。

（3）用三聚氰胺玻璃纤维压塑成的隔弧板代替酚醛树脂层压板，大大提高了耐弧性能。

**2. $SW_6$—110GA型少油断路器**

$SW_6$型少油断路器采用积木式结构，110kV级少油断路器用一个单元构成。一个单元由三节瓷套管组成一个Y形体，如图2-27所示。两个断口及其灭弧室分别置于两侧套管中。Y形体中部为三角形机构箱，下面的支柱瓷套内有绝缘提升杆与支架下的传动机构相连。整个瓷套内全部充满绝缘油。其灭弧室结构如图2-28所示。灭弧室装在瓷套筒内，主要构件是一个高强度玻璃钢筒，它起压紧保护瓷套作用，也承受灭弧时产生的高压力。它能耐受250×$10^5$Pa，从而保证断开短路电流时的安全。灭弧筒内叠放六片同样形式的三聚氰胺玻璃纤维隔弧板，每片下面有四个贮气室构成缓冲空间。另有两个套有胶木管的孔作为灭弧室上下部分油的通道，它与灭弧室内的充油空间并不连通。这是一种结构简单的纵吹灭弧室。在断开短路电流时，电弧分解油产生的高压力油、气在动触杆向下运动过程中逐次打开中心孔，高压油气从中心孔喷出形成对电弧的纵吹灭弧。

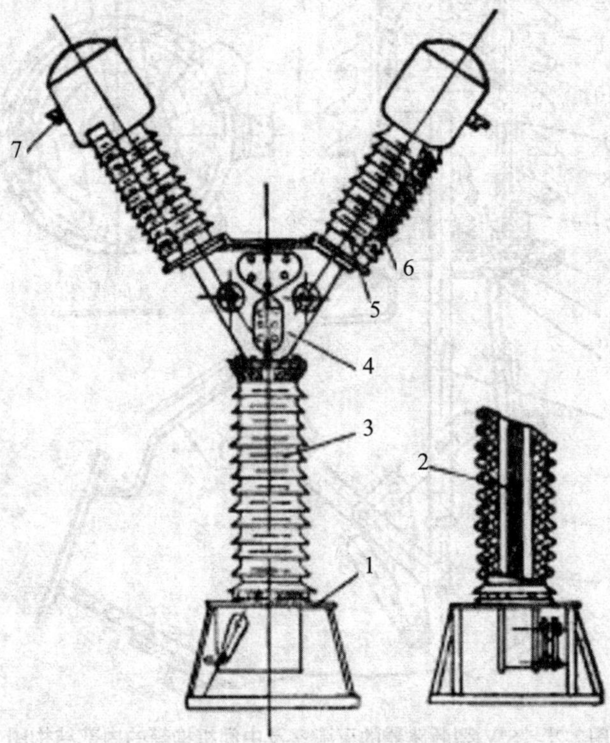


**图2-27　$SW_6$—110GA少油断路器外形图**

1—底架(角钢架)；2—提升杆；3—支柱瓷套；4—中间机构箱；5—灭弧室；6—均压电容；7—接线板

静触头为插座式，位于灭弧室上部。在静触头的末端装有一个由弹簧压紧的压油活塞，推动活塞的柄插入上静触头底部孔中。在合闸位置，导电杆插入上静触头，即将此柄向上顶起，使压油活塞弹簧压紧，分闸时导电杆退出插座，活塞在弹簧作用下迅速下落，同时将新

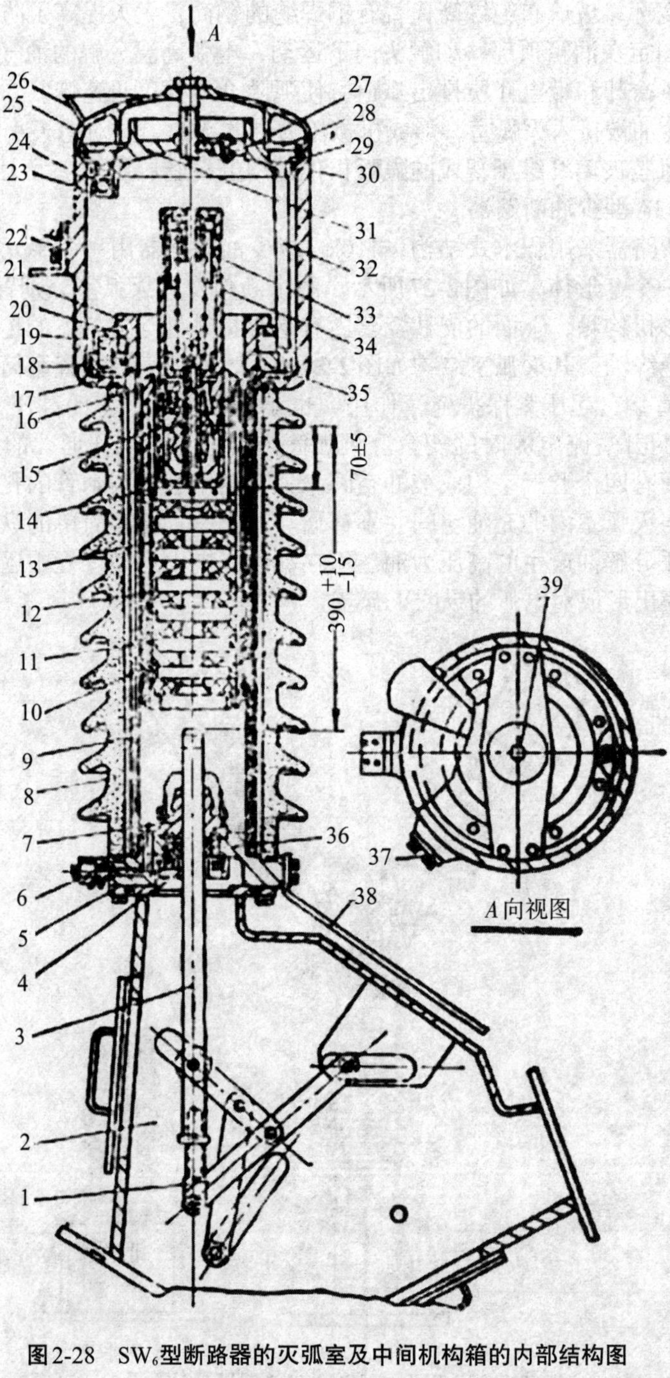


**图2-28　$SW_6$型断路器的灭弧室及中间机构箱的内部结构图**

1—直线机构；2—中间机构；3—导电杆；4—导向套；5—接线座；6—放油阀；7—下定触头；8—瓷套；9—外玻璃钢筒；10—隔弧板；11—灭弧管；12—灭弧筒；13—隔弧板；14—保护环；15—上定触头；16—支持座；17—压油活塞；18-垫圈；19—逆止阀；20—压圈；21—连接套；22—接线板；23—逆止阀；24—铝帽；25—帽盖；26—排气门；27-安全阀；28—盖板；29—挡圈；30—密封圈；31—安全阀盖；32—导气管；33—管；34—弹簧；35、36—密封圈；37—油标；38—导电板；39—螺套鲜冷油射向静触头的弧根区，形成强烈去游离。由于这一吹弧能量是外能贮存的，因此，它对熄灭小电流电弧有利。灭弧室排出的气体都聚集到顶部铝帽中，通过油气分离器，气体由于太小排到大气中，油流回到灭弧室内。

为使瓷套不承受压力，它与灭弧室之间夹层的油不能与室内及铝帽中的油连通，但可向外部通气，为此在铝帽中装了一个导气管。

由上述可见，少油断路器结构简单，用油少，节省钢材，在屋内配电装置中可不用设置专用的防爆小间，因而简化了配电装置的结构。它的主要缺点是重合闸性能差，不适于严寒地区工作，附设电流互感器较困难。

## 2.5 接地保护

当人体触电时，由于电流流过会使身体遭到电的刺激或伤害，引发电击或电伤。人体发生触电的情形主要有：与带电部分（感应电、静电或绝缘损坏导致的部件带电）直接接触；发生接地故障时人体恰好处于接触电压和跨步电压的危险区；与带电部分的隔离未达到安全距离。

人体触电时受到伤害的程度与流过人体的电流大小、接触时间、电流流经人体的途径、电流的类型以及人体的状况等很多因素有关。其中尤其与电流大小和接触时间有关。实验分析的结果表明，工频交流电达到10mA时，开始对人体产生危害，当超过50mA时，即对人体产生致命危险。人体电阻随着人体状况的不同，波动很大，比如人体干燥、洁净、无损伤时，人体电阻可以高达100 000Ω；而皮肤表面有破损或人体潮湿时，人体电阻甚至可以降低到1000Ω以下。在最恶劣的情形下，人所接触的电压只要达到50V时，人体就会面临致命危险。

接地保护是将设备的金属外壳、金属构件或互感器的二次侧等接地，防止由于绝缘损坏而导致的设备外壳带危险等级电压，以保护人员在与设备接触时的安全，如图2-29所示。当人体触及绝缘损坏的设备外壳时，流过人体的电流为

$$I_{man} = I_E \frac{R_E}{R_{man} + R_t + R_E} \tag{2-1}$$

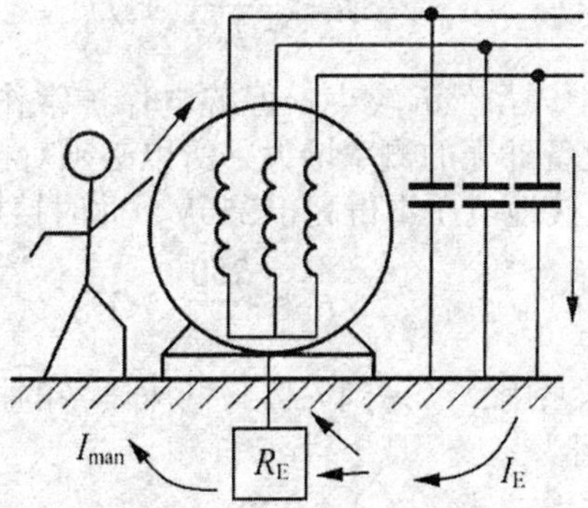


图2-29 接地保护示意图

式中，$I_E$为单相接地电流；

$R_E$为接地保护电阻；

$R_{man}$为人体电阻；

$R_t$为人脚与地面的接触电阻。

由式（2-1）可以看出，保护接地电阻越小，流过人体的电流就越小，人体就越安全。因此只要选择适当的接地电阻就可以起到保证人身安全的作用。

### 2.5.1 接地保护的电阻阻值要求

保护接地装置主要由埋入土中的金属接地体（角钢、钢管等）和用来连接的接地线构成。当由于电气设备的绝缘损坏发生接地时，接地电流通过接地体向大地做半球形扩散，形成电流场。大地也具有一定的电阻率，电流在扩散的过程中也会遇到电阻，被称为散流电阻。半球形距离接地体越远面积越大，随之单位长度的散流电阻减小。在距离接地体15～20m以外的地方，散流电阻实际上已接近于零。因此，在这个范围之内，距离接地体越近则电位越高；距离接地体越远，则电位越低。这个散流电阻实际就是接地装置的对地电阻。

接地装置的电阻包括接地体对地电阻和与其相连的导体电阻之和。金属导体的电阻一般很小，因此可以忽略不计。则实际考虑的接地装置电阻就是其对地电阻，其具体数值与接地体材料关系不大，但与接地体的尺寸、形状、布置方式以及周围土壤的电阻率密切相关。接地故障时，处于故障有效区域中的人有两种触电方式。

其一，如图2-29所示，人体某部分触及带电的设备外壳，此时人体的接触点与脚之间产生电压，称为接触电压。通常指人站在距离设备0.8m的地面上，手触及带电设备外壳时人体所承受的电压。如果设备外壳所带最高电位为$U_E$，距离设备0.8m的地面处电压为$U$，则可求接触电压为

$$U_{tou}=U_E-U \tag{2-2}$$

其二，当人在接地电流形成的分布电压区域沿轴向跨开一步，此时在两脚之间（0.8m）会产生电压，被称为跨步电压。若两脚所处地面电位分别为$U_a$和$U_b$，则可求跨步电压为

$$U_s=U_a-U_b \tag{2-3}$$

在大电流接地系统中，接地电流$I_E$较大，因此接地体附近形成的分布电压区域也较大，在这种情况下无论是接触电压还是跨步电压都会对人体产生严重威胁。但实际运行时大电流接地系统的故障切除时间很快，经验表明，只要保证接地网电压不超过2000V即可保证人身和设备的安全，此时接地电阻为

$$R_E\leqslant\frac{2000}{I_E}\ (\Omega) \tag{2-4}$$

而在小电流的接地系统中，虽然$I_E$较小，但继电保护常作用于信号，因此接地时间较长，在这种情况下人体接触设备外壳的概率增大，所以必须对接触电压加以限制。若接地装置仅限用于高压设备，则规定接地电压不得高于250V，此时接地电阻为

$$R_E\leqslant\frac{250}{I_E}\ (\Omega) \tag{2-5}$$

若接地装置属于高、低压共用，考虑到人体与低压设备的接触机会更多，规定接地电压不得超过120V，此时接地电阻为

$$R_E\leqslant\frac{120}{I_E}\ (\Omega) \tag{2-6}$$

一般这种情况的接地电阻不要超过10Ω，当电压为1000V以内时，接地电阻最好不要超过4Ω。

### 2.5.2 接地保护的分类

接地保护的形式有两种：一种是设备的金属外壳经各自的接地线（PE线）直接接地，

称IT系统，多用于用户高压系统或低压三相三线制系统；另一种是设备的金属外壳经公共的PE或PEN线接地，也称保护接零，用于三相四线制系统，又可分为TN和TT系统。

1. IT系统

在中性点不接地的三相三线制的供电系统中，将设备的金属外壳及其构架等经各自的PE线分别直接接地，称为IT系统。

在三相三线制系统中，当电气设备绝缘损坏系统发生一相碰壳故障时，设备外壳电位将上升为相电压，人接触设备时，故障电流将全部通过人体流入地中，如图2-30（a）所示，从而造成触电危险。

当采用IT系统后，故障电流将同时沿接地装置和人体两条通路流过，如图2-30（b）所示。由于流经每条通路的电流与其电阻成反比，而通常人体电阻$R_b$比接地电阻$R_E$大数百倍，所以流经人体的电流很小，不会发生触电危险。

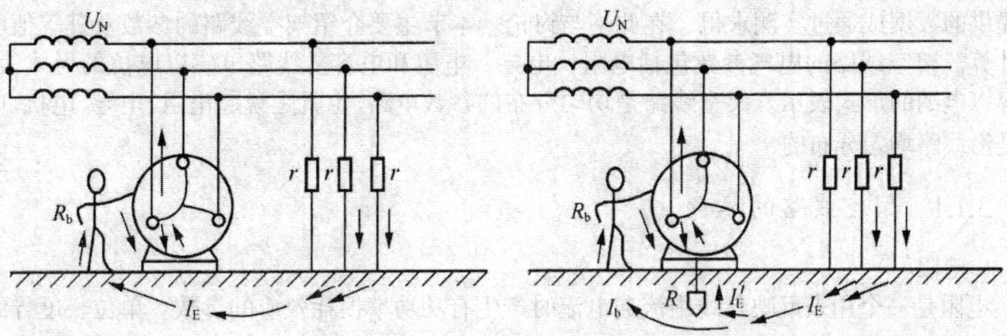


（a） （b）

图2-30 中性点不接地的三相三线制系统保护接地

(a)无保护接地；(b)有保护接地

2. TN系统

在中性点直接接地的低压三相四线制系统中，将设备金属外壳与中性线（N线）相连接，称为TN系统。当设备发生单相碰壳接地故障时，短路电流经外壳和PE或PEN线而形成回路，此时短路电流较大，能使设备的过电流保护装置动作，迅速将故障设备从电源断开，从而减小触电的危险，保护人身和设备的安全。TN系统按其PE线的形式可分为TN-C系统、TN-S系统、TN-C-S系统，如图2-31所示。

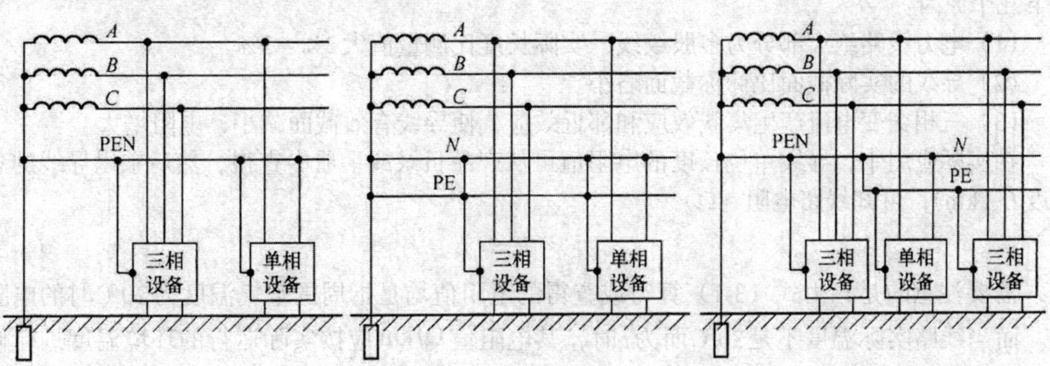


（a） （b） （c）

图2-31 TN型低压配电系统电路图

(a)TN-C系统；(b)TN-S系统；(c)TN-C-S系统

# 第3章　电力系统的等值电路及潮流计算

## 3.1　电力线路的参数及其等值电路

电力线路包括架空线路和电缆线路两大类，电缆线路的参数难以用公式计算，可根据厂家提供的数据或通过实测求得，在此不与讨论。本节主要介绍架空线路的参数及其等值电路的计算。架空线路的电气参数包括电阻、电导、电感和电容。线路电感以电抗的形式表示，电容以电纳的形式表示。架空线路是均匀分布的参数电路，也就是说起电阻、电导、电抗、电纳都是沿线路均匀分布的。

### 3.1.1　架空线路的参数

**1. 电阻**

电阻是一个用来反映导线中流通电流时产生有功功率损耗效应的参数。单位长度导线的电阻（Ω/km）用 $r_1$ 表示，并可按下式计算

$$r_1 = \frac{\rho}{S} \tag{3-1}$$

式中，$\rho$——导线电阻率，铜为18.8，铝为31.5，$\Omega \cdot \mathrm{mm}^2/\mathrm{km}$；

$S$——导线载流部分的标称截面面积，$\mathrm{mm}^2$。

注意：在电力系统计算中使用的铜和铝的电阻率比直流电阻率略大，物理手册中给出的铜材料的直流电阻率为 $17.5\,\Omega \cdot \mathrm{mm}^2/\mathrm{km}$，铝材料的直流电阻率为 $28.5\,\Omega \cdot \mathrm{mm}^2/\mathrm{km}$，主要有以下几个原因。

（1）电力线路绝大部分为多股绞线，实际长度比测量值大2%～3%。

（2）导线的实际截面比标称截面略小。

（3）三相交变电流产生集肤效应和邻近效应，使导线有效截面减小，电阻增大。

在实际应用中，导线单位长度的电阻值可从产品目录或手册中查得，然后乘以导线的总长度 $L$（km），可知线路电阻（Ω）

$$R = r_1 L \tag{3-2}$$

需要注意的是，由式（3-1）算得或查得的电阻值均是指周围空气温度为20℃时的电阻值。而当线路实际温度不是20℃而为 $t$ 时，其电阻值Ω/km应按实际运行的环境温度进行修正，即

$$r_t = r_{20}\left[1 + \alpha(t - 20)\right] \tag{3-3}$$

式中，$r_t$、$r_{20}$——导线在$t$、20℃时的电阻，Ω；

$\alpha$——电阻温度系数，铜的$\alpha=0.00382/℃$，铝的$\alpha=0.0036/℃$。

**2. 电抗**

线路的电抗是由于交流电通过导线时，在导线周围产生交变的电磁场而形成的。

三相普通架空线路，经过完全换位后，每相导线单位长度的电抗可按式（3-4）计算

$$x_1=2\pi f(4.6\lg\frac{D_{jj}}{r}+0.5\mu_r)\times10^{-4}(\Omega/km) \tag{3-4}$$

式中，$\mu_r$——导线材料相对磁导率，对有色金属$\mu_r$为1；

$r$——导线的半径（cm或mm）；

$f$——交流电频率（Hz）；

$D_{jj}$——三相导线的几何平均距离，简称几何均距（cm或mm），单位应与$r$的单位对应。

在现代电力系统中，对于220kV及以上线路，常采用分裂导线，主要有2分裂、3分裂和4分裂。对于分裂导线的架空线路，经过安全换位后，每相导线单位长度的电抗可按式（3-5）计算

$$x_1=2\pi f(4.6\lg\frac{D_{jj}}{r_{dz}}+0.5\mu_r/n)\times10^{-4}(\Omega/km) \tag{3-5}$$

式中，$n$——每相分裂导线根数；

$r_{dz}$——每相导线的等值半径。

对于铝线、铜线$\mu_r$=1，而$f$=50Hz，代入式（3-4）得，三相架空线路，每相单位长度的电抗为

$$x_1=0.1445\lg\frac{D_{jj}}{r}+0.0157\ (\Omega/km) \tag{3-6}$$

对于分裂导线，每相单位长度的电抗为

$$x_1=0.1445\lg\frac{D_{jj}}{r_{dz}}+\frac{0.0157}{n}\ (\Omega/km) \tag{3-7}$$

分裂导线每相的自几何均距比单导线线路每相的大，因此其每相的等值半径比单导线的半径要大，且由于分裂根数的存在，使得$X_1$的取值比单导线要小。

长度为$L$(km)，每相导线的电抗为

$$X=x_1\cdot L \tag{3-8}$$

一般单导线线路每千米电抗为0.4Ω左右；分裂导线线路的电抗与分裂根数有关，当分裂根数为2、3、4根时，每千米的电抗分别为0.33Ω、0.30Ω、0.28Ω左右。

**3. 电导**

架空输电线路的电导是用来反映绝缘子泄漏和电晕损耗的参数。一般线路的绝缘良好，泄漏电流很小，可以忽略。因此，主要考虑电晕引起的损耗。

电晕是架空线路在高电压作用下，导线表面电场强度超过空气分子的游离强度时，导线附近的空气被游离而产生局部放电的现象。电晕产生时可以听到“嗤嗤”的放电声，嗅到臭氧的气味，夜间还可以看到导线周围蓝紫色的晕光。它将产生有功功率损耗和电能损耗。

架空线路是否发生电晕，决定于线路的运行电压和电晕临界电压。线路开始出现电晕的电压称为临界电压$U_{cr}$。当三相导线排列在等边三角形顶点上时，电晕临界电压的经验公式为

$$U_{cr}=49.3m_1m_2\delta r\lg\frac{D}{r}\ (\text{kV}) \tag{3-9}$$

式中，$m_1$——导线表面状况系数，对于多股绞线$m_1$=0.83～0.87；

$m_2$——气象状况系数，对于干燥和晴朗的天气$m_2$=1，对于有雨、雪、雾等的恶劣天气，$m_2$=0.8～1；

$r$——导线的计算半径（cm）；

$D$——三相导线的相间距离；

$\delta$——空气的相对密度。

$\delta$可按下式计算

$$\delta=\frac{3.92P}{273+t} \tag{3-10}$$

式中，$P$——大气压力，单位为Pa；

$t$——大气温度，单位为℃。当$t$=25℃，$P$=76Pa时，$\delta$=1。

如果线路的运行电压小于电晕临界电压，线路将不会出现电晕，而当线路实际运行电压高于电晕临界电压时，线路将会发生电晕。如果三相线路每千米的电晕损耗为$\Delta P_g$，则每相等值电导

$$g_1=\frac{\Delta P_g}{U_L^2}\ (\text{S/km}) \tag{3-11}$$

其中，$\Delta P_g$的单位为MW/km；线电压$U_L$的单位为kV。

实际上，在线路设计时，选择导线截面应考虑在晴朗天气情况下，线路不发生电晕的要求。如果不满足要求，应加大导线截面或考虑采用扩径导线或分裂导线。所以在电力系统运行分析计算中可以忽略电晕损耗，即认为$g_1\approx 0$。

110kV以下电压等级的电力网，一般不计电晕损耗。

**4. 电纳**

线路的电纳是由导线与导线之间、导线与大地之间的电容决定的。三相架空输电线路，经过安全换位后，每相单位长度的电容可按下式计算

$$C_0=\frac{0.0242}{\lg\frac{D_{jj}}{r_{dz}}}\times 10^{-6}(\text{F/km}) \tag{3-12}$$

式中，$r_{dz}$——分裂导线等值半径，对于普通架空线路$r_{dz}$等于$r$；

$D_{jj}$——表示分裂导线的等值半径。

对于频率为50Hz的架空输电线路，每相单位长度的电纳为

$$b_0=2\pi fC_0=\frac{7.58}{\lg\frac{D_{jj}}{r_{dz}}}\times 10^{-6}(\text{S/km}) \tag{3-13}$$

对于线路长为$L$(km)时，每相的电纳为

$$b=b_0\cdot L(\text{S}) \tag{3-14}$$

### 3.1.2　架空线路的等值电路

线路在经过完整换位后，三相电路的参数是对称的，可用单相等值电路来表示三相等值电路。线路的电阻、电导、电抗、电纳都是沿线路均匀分布的，但分布参数电路的计算比较复杂，一般多用于较长线路的计算分析中。为了简化计算，对于300km以下的架空线路和100km以下的电缆线路，一般都用集中参数电路来表示。如图3-1所示的Ⅱ形等值电路，其中$R$、$X$、$B$分别为线路总的电阻、电抗和电纳值。因为电力线路正常运行时不发生电晕，所以$G$=0。注意，在等值电路中的电纳$B$作为两条支路分别置于线路阻抗的两端。

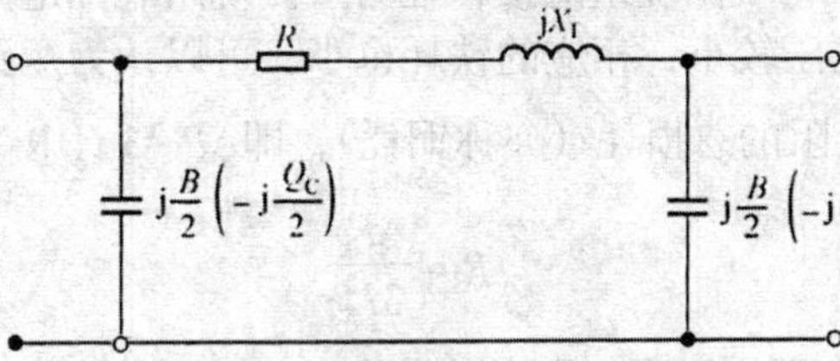


图3-1　电力线路的Ⅱ形等值电路

对于35kV及以下电压等级的架空线路和10kV及以下的电缆线路，由于电压较低、线路较短，电纳或电容功率很小，一般可将电纳支路忽略不计，从而采用更简化的一字形等值电路，如图3-2所示。

图3-2　电力新路的简化一字形等值电路

## 3.2　变压器的参数及其等值电路

### 3.2.1　变压器的等值电路和参数

在电力系统计算中，双绕组变压器的近似等值电路常将励磁支路前移到电源侧，简称$T$形等值电路。在这个等值电路中，一般将变压器二次绕组的电阻和漏抗折算到一次绕组侧并和一次绕组的电阻和漏抗合并，用等值阻抗$R_T+jX_T$来表示，如图3-3（a）所示。对于三绕组变压器，采用励磁支路前移的星形等值电路，如图3-3（b）所示，图中的所有参数值都是折算到一次侧的值。

自耦变压器的等值电路与普通变压器的相同。

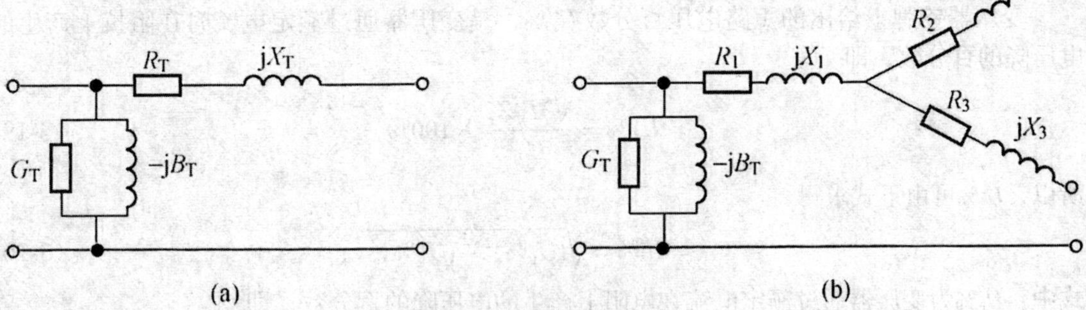


图3-3　变压器的等值电路

(a)双绕组变压器；(b)三绕组变压器

### 3.2.2 双绕组变压器的参数计算

变压器的参数一般是指其等值电路中的电阻$R_T$、电抗$X_T$、电导$G_T$和电纳$B_T$。

变压器的四个参数可以从出厂铭牌上代表电气特性的四个数据计算得到。这四个数据是短路损耗$\Delta P_k$，短路电压$U_k\%$，空载损耗$\Delta P_0$，空载电流$I_0\%$。前两个数据由短路试验得到，用以确定$R_T$和$X_T$；后两个数据由空载实验得到，用以确定$G_T$和$B_T$。

**1. 电阻$R_T$**

变压器做短路试验时，将一侧绕组短接，在另一侧绕组施加电压，使短路绕组的电流达到额定值。由于此时外加电压较小，相应的铁耗也小，可以认为短路损耗即等于变压器通过额定电流时一、二次绕组电阻的总损耗（亦称铜耗），即$\Delta P_k=3I_N^2R_T$，于是

$$R_T=\frac{\Delta P_K}{3I_N^2} \tag{3-15}$$

在电力系统计算中，常用变压器三相额定容量$S_N$和额定线电压$U_N$进行参数计算，故可把式（3-15）改写为

$$R_T=\frac{\Delta P_K U_N^2}{S_N^2} \tag{3-16}$$

式中，$R_T$——变压器高低压绕组的总电阻，kΩ；

$\Delta P_k$——变压器的短路损耗，kW；

$U_N$——变压器的额定线电压，kV；

$S_N$——变压器的额定容量，kVA。

**2. 电抗$X_T$**

当变压器通过额定电流时，在电抗$X_T$上产生的电压降的大小，可以用额定电压的百分数表示，即

$$U_x\%=\frac{I_N X_T}{\frac{U_N}{\sqrt{3}}}\times 100\%=\frac{\sqrt{3}I_N X_T}{U_N}\times 100\% \tag{3-17}$$

因此

$$X_T=\frac{U_X\%}{100\%}\times\frac{U_N}{\sqrt{3}I_N}=\frac{U_X\%}{100\%}\times\frac{U_N^2}{S_N} \tag{3-18}$$

变压器铭牌上给出的短路电压百分数$U_K\%$，是变压器通过额定电流时在阻抗上产生的电压降的百分数，即

$$U_K\%=\frac{\sqrt{3}I_N Z_T}{U_N}\times 100\% \tag{3-19}$$

所以，$U_x\%$可由下式求得

$$U_x\%=\sqrt{(U_k\%)^2-(U_R\%)^2} \tag{3-20}$$

式中，$U_R\%$为变压器通过额定电流在电阻上产生的电压降的百分数，即

$$U_{R}\%=\frac{\sqrt{3}I_N R_T}{U_N}\times 100\%\approx\frac{\Delta P_K}{S_N}\times 100\%=\Delta P_k\% \tag{3-21}$$

对于大容量变压器，其绕组电阻比电抗小得多，可以近似地认为$U_x\%\approx U_k\%$，故

$$X_T=\frac{U_k\%}{100\%}\times\frac{U_N^2}{S_N} \tag{3-22}$$

式中，$X_T$——变压器高低压绕组的总电抗，kΩ；

$U_k\%$——变压器的短路电压百分比。

3. **电导** $G_T$

变压器的电导是用来表示铁芯损耗的。由于空载电流相对额定电流来说是很小的，绕组中的铜耗也很小，所以，可以近似认为变压器的铁耗就等于空载损耗，即$\Delta P_{Fe}\approx\Delta P_0$，于是

$$G_T=\frac{\Delta P_{Fe}}{U_N^2}\times 10^{-3}=\frac{\Delta P_0}{U_N^2}\times 10^{-3} \tag{3-23}$$

式中，$G_T$——变压器的电导，S；

$\Delta P_0$——变压器空载损耗，kW。

4. **电纳** $B_T$

变压器的电纳代表变压器的励磁功率。变压器空载电流包含有功分量和无功分量，与励磁功率对应的是无功分量。由于有功分量很小，无功分量和空载电流在数值上几乎相等。根据变压器铭牌上给出的$I_0\%=\frac{I_0}{I_N}\times 100$，可以算出

$$B_T=\frac{I_0\%}{100\%}\times\frac{\sqrt{3}I_N}{U_N}=\frac{I_0\%}{100\%}\times\frac{S_N}{U_N^2}\times 10^{-3} \tag{3-24}$$

式中，$B_T$——变压器的电纳，S；

$I_0\%$——变压器的空载电流百分比。

### 3.2.3　三绕组变压器的参数计算

三绕组变压器等值电路中的参数计算原则与双绕组变压器的相同，下面分别确定各参数的计算公式。

1. **电阻** $R_1$、$R_2$、$R_3$

为了确定三个绕组的等值阻抗，要有三个方程，为此，需要有三种短路试验的数据。三绕组变压器的短路试验是依次让一个绕组开路，按双绕组变压器来做的。若测得短路损耗分别为$\Delta P_{k(1-2)}$，$\Delta P_{k(2-3)}$，$\Delta P_{k(3-1)}$，则有

$$\left.\begin{aligned}\Delta P_{k(1\text{-}2)}&=3I_N^2R_1+3I_N^2R_2=\Delta P_{k1}+\Delta P_{k2}\\ \Delta P_{k(2\text{-}3)}&=3I_N^2R_2+3I_N^2R_3=\Delta P_{k2}+\Delta P_{k3}\\ \Delta P_{k(3\text{-}1)}&=3I_N^2R_3+3I_N^2R_1=\Delta P_{k3}+\Delta P_{k1}\end{aligned}\right\} \tag{3-25}$$

各绕组的短路损耗$\Delta P_{k1}$，$\Delta P_{k2}$，$\Delta P_{k3}$，为

$$\left.\begin{aligned}\Delta P_{k1}&=\frac{1}{2}(\Delta P_{k(1-2)}+\Delta P_{k(3-1)}-\Delta P_{k(2-3)})\\\Delta P_{k2}&=\frac{1}{2}(\Delta P_{k(1-2)}+\Delta P_{k(2-3)}-\Delta P_{k(3-1)})\\\Delta P_{k3}&=\frac{1}{2}(\Delta P_{k(2-3)}+\Delta P_{k(3-1)}-\Delta P_{k(1-2)})\end{aligned}\right\}\tag{3-26}$$

求出各绕组的短路损耗后，便可导出与双绕组变压器计算$R_T$相同形式的算式，即

$$R_i=\frac{\Delta P_{ki}U_N^2}{S_N^2}\times 10^3\ (i=1,2,3)\tag{3-27}$$

上述计算公式适用于三个绕组的额定容量都相同的情况。各绕组额定容量相等的三绕组变压器不可能三个绕组同时都满载运行。根据电力系统运行的实际需要，三个绕组的额定容量可以制造得不相等。我国目前生产的变压器三个绕组的容量比按高、中、低压绕组的顺序主要有100/100/100、100/100/50、l00/50/100三种。变压器铭牌上的额定容量是指容量最大的一个绕组的容量，也就是高压绕组的容量。式（3-26）中的$\Delta P_{k1}$，$\Delta P_{k2}$，$\Delta P_{k3}$是指绕组流过与变压器额定容量$S_N$相对应的额定电流时所产生的损耗。做短路试验时，三个绕组容量不相等的变压器将受到较小容量绕组额定电流的限制。因此，要应用式（3-26）及式（3-27）进行计算前，必须对工厂提供的短路试验的数据进行折算。若工厂提供的试验值为$\Delta P'_{k(1-2)}$，$\Delta P'_{k(2-3)}$，$\Delta P'_{k(3-1)}$，且编号1为高压绕组，则

$$\left.\begin{aligned}\Delta P_{k(1-2)}&=\Delta P'_{k(1-2)}(\frac{S_N}{S_{2N}})^2\\\Delta P_{k(2-3)}&=\Delta P'_{k(2-3)}(\frac{S_N}{\min\{S_{2N},S_{3N}\}})^2\\\Delta P_{k(3-1)}&=\Delta P'_{k(3-1)}(\frac{S_N}{S_{3N}})^2\end{aligned}\right\}\tag{3-28}$$

**2. 电抗$X_1$、$X_2$、$X_3$**

和双绕组变压器一样，近似地认为三绕组变压器电抗上的电压降就等于短路电压。给出短路电压$U_{k(1-2)}\%$、$U_{k(2-3)}\%$、$U_{k(3-1)}\%$后，与电阻的计算公式相似，可求得各绕组的短路电压为

$$\left.\begin{aligned}U_{k1}\%&=\frac{1}{2}(U_{k(1-2)}\%+U_{k(3-1)}\%-U_{k(2-3)}\%)\\U_{k2}\%&=\frac{1}{2}(U_{k(1-2)}\%+U_{k(2-3)}\%-U_{k(3-1)}\%)\\U_{k3}\%&=\frac{1}{2}(U_{k(2-3)}\%+U_{k(3-1)}\%-U_{k(1-2)}\%)\end{aligned}\right\}\tag{3-29}$$

各绕组的等值电抗为

$$X_i=\frac{U_{ki}\%}{100\%}\times\frac{U_N^2}{S_N}\ (i=1,2,3) \tag{3-30}$$

应该指出，相关手册和制造厂提供的短路电压值，不论变压器各绕组的容量比如何，一般都已折算为与变压器额定容量相对应的值，因此，可以直接用式（3-29）及式（3-30）计算。

各绕组等值电抗的相对大小，与三个绕组在铁芯上的排列有关。高压绕组因绝缘要求排在外层，中压绕组和低压绕组均有可能排在中层。排在中层的绕组，其等值电抗较小，或具有不大的负值。

求取三绕组变压器导纳的方法和求取双绕组变压器导纳的方法相同。

### 3.2.4　自耦变压器的参数计算

自耦变压器的等值电路及其参数计算的原理和普通变压器相同。通常，三绕组自耦变压器的第三绕组（低压绕组）总是接成三角形，以消除由于铁芯饱和引起的三次谐波，并且它的容量比变压器的额定容量（高、中压绕组的通过容量）小。因此，计算等值电阻时要对短路试验的数据进行折算。如果由相关手册或制造厂提供的短路电压是未经折算的值，那么，在计算等值电抗时，也要对它们先进行折算。其公式为

$$\left.\begin{aligned}U_{k(2-3)}\% &= U'_{k(2-3)}\%\left(\frac{S_N}{S_{3N}}\right)\\ U_{k(3-1)}\% &= U'_{k(3-1)}\%\left(\frac{S_N}{S_{3N}}\right)\end{aligned}\right\} \tag{3-31}$$

### 3.2.5　变压器的Π形等值电路

变压器采用如图3-3所示的等值电路时，计算所得的二次绕组的电流和电压都是它们的折算值（即折算到一次绕组的值），而且与二次绕组相接的其他元件的参数也要用其折算值。在电力系统实际计算中，常常要求出变压器二次侧的实际电流和电压。为此，可以在变压器等值电路中增添只反映变比的理想变压器。所谓理想变压器就是无损耗、无漏磁、无须励磁电流的变压器。双绕组变压器的这种等值电路示于图3-4中。图中变压器的阻抗 $Z_T=R_T+jX_T$ 是折算到一次侧电压级的值，$k=U_{1N}/U_{2N}$ 是变压器的变比，$U_2$ 和 $I_2$ 是二次侧的实际电压和电流。如果将励磁支路略去或另做处理，则变压器又可用它的阻抗 $Z_T$ 和理想变压器相串联的等值电路[见图3-5（a）]表示。这种存在磁耦合的电路还可以进一步变换成电气上直接相连的等值电路。

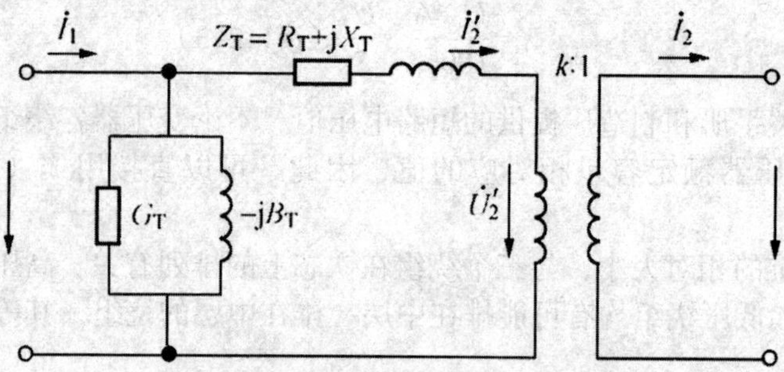


图3-4　带有理想变压器的等值电路

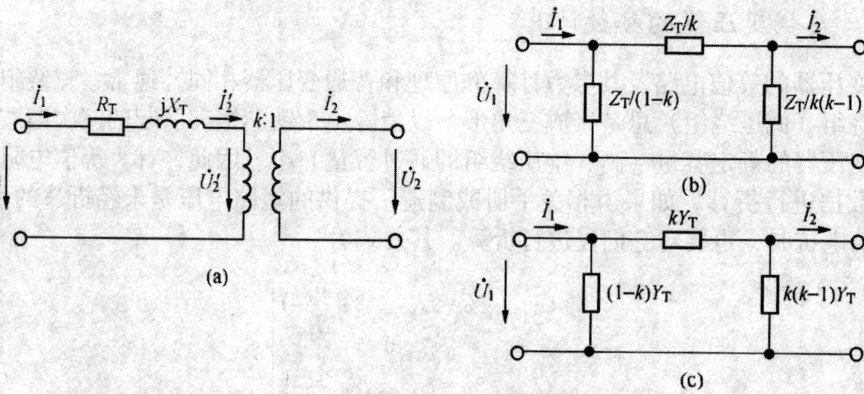


图3-5　变压器的∏形等值电路

由图3-5（a）可以写出

$$\left.\begin{aligned} U_1 - Z_T I_1 = U_2' = kU_2 \\ I_1 = I_2' = \frac{1}{k} I_2 \end{aligned}\right. \tag{3-32}$$

由（3-32）可解出

$$\left.\begin{aligned} I_1 &= \frac{U_1}{Z_T} - \frac{kU_2}{Z_T} = \frac{1-k}{Z_T}U_1 + \frac{k}{Z_T}(U_1 - U_2) \\ I_2 &= \frac{kU_1}{Z_T} - \frac{k^2U_2}{Z_T} = \frac{k}{Z_T}(U_1 - U_2) - \frac{k(k-1)}{Z_T}U_2 \end{aligned}\right\} \tag{3-33}$$

若令 $Y_T = \dfrac{1}{Z_T}$，则式（3-33）又可写成

$$\left.\begin{aligned} I_1 &= (1-k)Y_T U_1 + kY_T(U_1 - U_2) \\ I_2 &= kY_T(U_1 - U_2) - k(k-1)Y_T U_2 \end{aligned}\right\} \tag{3-34}$$

与式（3-33）和式（3-34）相对应的等值电路图示于图3-5（b）（c）。

变压器的∏形等值电路中三个阻抗（导纳）都与变比$k$有关，∏形的两个并联支路的阻抗（导纳）的符号总是相反的。三个支路阻抗之和恒等于零，即它们构成了谐振三角形。三角形内产生谐振环流，正是这谐振环流在一、二次绕组间的阻抗上（∏形的串联支路）产生的电压降，实现了一、二次侧的变压，而谐振电流本身又完成了一、二次侧的电流变换，从而使等值电路起到变压器的作用。

由变压器变比取值（$k=U_{1N}/U_{2N}$或$k=U_{2N}/U_{1N}$）不同、变压器阻抗归算方向（一次侧或二次侧）不同，变压器的∏形等值电路有四种情况，用阻抗表示的等值电路如图3-6所示。

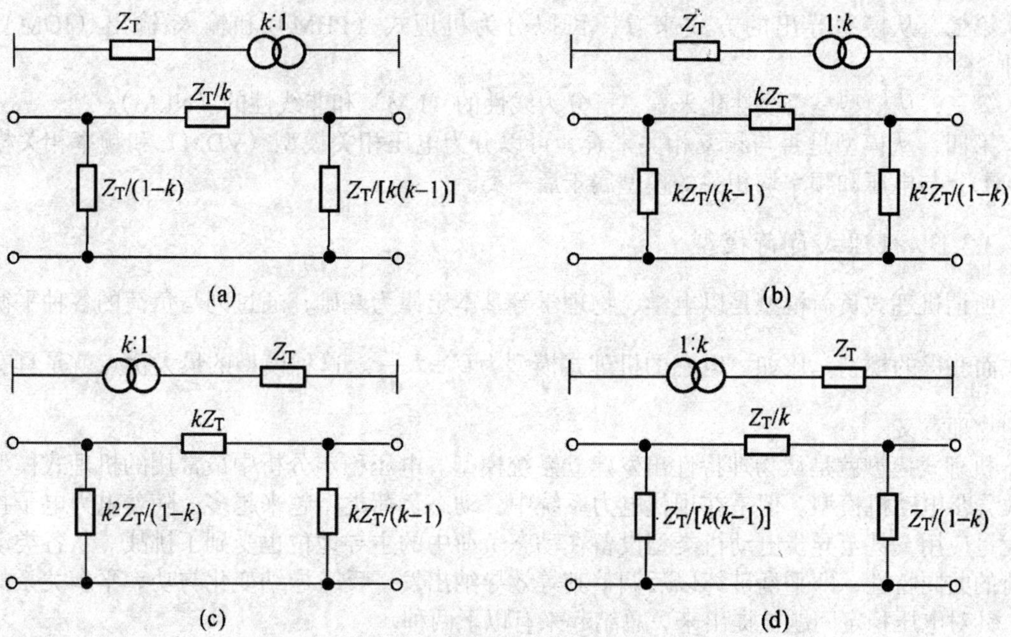

图3-6　双绕组变压器四种情况的∏形等值电路

三绕组变压器在略去励磁支路后的等值电路图如图3-7（a）所示。图中Ⅱ侧和Ⅲ侧的阻抗都已折算到Ⅰ侧，并在Ⅱ侧和Ⅲ侧分别增添了理想变压器，其变压比为$k_{12}=U_{\mathrm{I}N}/U_{\mathrm{II}N}$和$k_{13}=U_{\mathrm{I}N}/U_{\mathrm{III}N}$。与双绕组变压器一样，可以作出电气上直接相连的三绕组变压器等值电路，如图3-7（b）所示。

变压器采用∏形等值电路后，电力系统中与变压器相接的各元件就可以直接应用其参数的实际值。在用计算机进行电力系统计算时，常采用这种处理方法。

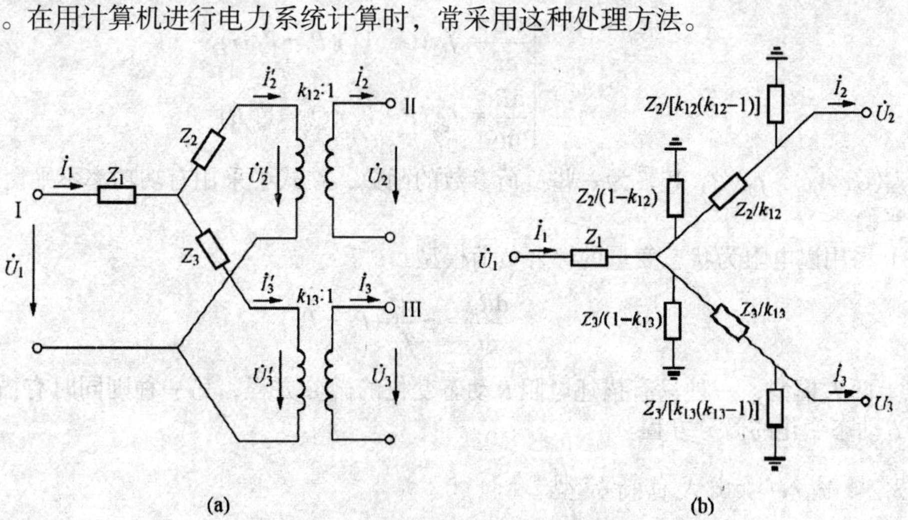

图3-7　三绕组变压器的等值电路

## 3.3 负荷的参数及其等值电路

负荷模型可以从多方面进行分类。

第一，从模型是否反应负荷的动态特性来看，可以分为静态（SM）和动态（DM）。

第二，从模型导出的方式来看，可以分为机理式（PBM）和输入/输出（IOM）式两种。

第三，从模型是否线性化来看，可分为线性的（LM）和非线性的（NLM）。

第四，从模型是否与频率相关来看，可以分为电压相关模型（VDM）和频率相关模型（FDM），与电压和频率均相关的模型属于后一类。

### 3.3.1 机理式负荷模型

所谓机理式负荷模型是以电学、物理学等基本定律为基础，通过列写负荷的各种平衡关系式而获得的模型。比如，电感的机理式模型为$U=L\dfrac{\mathrm{d}i}{\mathrm{d}t}$。这种模型的最大优点就是具有明确的物理意义。

机理式模型就是从物理特性出发建立系统模型。电压稳定分析中最常用的机理式模型是等效异步电动机模型。但是在现代电力系统中，动态负荷类型越来越多，随着电力电子技术的大量应用，甚至异步电动机类型设备在动态负荷中的主导地位也受到了挑战。从各类动态负荷的共同特性，即平衡破坏以后调整其等效导纳出发，反映导纳变化与功率平衡关系的模型，针对电压稳定问题被提出来，总结起来有以下两种。

（1）采用以电导和导纳为状态变量的负荷模型，其形式分别如下：

$$\begin{cases}\dfrac{\mathrm{d}G}{\mathrm{d}t}=\dfrac{1}{T_O}(P_0-V_L^2G)\\ \dfrac{\mathrm{d}B}{\mathrm{d}t}=\dfrac{1}{T_B}(Q_0-V_L^2B)\end{cases}\tag{3-35}$$

$$\begin{cases}\dfrac{\mathrm{d}G}{\mathrm{d}t}=f_{02}(G,\ V_L)(P_0-V_L^2G)\\ \dfrac{\mathrm{d}B}{\mathrm{d}t}=f_{\mathrm{B}2}(B,\ V_L)(Q_0-V_L^2B)\end{cases}\tag{3-36}$$

其中，$f_{02}(G,\ V_{\mathrm{L}})$，$f_{\mathrm{B}2}(B,\ V_{\mathrm{L}})$ 为一些负荷参数的函数，在式中采用有功功率不平衡代替无功功率不平衡。

（2）采用以电阻为状态变量的综合负荷模型

$$\frac{\mathrm{d}R_R}{\mathrm{d}t}=-\frac{R_R^2}{T_{\mathrm{K}}}(P_T-P_K)\tag{3-37}$$

以上两大模型，一种只有描述电阻$R$动态变化的微分方程，另一种则同时有描述电导$G$和电纳$B$动态变化的微分方程。

### 3.3.2 输入/输出式负荷模型

输入/输出式负荷模型也称为非机理式负荷模型，或简称$I/O$模型，将需要研究的负荷模型群看作为一个“系统$L$”，其输入变量是负荷母线电压$U$和$f$，输出变量是负荷吸收的总的有功功率$P$和无功功率$Q$。

**1. 静态负荷模型**

常见的输入/输出式静态负荷模型主要有两种，即多项式模型和指数模型。

（1）多项式模型

$$\begin{cases} P = P_0\left[a_p\left(\dfrac{U}{U_0}\right)^2 + b_p\left(\dfrac{U}{U_0}\right) + c_p\right] \\ Q = Q_0\left[a_Q\left(\dfrac{U}{U_0}\right)^2 + b_Q\left(\dfrac{U}{U_0}\right) + c_Q\right] \end{cases} \tag{3-38}$$

上述多项式模型就是经典的“ZIP”模型。EPRI组织的早期研究中采用了改进形式的多项式模型，如下

$$\begin{cases} P = P_0\left(1 + p_1\Delta U\right) \\ Q = 0.5P_0\left(1 + q_1\Delta U + q_2\Delta U^2\right) + \left(Q_0 - 0.5P_0\right)\left(1 + 2\Delta U + \Delta U^2\right) \end{cases} \tag{3-39}$$

（2）指数模型

指数模型的一般形式为

$$\begin{cases} P = K_P U^{uP} F^{fP} \\ Q = K_Q U^{uQ} F^{fQ} \end{cases} \tag{3-40}$$

由EPRI负荷建模计划所支持开发的软件包LOADSYN中采用了以下静态模型

$$\begin{cases} \dfrac{P}{P_0} = P_{a1}\left(\dfrac{V}{V_0}\right)^{K_{PV1}}\left(1 + K_{\mathrm{PF1}}\Delta f\right) + \left(1 - P_{a1}\right)\left(\dfrac{V}{V_0}\right)^{K_{PV2}} \\ \dfrac{Q}{Q_0} = Q_{a1}\left(\dfrac{V}{V_0}\right)^{K_{QV1}}\left(1 + K_{\mathrm{Q}F1}\Delta f\right) + \left(\dfrac{Q_0}{P_0} - Q_{a1}\right)\left(\dfrac{V}{V_0}\right)^{K_{QV2}}\left(1 + K_{\mathrm{Q}F2}\Delta f\right) \end{cases} \tag{3-41}$$

LOADSYN模型中，有功功率分为两项，一部分集中表示与频率有关的负荷元件，另一部分表示与频率无关的负荷元件。无功功率公式中的第一项表示所有负荷元件的无功需求，第二项则表示输电线路的无功损耗和无功补偿设备所提供的无功功率等。$Q_{a1}$各种类型负荷元件的有功功率和功率因数决定。LOADSYN把各公式分为两部分，是因为这些部分表现出完全不同的特性，分开可以提高模拟的精度。

**2. 输入/输出动态负荷模型**

（1）常微分方程模型

一般形式为

$$f(P_d^{(n)}, P_d^{(n-1)}, \cdots, P_d^{(1)}, P_d, V^{(m)}, V^{(m-1)}, \cdots, V^{(1)}, V)=0 \tag{3-42}$$

其中，$P_d^{(j)}$，$V^{(i)}$分别代表$P_d$，$V$高阶微分。

从分析负荷对阶跃电压响应的特征出发，结合电压稳定研究的需要，提出了以下形式的模型

$$T_p\dot{P}_d + P_d = P_s(V) + k_p(V)\dot{V} \tag{3-43}$$

式中，$T_p$——线性时间常数；

$P_s(V)$——静态负荷项，一般采用指数表达形式，$P_s(V)=C_sV^{\alpha p}$；

$k_p(V)$——动态负荷项，一般采用电压的一次或二次多项式的形式，$k_p(V)=k_p\cdot V$或$k_p(V)=\frac{1}{2}k_p\cdot V^2$。

（2）传递函数模型

一般形式为

$$\frac{\Delta P(s)}{\Delta V(s)}=\frac{a_{p0}+a_{p1}s^2+a_{p2}s^2+\ldots}{b_{p0}+b_{p1}s^2+b_{p2}s^2+\ldots} \tag{3-44}$$

（3）状态空间模型

一般形式为

$$\begin{cases}\dot{X}=AX+Bu\\ Y=CX+Du\end{cases} \tag{3-45}$$

（4）时域离散模型

时域离散模型的一般形式为

$$\Delta P(k)=-\sum_{i=1}^{n_p}a_{pi}P_{k-i}+\sum_{i=1}^{n_v}b_{pi}V_{k-i}+\sum_{i=1}^{n_f}c_{pi}f_{k-i} \tag{3-46}$$

以上各种输入/输出式模型，其本质是一致的，其参数也可以相互转换。输入/输出式负荷模型相比机理式负荷模型确定参数要容易些，但缺点就是用数学公式掩盖了物理本质。随着计算机技术的发展，也出现了将简化的机理式负荷模型采用基于测量的建模方法确定参数的情况，它结合了模型结构的机理和参数辨识的优点，是一个非常好的思路。

### 3.3.3 负荷的参数及等值电路

在电力系统的稳态分析计算中，负荷常用恒定的复功率表示，如图3-8（a）所示，有时也用阻抗表示，如图3-8（b）所示，或用导纳表示，如图3-8（c）所示。

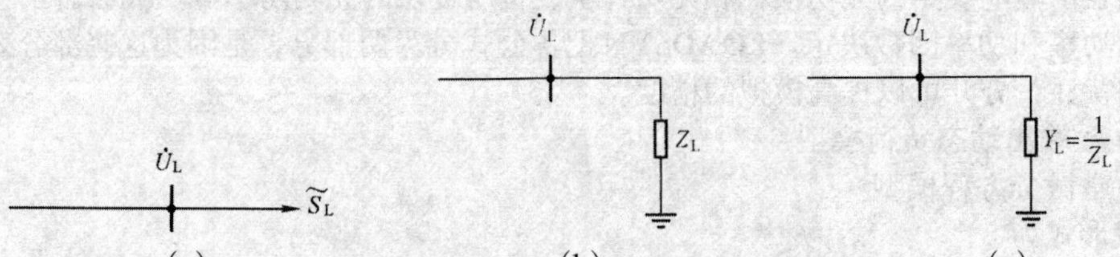


**图3-8 负荷的等值电路**

(a)恒定复功率表示；(b)阻抗表示；(c)导纳表示

负荷用恒定功率或恒定阻抗表示时，规定有以下关系

$$\tilde{S}_L=\dot{U}_L\overset{*}{I}_L=S_L(\cos\phi_L+j\sin\phi_L)=P_L+jQ_L \tag{3-47}$$

$$Z_L = \frac{\dot{U}_L}{\dot{I}_L} = \frac{U_L^2}{\overset{*}{S}_L} = \frac{U_L^2}{P_L - jQ_L} = \frac{U_L^2}{S_L^2}P_L + j\frac{U_L^2}{S_L^2}Q_L = R_L + jX_L \tag{3-48}$$

式中，$\tilde{S}_L$——负荷复功率，MVA；

$\overset{*}{S}_L$、$\overset{*}{I}_L$——$\tilde{S}_L$ 和 $\dot{I}_L$ 的共轭值，MVA，kA；

$U_L$——负荷端点电压，kV；

$P_L$、$Q_L$——负荷有功功率和无功功率，MW，Mvar；

$Z_L$、$R_L$、$X_L$——负荷等值阻抗、电阻、电抗，Ω。

## 3.4 电力系统的等值网络

### 3.4.1 电压级的归算及以有名值表示的等值网络

在求得电力系统各元件参数和等值电路后，根据电力系统接线图制定整个系统的等值电路时，还要注意解决不同电压等级之间的归算问题。

在多电压等级网络计算中，常需要将阻抗、导纳以及相应的电压、电流归算到统一电压等级——基本级。通常取网络中最高电压级为基本级，如图3-9中的220kV级。在把系统各电压级中元件的参数都归算至基本级后，就可按系统电气接线图将各元件的等值电路直接连接成电力系统等值网络，此等值网络成为以有名值表示的电力系统等值网络。

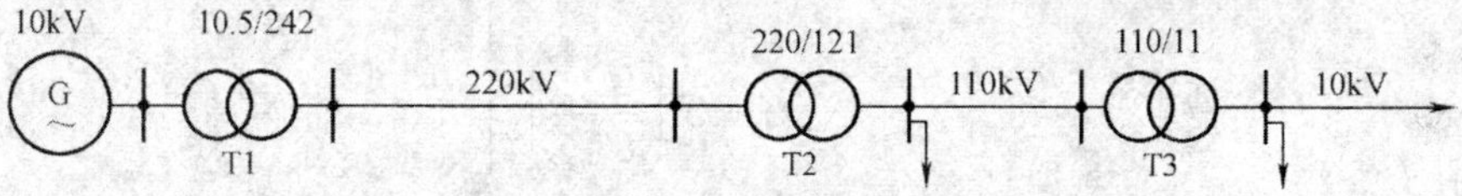


图3-9 多电压等级电力系统

元件参数的归算按下式计算

$$\left.\begin{aligned} R &= R'(k_1k_2\cdots k_n)^2 \\ X &= X'(k_1k_2\cdots k_n)^2 \\ G &= G'\left(\frac{1}{k_1k_2\cdots k_n}\right)^2 \\ B &= B'\left(\frac{1}{k_1k_2\cdots k_n}\right)^2 \end{aligned}\right\} \tag{3-49}$$

相应的

$$\left.\begin{aligned} U &= U'(k_1k_2\cdots k_n) \\ I &= I'\left(\frac{1}{k_1k_2\cdots k_n}\right) \end{aligned}\right\} \tag{3-50}$$

式中，$k_1$，$k_2$,Λ，$k_n$——各变压器的变化；

$R'$、$X'$、$G'$、$B'$、$U'$、$I'$——归算前的电阻、电抗、电导、电纳和相应的电压、电流值；

$R$、$X$、$G$、$B$、$U$、$I$——归算后的值。

计算变比 $k_1$，$k_2$,Λ，$k_n$时，应从基本级到待归算的一级，即变比的分子为靠近基本级一侧的电压，分母为待归算一级的电压。

变比的具体取值：在需要精确计算的场合应取各变压器的实际变比；在近似计算的场合可取变压器两侧的平均额定电压之比。所谓平均额定电压就是对应国家规定的每个电压级再规定一个电压，并认为这个电压就是所有属于这一电压级的各元件的额定电压，如表3-1所示。

**表3-1　我国规定的各电压级的平均额定电压**

| 额定电压（kV） | 3 | 6 | 10 | 35 | 110 | 220 | 500 |
|---|---|---|---|---|---|---|---|
| 平均额定电压（kV） | 3.15 | 6.3 | 10.5 | 37 | 115 | 230 | 525 |

可见，平均额定电压大体较相应额定电压级的数值高5%。因此，在近似计算中，图3-9中各变压器的变比可取为230/10.5、230/115、115/10.5。

近似计算中引入平均额定电压后，电力系统各元件参数的归算可大为简化，其表达式为

$$\left.\begin{aligned}
R &= R'\left(\frac{U_{\text{av.b}}}{U_{\text{av.n}}}\right)^2 \\
X &= X'\left(\frac{U_{\text{av.b}}}{U_{\text{av.n}}}\right)^2 \\
G &= G'\left(\frac{U_{\text{av.n}}}{U_{\text{av.b}}}\right)^2 \\
B &= B'\left(\frac{U_{\text{av.n}}}{U_{\text{av.b}}}\right)^2 \\
U &= U'\left(\frac{U_{\text{av.b}}}{U_{\text{av.n}}}\right) \\
I &= I'\left(\frac{U_{\text{av.b}}}{U_{\text{av.n}}}\right)
\end{aligned}\right\} \tag{3-51}$$

式中，$U_{\text{av.b}}$——基本级的平均额定电压，kV；

$U_{\text{av.n}}$——待归算级的平均额定电压，kV。

此时，电力系统各元件的额定电压等于各元件所在电压级的平均额定电压，因此在发电机、变压器和负荷的阻抗、导纳的计算中，均应以平均额定电压代替其额定电压。

### 3.4.2　标幺值及标幺值表示的等值网络

在电力系统计算中，除了上面介绍的运用具有单位的阻抗、导纳、电压、电流、功率进行有名值运算外，还广泛地使用没有单位的阻抗、导纳、电压、电流、功率的相对值，即所谓的标幺值运算。标幺值由于具有计算结果清晰、便于迅速判断计算结果的正确性、可以简

化计算等特点，已在相当广泛的范围内取代了有名值。

标幺值中各量都以标幺值出现，用标幺值表示一个量，在其他领域中也经常采用。例如，新闻中常听到，“今年的粮食产量比去年同期增加了20%”，这就是说，把去年的产量当作100，今年的产量增加值就是20。这个20%实际是一个比值，并不是一个有单位量纲的有名值，但这种无量纲的比例数值也能够表达所要描述的事物特性，其实也就是我们所说的标幺值。

当用标幺值来表示一个量时，就是把这个量的实际有名值与一个被选为基准的数值进行比较后的值，即

$$\text{标幺值}=\frac{\text{实际有名值（任意单位）}}{\text{与实际有名值单位想用基准值}}$$

很显然，如果当我们提到一个量的标幺值时，就必须同时说明基准值。否则，只说一个量的标幺值是没有任何意义的。

因此，采用标幺值首先应选定基准值。基准值的单位与有名值的单位相同，这是选择基准值的一个限制条件。选择基准值的另外一个限制条件是阻抗、导纳、电压、电流、功率等基准值之间也要符合电路的基本规律。若阻抗、导纳条件的基准值为每相阻抗、导纳，电压、电流的基准值为线电压、线电流，功率的基准值为三相功率，则这些基准值之间应符合电路的有关定律，具有以下关系。

$$\left.\begin{aligned}S_B&=\sqrt{3}U_BI_B\\U_B&=\sqrt{3}I_BZ_B\\Z_B&=\frac{1}{Y_B}\end{aligned}\right\}\tag{3-52}$$

式中，$Z_B$、$Y_B$——每相阻抗、导纳的基准值；

$U_B$、$I_B$——线电压、线电流的基准值；

$S_B$——三相功率的基准值。

由式（3-52）可见，这5个基准值间受3个方程式的约束，因此只有两个基准值可以任意选择，其余3个基准值由式（3-53）决定。在电力系统计算中，通常先选定三相功率和线电压的基准值$S_B$、$U_B$，然后按式（3-53）求出阻抗、导纳和线电流的基准值，即

$$\left.\begin{aligned}Z_B&=\frac{U_B^2}{S_B}\\Y_B&=\frac{S_B}{U_B^2}\\I_B&=\frac{S_B}{\sqrt{3}U_B}\end{aligned}\right\}\tag{3-53}$$

功率的基准值通常就取系统中某一发电厂的总功率或系统的总功率，也可取某发电机或变压器的额定功率，有时也取某一整数，如100MVA、1000MVA等。电压的基准值往往就取

被选为基本级的额定电压或各级的平均额定电压。

选定了功率、电压的基准值，求得可阻抗、导纳、电流的基准值后，对单一的电压级的网络，就可根据标幺值的定义，直接求取各量的标幺值。而对于多电压等级网络，还有同一个不同电压等级之间的归算问题。根据计算要求的不同，可分为按变压器实际变比计算和按平均额定电压之比计算两种方式，下面分别加以说明。

1. 按变压器实际变比计算

这种方法用于要求计算结果精确的场合，具体计算时可以有两种计算方式。

（1）将系统各元件阻抗、导纳以及电路中各点电压、电流的有名值都归算到同一电压级——基本级，然后除以与基本级相对应的阻抗、导纳、电压、电流基准值，即

$$\left.\begin{aligned} Z_* &= \frac{Z}{Z_B} = Z\frac{S_B}{U_B^2} \\ Y_* &= \frac{Y}{Y_B} = Y\frac{U_B^2}{S_B} \\ U_* &= \frac{U}{U_B} \\ I_* &= \frac{I}{I_B} = I\frac{\sqrt{3}U_B}{S_B} \end{aligned}\right\} \tag{3-54}$$

式中，$Z_*$、$Y_*$、$U_*$、$I_*$——阻抗、导纳、电压、电流的标幺值；

$Z$、$Y$、$U$、$I$——归算到基本级的阻抗、导纳、电压、电流的有名值；

$Z_B$、$Y_B$、$U_B$、$I_B$、$S_B$——与基本级相对应的阻抗、导纳、电压、电流、功率的基准值。

（2）将未经归算的各元件阻抗、导纳以及网络中各点电压、电流的有名值，除以由基本级归算到这些量所在电压级的阻抗、导纳、电压、电流基准值，即

$$\left.\begin{aligned} Z_* &= \frac{Z'}{Z'_B} = Z'\frac{S'_B}{U'^2_B} \\ Y_* &= \frac{Y'}{Y'_B} = Y\frac{U'^2_B}{S'_B} \\ U_* &= \frac{U'}{U'_B} \\ I_* &= \frac{I'}{I'_B} = I'\frac{\sqrt{3}U'_B}{S'_B} \end{aligned}\right\} \tag{3-55}$$

式中，$Z_*$、$Y_*$、$U_*$、$I_*$——阻抗、导纳、电压、电流的标幺值；

$Z'_B$、$Y'_B$、$U'_B$、$I'_B$——由基本级归算到 $Z'$、$Y'$、$U'$、$I'$ 所在电压级的各基准值；

$Z'$、$Y'$、$U'$、$I'$——未经归算的阻抗、导纳、电压、电流的有名值。

式（3-54）与式（3-55）中 $Z_B$、$Y_B$、$U_B$、$I_B$ 与 $Z'_B$、$Y'_B$、$U'_B$、$I'_B$ 的关系为

$$
\left.\begin{aligned}
Z'_{\mathrm{B}} &= Z_{\mathrm{B}}\left(\frac{1}{k_1k_2\cdots k_n}\right)^2 \\
Y'_{\mathrm{B}} &= Y_{\mathrm{B}}\left(k_1k_2\cdots k_n\right)^2 \\
U'_{\mathrm{B}} &= U_{\mathrm{B}}\left(\frac{1}{k_1k_2\cdots k_n}\right) \\
I'_{\mathrm{B}} &= I_{\mathrm{B}}\left(k_1k_2\cdots k_n\right) \\
S'_{\mathrm{B}} &= S_{\mathrm{B}}
\end{aligned}\right\} \tag{3-56}
$$

式（3-56）中的最后一式表明基准功率不存在不同电压级之间的归算问题，因为 $\sqrt{3}U_{\mathrm{B}}I_{\mathrm{B}}=\sqrt{3}U'_{\mathrm{B}}I'_{\mathrm{B}}$。

最后指出，以上按变压器实际变比计算的两种计算方式所得的各量的标幺值是完全相等的。

**2. 按平均额定电压之比计算**

在电力系统近似计算中，常用平均额定电压之比代替变压器的实际变比，此时各量标幺值的计算可大为化简。这种算法首先将各元件阻抗、导纳以及网络中各点电压、电流归算至基本级，它们的标幺值表达式为

$$
\left.\begin{aligned}
Z_* &= Z\frac{S_{\mathrm{B}}}{U_{\mathrm{av.b}}^2} \\
Y_* &= Y\frac{U_{\mathrm{av.b}}^2}{S_{\mathrm{B}}} \\
U_* &= \frac{U}{U_{\mathrm{av.b}}} \\
I_* &= I\frac{\sqrt{3}U_{\mathrm{av.b}}}{S_{\mathrm{B}}}
\end{aligned}\right\} \tag{3-57}
$$

式中，$U_{\mathrm{av.b}}$——基本级的平均额定电压；

$Z$、$Y$、$U$、$I$——按平均额定电压之比归算至基本级的阻抗、导纳、电压、电流的有名值。

其次，将阻抗、导纳、电压、电流的基准值由基本级归算至各元件所在电压级，其标幺值的表达式为

$$
\left.\begin{aligned}
Z_* &= Z'\frac{S_{\mathrm{B}}}{U_{\mathrm{av.n}}^2} \\
Y_* &= Y'\frac{U_{\mathrm{av.n}}^2}{S_{\mathrm{B}}} \\
U_* &= \frac{U'}{U_{\mathrm{av.n}}} \\
I_* &= I'\frac{\sqrt{3}U_{\mathrm{av.n}}}{S_{\mathrm{B}}}
\end{aligned}\right\} \tag{3-58}
$$

式中，$U_{av.n}=U'_B$——$Z'$、$Y'$、$U'$、$I'$所在电压级的平均额定电压；

$Z'$、$Y'$、$U'$、$I'$——未经归算的阻抗、导纳、电压、电流的有名值。

由上可见，在选定了三相功率的基准值$S_B$后，由元件所在电压级的平均额定电压及其各级电压的$Z'$、$Y'$、$U'$、$I'$，就可以直接求出其标幺值。

采用标幺值进行计算，所得的结果最后还要换算成有名值，其换算公式为

$$\left.\begin{aligned}U&=U_*U_B\\I&=I_*I_B=I_*\frac{S_B}{\sqrt{3}U_B}\\S&=S_*S_B\\Z&=Z_*\frac{U_B^2}{S_B}=(R_*+\mathrm{j}X_*)\frac{U_B^2}{S_B}\\Y&=Y_*\frac{S_B}{U_B^2}=(G_*-\mathrm{j}B_*)\frac{S_B}{U_B^2}\end{aligned}\right\}\tag{3-59}$$

在电力系统的实际计算中，制定标幺值的等值电路时，各元件的参数必须按统一的基准值进行归算。然而，从手册或产品说明书中查得的电机和电器的阻抗值，一般都是以各自的额定容量（或额定电流）和额定电压为基准的标幺值。由于系统各元件的额定值一般并不相同，因此必须把不同基准值的标幺值换算成统一基准值的标幺值。

进行换算时，先把以额定容量、额定电压为基准的标幺值阻抗还原成有名值。例如，对于电抗，按式（3-59）有

$$X=X_{N*}\frac{U_N^2}{S_N}\tag{3-60}$$

若统一选定的基准功率和基准电压为$S_B$和$U_B$，则以其基准值的标幺值电抗应为

$$X_{B*}=X\frac{S_B}{U_B^2}=X_{N*}\frac{U_N^2}{S_N}\frac{S_B}{U_B^2}\tag{3-61}$$

式（3-61）可用于发电机和变压器标幺值电抗的换算。对于电抗器，由于其额定标幺值电抗是以额定电流和额定电压为基准值来表示的，因此，其换算公式为

$$X_R=X_{RN*}\frac{U_N}{\sqrt{3}I_N}$$

$$X_{RB*}=X_R\frac{S_B}{U_B^2}=X_{RN*}\frac{U_NS_B}{\sqrt{3}I_NU_B^2}\tag{3-62}$$

### 3.4.3 电力系统等值网络的使用和简化

对于电力系统稳态运行的分析和计算，一般多用精确的、以有名值表示的等值网络，对较大的网络可用精确的、以标幺值表示的等值网络。对于电力系统故障的分析和计算，一般多用近似的、以标幺值表示的等值网络；而在电力系统稳定性的分析和计算中，一般用精确的、以标幺值表示的等值网络。

在电力系统计算中，由于计算内容和要求不同，有时可将某些元件的有些参数略去，以

简化等值网络。例如，一般可以略去发电机定子绕组的电阻；有时可以略去变压器的电阻和导纳；而当电力线路的电阻小于电抗的1/4时，一般也可略去线路电阻；线路的电导通常不计；对100km以下的架空电力线路，其电纳也可略去；系统中电抗器的电阻也都略去。

## 3.5 开式网络的潮流分析

开式网是指网络中的负荷只能由一个方向获得电能的电力网。开式网的潮流计算主要是求取元件首端功率、电压和末端功率、电压4个参数中的未知量。因为电压降落和功率损耗计算公式中的电压、功率均须采用同一点的值，所以根据已知条件的不同，潮流计算的方法也有所区别。

若已知同一端的电压和功率时，则可直接利用功率损耗和电压降落的计算公式，由已知端向未知端推算功率分布和各点电压。

若已知不同端的电压和功率。例如已知末端负荷功率和首端电源电压，则要求电力网中的功率分布和各点电压。在近似计算时，可用末端已知的功率和电力网的额定电压，由末端向首端推算功率分布，再用首端已知的电压和计算出的功率，由首端向末端推算出各点的电压即可。如果需要精确计算时，可重复上述计算过程，直到求出的首端电压与末端功率和已知值相等或相差在允许范围之内位置。

在实际计算中，一般的情况是：对于负荷点，已知功率，要计算其电压；对于电源点，已知电压，要计算其功率。

### 3.5.1 已知网络同一端的功率和电压，求另一端的功率和电压

以如图3-10所示的网络为例，简单介绍电力网的潮流计算步骤。

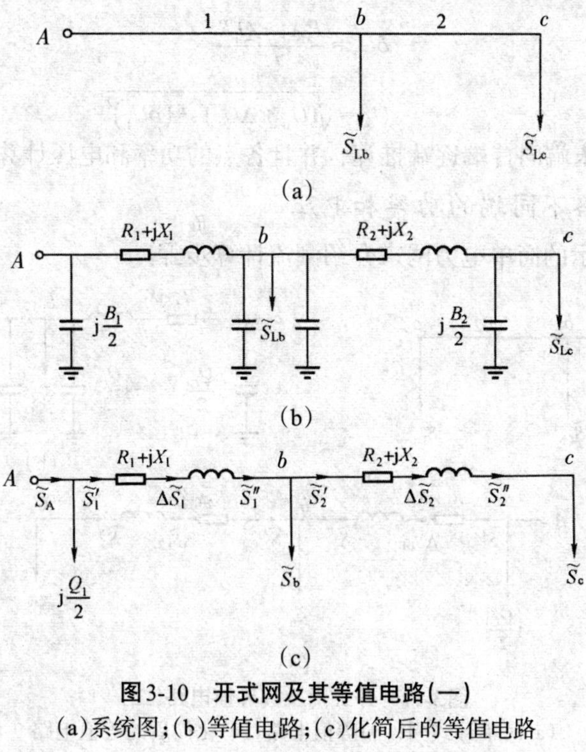


**图3-10 开式网及其等值电路(一)**

(a)系统图；(b)等值电路；(c)化简后的等值电路

如图3-10所示，已知$\tilde{S}_{Lc}$、$U_c$，求$\tilde{S}_A$、$U_A$

$$
\begin{aligned}
&\tilde{S}_2'' = \tilde{S}_c \\
&\Delta\tilde{S}_2 = \left(\frac{P_2''^2 + Q_2''^2}{U_c^2}\right)(R_2 + jX_2) \\
&\quad = \frac{P_2''^2 + Q_2''^2}{U_c^2}R_2 + j\frac{P_2''^2 + Q_2''^2}{U_c^2}X_2 \\
&\tilde{S}_2' = \tilde{S}_2'' + \Delta\tilde{S}_2 \\
&\tilde{S}_1'' = \tilde{S}_2' + \tilde{S}_b \\
&\Delta U_2 = \frac{P_2''R_2 + Q_2''X_2}{U_c} \\
&\delta U_2 = \frac{P_2''X_2 + Q_2''R_2}{U_c} \\
&U_b = \sqrt{(U_c + \Delta U_2)^2 + (\delta U_2)^2}
\end{aligned}
\tag{3-63}
$$

对于第1段线路

$$
\begin{aligned}
&\Delta\tilde{S}_1 = \left(\frac{P_1''^2 + Q_1''^2}{U_b^2}\right)(R_1 + jX_1) \\
&\tilde{S}_1' = \tilde{S}_1'' + \Delta\tilde{S}_1 \\
&\tilde{S}_A = \tilde{S}_1' - j\frac{Q_1}{2} \\
&\Delta U_1 = \frac{P_1''R_1 + Q_1''X_1}{U_b} \\
&\delta U_1 = \frac{P_1''X_1 + Q_1''R_1}{U_b} \\
&U_A = \sqrt{(U_b + \Delta U_1)^2 + (\delta U_1)^2}
\end{aligned}
\tag{3-64}
$$

上述过程中，由末端向首端逐端推算，并且各点的功率和电压计算同时进行。

### 3.5.2 已知网络不同端的功率和电压

通过如图3-11所示的简单电力网来介绍潮流计算步骤。

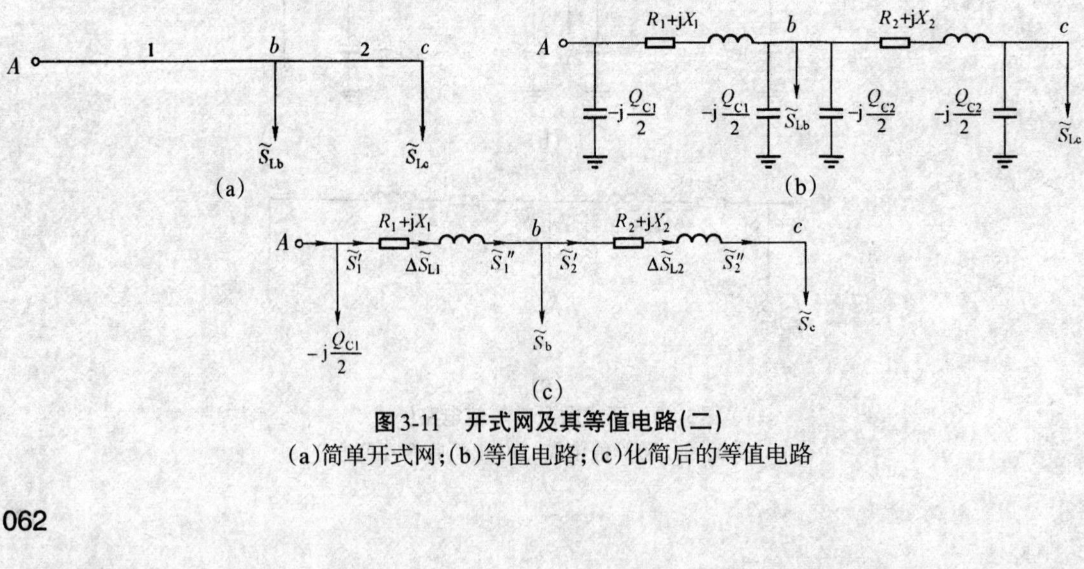

图3-11 开式网及其等值电路(二)

(a)简单开式网;(b)等值电路;(c)化简后的等值电路

如图3-11（a）所示是由供电电源$A$及两段电力线路组成的简单开式网。已知电源$A$的电压为$U_A$，节点$b$和$c$的负荷功率分别为$\tilde{S}_{Lb}$及$\tilde{S}_{Lc}$，欲求各段线路首末端的功率及$b$、$c$节点的电压。

（1）根据网络接线图3-11(a) 画出网络的等值电路如图3-11（b）所示，计算各元件的基准值并将其标在等值电路图上。

（2）化简电路。将节点$b$的电容充电功率$-j\dfrac{Q_{C1}}{2}$、$-j\dfrac{Q_{C2}}{2}$与该节点的负荷功率$\tilde{S}_{Lb}$合并成$b$点的计算负荷$\tilde{S}_b$；节点$c$的电容充电功率$-j\dfrac{Q_{C2}}{2}$与该节点的负荷功率$\tilde{S}_{Lc}$合并成计算负荷$\tilde{S}_c$，如图3-11（c）所示。

$$\tilde{S}_b = \tilde{S}_{Lb} - j\frac{Q_{C1}}{2} - j\frac{Q_{C2}}{2} \tag{3-65}$$

$$\tilde{S}_c = \tilde{S}_{Lc} - j\frac{Q_{C2}}{2} \tag{3-66}$$

（3）从网络末端开始，利用线路额定电压和末端负荷依次计算出各线段阻抗中的功率损耗及线路末端的功率。

$$\begin{aligned}
&\tilde{S}_2'' = \tilde{S}_c\\
&\Delta\tilde{S}_{L2} = \frac{(P_2'')^2 + (Q_2'')^2}{U_N^2}(R_2 + jX_2)\\
&\tilde{S}_2' = \tilde{S}_2'' + \Delta\tilde{S}_{L2}\\
&\tilde{S}_1'' = \tilde{S}_2' + \tilde{S}_b\\
&\Delta\tilde{S}_{L1} = \frac{(P_1'')^2 + (Q_1'')^2}{U_N^2}(R_1 + jX_1)\\
&\tilde{S}_1' = \tilde{S}_1'' + \Delta\tilde{S}_{L1}
\end{aligned} \tag{3-67}$$

（4）从电源点$A$开始，利用求得的功率分布和已知的电源电压$U_A$逐段计算电压降落的纵、横分量数值，然后再求得各节点的电压

$$\begin{aligned}
&\Delta U_{Ab} = \frac{P_1'R_1 + Q_1'X_1}{U_A}\\
&\delta U_{Ab} = \frac{P_1'X_1 - Q_1'R_1}{U_A}\\
&U_b = \sqrt{(U_A - \Delta U_{Ab})^2 + (\delta U_{Ab})^2}\\
&\Delta U_{bc} = \frac{P_2'R_2 + Q_2'X_2}{U_b}\\
&\delta U_{bc} = \frac{P_2'X_2 - Q_2'R_2}{U_b}\\
&U_c = \sqrt{(U_b - \Delta U_{bc})^2 + (\delta U_{bc})^2}
\end{aligned} \tag{3-68}$$

从上述计算过程可知，因为已知的是首端电压和末端功率，在计算功率损耗时用额定电压代替了末端的实际电压，这样虽然会产生一定的误差，但一般都能满足工程上要求的准确度。

## 3.6 简单闭式网络的潮流分析

闭式网络是指网络中的每一个负荷都能从两个及两个以上方向获取电能的电力网。如果网络中的负荷只能从两个方向取得电能的，则称为简单闭式网；如果负荷能从三个及以上的方向取得电能的，则称为复杂闭式网。

闭式网络的潮流计算包括计算网络的各点电压和功率分布。在闭式网络的计算中，为了计算各点电压又必须先确定功率分布。计算开式网络时，由于开式网络的功率方向是确定的，所以其功率分布容易计算，而闭式网络的功率方向和量值都待确定，要精确求出其功率分布比较困难，因此一般在实用计算中都采用近似计算方法，对于简单闭式网，首先忽略线路上的功率损耗，认为网络各点的电压都等于额定电压，在此条件下计算出网络各段的功率方向和量值，从而找出功率分点，然后把闭式网络在功率分点处拆开，变成两个开式网络，并按开式网络进行计算，进而计算出闭式网络的功率分布和各点电压。对于复杂闭式网，首先通过网络等值变换将复杂网化成简单闭式网，在不考虑功率损耗的情况下求得化简后网络的功率分布，然后通过网络还原计算出原网络的功率分布。在此，仅讨论简单闭式网的电压和功率分布计算。

简单闭式网络包括两端供电网和环网两种基本形式。环网实质上就是两端电源电压相量相等的两端供电网。

### 3.6.1 两端供电网的初步功率分布

不考虑电力网中功率损耗的功率分布称为初步功率分布。

在如图3-12所示的两端供电网中，电源$A$、$B$的电压分别为$\dot{U}_A$、$\dot{U}_B$，$\dot{I}_a$和$\dot{I}_b$为两个集中负荷的负荷电流。图中各线段功率（$\tilde{S}_A$、$\tilde{S}_2$、$\tilde{S}_B$）的方向为假定正方向。

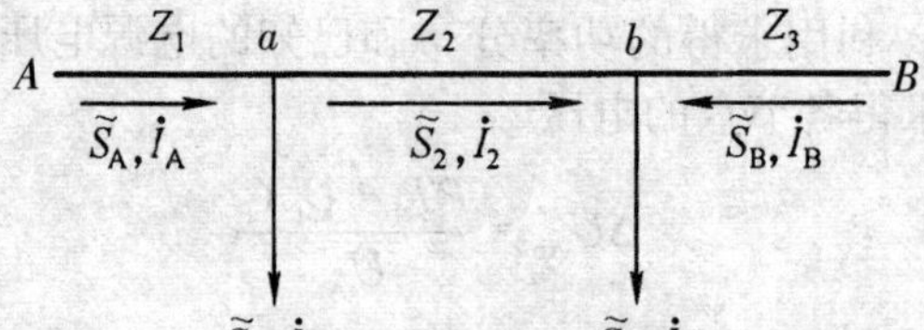


图3-12　两端供电网

根据基尔霍夫电流定律和电压定律，可写出下列方程

$$\left.\begin{aligned} \dot{I}_A - \dot{I}_2 &= \dot{I}_a \\ \dot{I}_2 - \dot{I}_B &= \dot{I}_b \\ \dot{U}_A - \dot{U}_B &= \sqrt{3}\left(\dot{I}_A Z_1 + \dot{I}_2 Z_2 - \dot{I}_B Z_3\right) \end{aligned}\right\} \tag{3-69}$$

从这个方程组中，解出$\dot{I}_A$和$\dot{I}_B$为

$$\left.\begin{aligned}\dot{I}_{A}&=\frac{\dot{U}_{A}-\dot{U}_{B}}{\sqrt{3}\left(Z_{1}+Z_{2}+Z_{3}\right)}+\frac{\dot{I}_{a}\left(Z_{2}+Z_{3}\right)+\dot{I}_{b}Z_{3}}{Z_{1}+Z_{2}+Z_{3}}\\\dot{I}_{B}&=\frac{\dot{U}_{B}-\dot{U}_{A}}{\sqrt{3}\left(Z_{1}+Z_{2}+Z_{3}\right)}+\frac{\dot{I}_{a}Z_{1}+\dot{I}_{b}\left(Z_{1}+Z_{2}\right)}{Z_{1}+Z_{2}+Z_{3}}\end{aligned}\right\}\tag{3-70}$$

在电网的实际计算中，各负荷点的已知量一般是功率而不是电流，因此必须把式（3-70）化成功率形式。如果忽略网络中的功率损耗，则可认为电网中各点电压都等于$U_{N}$，令$\dot{U}_{N}=U_{N}\angle 0°$，对式（3-70）中的各量取共轭值，然后等式两边同乘以$\sqrt{3}\dot{U}_{N}$，便得到功率

$$\left.\begin{aligned}\tilde{S}_{A}&=\frac{\left(\overset{*}{U}_{A}-\overset{*}{U}_{B}\right)U_{N}}{\overset{*}{Z}_{1}+\overset{*}{Z}_{2}+\overset{*}{Z}_{3}}+\frac{\tilde{S}_{a}\left(\overset{*}{Z}_{2}+\overset{*}{Z}_{3}\right)+\tilde{S}_{b}\overset{*}{Z}_{3}}{\overset{*}{Z}_{1}+\overset{*}{Z}_{2}+\overset{*}{Z}_{3}}\\\tilde{S}_{B}&=\frac{\left(\overset{*}{U}_{B}-\overset{*}{U}_{A}\right)U_{N}}{\overset{*}{Z}_{1}+\overset{*}{Z}_{2}+\overset{*}{Z}_{3}}+\frac{\tilde{S}_{a}\overset{*}{Z}_{1}+\tilde{S}_{b}\left(\overset{*}{Z}_{1}+\overset{*}{Z}_{2}\right)}{\overset{*}{Z}_{1}+\overset{*}{Z}_{2}+\overset{*}{Z}_{3}}\end{aligned}\right\}\tag{3-71}$$

将上式写成简化形式为

$$\left.\begin{aligned}\tilde{S}_{A}&=\frac{\left(\overset{*}{U}_{A}-\overset{*}{U}_{B}\right)U_{N}}{\overset{*}{Z}_{AB}}+\frac{\tilde{S}_{a}\overset{*}{Z}_{a}+\tilde{S}_{b}\overset{*}{Z}_{b}}{\overset{*}{Z}_{AB}}\\\tilde{S}_{B}&=\frac{\left(\overset{*}{U}_{B}-\overset{*}{U}_{A}\right)U_{N}}{\overset{*}{Z}_{AB}}+\frac{\tilde{S}_{a}\overset{*}{Z}'_{a}+\tilde{S}_{b}\overset{*}{Z}'_{b}}{\overset{*}{Z}_{AB}}\end{aligned}\right\}\tag{3-72}$$

式中，$\overset{*}{Z}_{a}$、$\overset{*}{Z}_{b}$——负荷$\tilde{S}_{a}$、$\tilde{S}_{b}$到电源$B$的复阻抗共轭值；

$\overset{*}{Z}'_{a}$、$\overset{*}{Z}'_{b}$——负荷$\tilde{S}_{a}$、$\tilde{S}_{b}$到电源$A$的复阻抗共轭值；

$\overset{*}{Z}_{AB}$——$A$、$B$电源间复阻抗共轭值。

将式（3-72）推广到有$m$个集中负荷的两端供电网时，则有

$$\left.\begin{aligned}\tilde{S}_{A}&=\frac{\left(\overset{*}{U}_{A}-\overset{*}{U}_{B}\right)U_{N}}{\overset{*}{Z}_{AB}}+\frac{\sum_{i=1}^{m}\tilde{S}_{i}\overset{*}{Z}_{i}}{\overset{*}{Z}_{AB}}\\\tilde{S}_{B}&=\frac{\left(\overset{*}{U}_{B}-\overset{*}{U}_{A}\right)U_{N}}{\overset{*}{Z}_{AB}}+\frac{\sum_{i=1}^{m}\tilde{S}_{i}\overset{*}{Z}'_{i}}{\overset{*}{Z}_{AB}}\end{aligned}\right\}\tag{3-73}$$

式中，$\tilde{S}_{A}$、$\tilde{S}_{B}$——电源$A$、$B$向网络输出的功率；

$\tilde{S}_{i}$——两端网中的第$i$个负荷；

$\overset{*}{Z}_{i}$、$\overset{*}{Z}'_{i}$——第$i$个负荷到电源$B$和$A$的复阻抗共轭值。

式（3-73）即为两端供电网电源输出功率的一般表达式。由式（3-73）可见，每个电源点送出的功率都包含两部分：第一部分与负荷无关，只与两端电源电压差和网络阻抗有关，称之为循环功率，用 $\tilde{S}_c$ 表示；第二部分与负荷功率和网络阻抗有关，称为供载功率，用 $\tilde{S}_L$ 表示。在计算两端供电网的初步功率分布时，可以利用叠加原理将循环功率与供载功率分开计算。令两端电源电压相量相等，用式（3-73）可求出供载功率；再令负荷功率为零，用式（3-73）可求出循环功率，最后将两者叠加得出初步功率分布。

用式（3-73）计算初步功率分布要进行复数的四则运算，通常称这种计算方法为复功率法，用复功率法计算功率分布时，循环功率的计算较简单，但供载功率的计算在网络中有较多复合点时很烦琐，下面介绍两种可简化计算供载功率的情况。

**1. 均一网的供载功率计算**

如果网络中各段线路的材料、截面和几个均距都相同，则称这种电力网为均一网。对于均一网，各段线路单位长度的阻抗相等，因而有

$$\tilde{S}_A=\frac{\sum_{i=1}^{m}\tilde{S}_i\overset{*}{Z}_i}{\overset{*}{Z}_{AB}}=\frac{(r_0-jx_0)\sum_{i=1}^{m}\tilde{S}_iL_i}{(r_0-jx_0)L_{AB}}=\frac{\sum_{i=1}^{m}\tilde{S}_iL_i}{L_{AB}} \tag{3-74}$$

因为 $\tilde{S}_A=P_A+jQ_A$，$\tilde{S}_i=P_i+jQ_i$，将其代入上式并利用复数相等的条件，对实部和虚部可列出以下方程组

$$\left.\begin{aligned}P_A&=\frac{\sum_{i=1}^{m}P_iL_i}{L_{AB}}\\Q_A&=\frac{\sum_{i=1}^{m}Q_iL_i}{L_{AB}}\end{aligned}\right\} \tag{3-75}$$

式中，$L_i$——第 $i$ 个负荷到电源 $B$ 的线路长度。

同理有

$$\left.\begin{aligned}P_B&=\frac{\sum_{i=1}^{m}P_iL_i'}{L_{AB}}\\Q_B&=\frac{\sum_{i=1}^{m}Q_iL_i'}{L_{AB}}\end{aligned}\right\} \tag{3-76}$$

式中，$L_i'$——第 $i$ 个负荷到电源 $A$ 的线路长度。

**2. 近似均一网的供载功率计算**

实际电力网完全符合均一网条件的情况很少，较多的情况是，各段线路的材料相同，几何均距近似相等，导线截面相差不超过3个标准截面等级，称这种电力网为近似均一网。近似均一网可采用如下所述的网络拆开法计算供载功率，计算公式为

$$\left.\begin{aligned} P_{\mathrm{A}} &= \frac{\sum_{i=1}^{m} P_i X_i}{X_{\mathrm{AB}}} \\ Q_{\mathrm{A}} &= \frac{\sum_{i=1}^{m} Q_i R_i}{R_{\mathrm{AB}}} \end{aligned}\right\} \tag{3-77}$$

$$\left.\begin{aligned} P_{\mathrm{B}} &= \frac{\sum_{i=1}^{m} P_i X_i'}{X_{\mathrm{AB}}} \\ Q_{\mathrm{B}} &= \frac{\sum_{i=1}^{m} Q_i R_i'}{R_{\mathrm{AB}}} \end{aligned}\right\} \tag{3-78}$$

式中，$X_i$、$R_i$——第$i$个负荷到电源$B$的感抗和电阻；

$X_i'$、$R_i'$——第$i$个负荷到电源$A$的感抗和电阻。

网络拆开法的意义是将具有复数阻抗输送复功率的电力网拆成两个电力网，一个只有感抗输送有功功率，另一个只有电阻输送无功功率，分别计算功率分布后再叠加得到供载功率分布。网络拆开法是一种近似求解潮流分布的方法，但它能满足一般工程计算的准确度要求。对两端供电网，在求出任一个电源向网络输出的功率后，各段线路输送的功率可由节点的基尔霍夫电流定律求出。在图3-12中，如果已经求得$\tilde{S}_{\mathrm{A}}$，则可求得$\tilde{S}_2$。

因为对于节点a，因

$$\tilde{S}_{\mathrm{A}} = \tilde{S}_{\mathrm{a}} + \tilde{S}_2 \tag{3-79}$$

故

$$\tilde{S}_2 = \tilde{S}_{\mathrm{A}} - \tilde{S}_{\mathrm{a}} \tag{3-80}$$

值得注意的是，在求闭式网的初步功率分布时，由于大多数线路的实际功率方向未知，必须先假设其功率方向，再运用基尔霍夫电流定律求出各段线路上的功率。如果求得线路的功率为正值，则表明其实际方向与假设方向一致；否则，方向与假设的相反。在闭式网中，有些节点的功率由两个方向流入，此类节点称为功率分点，用符号▼标示。有时有功功率分点和无功功率分点出现在不同的节点，这时，有功功率分点用符号▼标示，无功功率分点用符号▽标示。

### 3.6.2　两端供电网的最终功率分布

两端网的最终功率分布，是指在计算网络的功率损耗和电压降落时的功率分布。

两端网的最终功率分布必须在完成初步功率分布后进行。做初步功率分布的目的是确定两端网的功率分点（也就是网络的末端），然后在功率分点处把两端网解开成两个开式网络。同时功率分点处的负荷也被分成两部分，分别挂在两开式网的末端，然后按照开式网潮流计算的方法计算被解开的两开式网的功率分布和各点电压，最后将两个开式网的末端连在一起，便得到原两端网的最终功率分布和各点电压。

在图3-13(a)中，假设两端网的初步功率分布已画出，并知$b$点是功率分点，则可在$b$点将此两端网解开成如图3-13(b)所示的两个开式网。两开式网的末端负荷$\tilde{S}'_b = S_{ab}$，$\tilde{S}''_b = S_{cb}$。

在求得两开式网计算功率损耗和电压降落的功率分布和各点电压后，再在$b$点将两开式网连起来，便得到如图3-13（c）所示的最终功率分布。

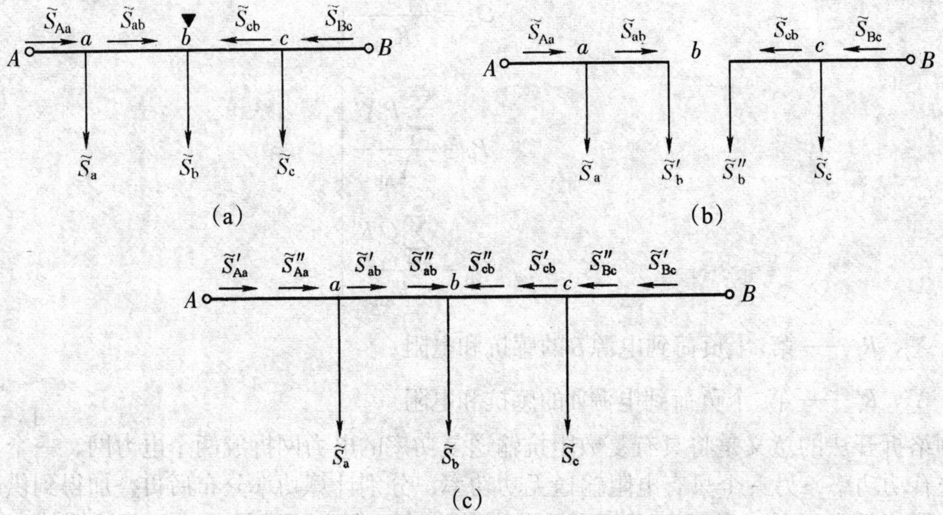

图3-13　两端供电网的最终功率分布

(a)初步功率分布；(b)在功率分点处解开成两个开式网；(c)最终功率分布

对于有功分点和无功分点不重合的情况，一般在无功分点处解开，因为无功分点往往是电压最低的点。

# 第4章　电力系统电能质量与功率平衡

## 4.1　电力系统电能质量

《中华人民共和国电力法》明确规定“供电企业应当保证给用户的供电质量符合国家标准，对公用供电设施引起的供电质量问题，应当及时处理”，在《供电营业规则》中也明确规定用户的非线性负荷、冲击负荷、波动负荷、非对称负荷对供电质量产生影响或对安全运行构成干扰和妨碍时，用户必须采取措施予以消除，如不采取措施或采取措施不当，达不到国家标准，供电企业可终止对其供电。

在市场经济条件下，供电企业有依法向用户提供质量合格电能产品的责任，用户也有依法用电、不污染电网的义务，因此，如何加强电能质量管理，提高电能质量，是市场经济条件下电网建设管理中必须认真探讨的重要课题。

### 4.1.1　电网频率

我国电力系统的标称频率为50Hz，GB/T 15945—2008中规定：电力系统正常频率偏差允许值为±0.2Hz，当系统容量较小时，偏差值可放宽到±0.5Hz，标准中没有说明系统容量大小的界限。在《全国供用电规则》中规定“供电局供电频率的允许偏差：电网容量在300万kW及以上者为±0.2Hz；电网容量在$3\times10^5$kW以下者，为±0.5Hz。”实际运行中，从全国各大电力系统运行情况来看，都保持在不大于±0.1Hz范围内。

### 4.1.2　电压偏差

电力系统电压等级有220V/380V（0.4kV）和3kV、6kV、10kV、20kV、35kV、66kV、110kV、220kV、330kV、500kV，以及刚刚建设的超高压750kV和1000kV。

随着电机制造工艺的提高，10kV电动机已批量生产，所以3kV、6kV已较少使用，20kV、66kV也很少使用。供电系统以10kV、35kV为主；输配电系统以110kV以上为主；发电厂发电机有6kV与10kV两种；现在以10kV为主；用户均为220V/380V（0.4kV）低压系统。

根据《城市电力网规定设计规则》规定：输电网为500kV、330kV、220kV、110kV；高压配电网为110kV、66kV；中压配电网为20kV、10kV、6kV；低压配电网为0.4kV（220V/380V）。

发电厂输出6kV、10kV电压，除发电厂用电之外，也可以用10kV电压送给发电厂附近用户。10kV供电范围为10km；35kV供电范围为20～50km；66kV供电范围为30-100km；110kV供电范围为50～150km；220kV供电范围为100～300km；330kV供电范围为200～600kV；500kV供电范围为150～850km。

GB 12325—2008中规定：35kV及以上供电电压正负偏差的绝对值之和不超过额定电压

的10%；10kV及以下三相供电电压允许偏差为额定电压的±7%；220V单相供电电压允许偏差为额定电压的7%～10%。

标准中供电电压为供电部门与用户产权分界处的电压或由供用电协议所规定的电能计量点的电压。确定允许电压偏差是一个综合的技术经济问题，允许的电压偏差小，有利于用电设备的安全、经济运行，但为此要在电网中增添更多的无功电源和调压设备，需要更多的投入。反过来，如果扩大用电设备对电压的适应范围，提高设备在这方面的性能，往往也要增加设备投资。综合国外标准和我国国情制定的供电电压允许偏差的国家标准，能满足绝大部分用电设备的运行要求。

### 4.1.3　三相电压不平衡度

GB/T 15543—2008中规定：电力系统公共连接点正常电压不平衡度允许值为2%，短时间不得超过4%。标准还规定对每个用户电压不平衡度的一般限值为1.3%。

国标规定的三相电压不平衡度的允许值及计算、测量和取值方法只适用于电力系统正常运行方式下在电网公共连接点由负序分量引起的电压不平衡。因此故障方式引起的不平衡（例如单相接地、两相短路故障等）和零序分量引起的不平衡均不在考虑之列。由于电网中较严重的不平衡往往是由于单相或三相不平衡负荷所引起的，因此标准衡量点选在电网的公共连接点，以便在保证其他用户正常用电的基础上，给干扰源用户以最大的限值。国标在确定三相电压不平衡度指标时用95%概率作为衡量值。也就是说，标准中规定的“正常电压不平衡度允许值2%”是在测量时间95%内的限值，而剩余5%时间可以超过2%，过大的“非正常值”时间虽短，也会对电网和用电设备造成有害的干扰，特别是对有负序启动元件的快速动作的继电保护和自动装置，容易引起误动。因此标准中对最大的允许值做了“不得大于4%的规定”。

### 4.1.4　公用电网谐波

GB/T 14549—2008中规定：6～220kV各级公用电网电压（相电压）总谐波畸变率是0.38kV为5.0%，6～10kV为4.0%，35～66kV为3.0%，110kV为2.0%；用户注入电网的谐波电流允许值应保证各级电网谐波电压在限值范围内，所以国标规定各级电网谐波源产生的电压总谐波畸变率是0.38kV为2.6%，6～10kV为2.2%，35～66kV为1.9%，110kV为1.5%。对220kV电网及其供电的电力用户参照本标准110kV执行。

### 4.1.5　波动和闪变

GB/T 12326—2008中规定：在公共供电点的电压波动允许值10kV及以下为2.5%，35～110kV为2%，220kV及以上为1.6%。

电压闪变主要是表征人眼对灯闪主观感觉的参数。国标推荐的闪变干扰的允许值，对照明要求较高的白炽灯负荷为0.4%，对一般性照明负荷为0.6%。

电能质量不完全取决于电力生产部门，有的质量指标是由用户干扰所决定的，在此，我们只介绍与电力生产部门有关的电能质量指标——频率和电压，具体包括电力系统有功功率平衡和频率调整的基本概念，电力系统无功功率平衡的基本概念和电压调整的主要措施。

## 4.2　电力系统中有功功率平衡

电力系统的频率是衡量电能质量的重要指标，调整频率尽量使之保持为额定值，这是电力系统运行工作必不可少的任务。

电力系统的调频问题实质上是正常运行时有功功率的平衡问题，由于电力系统负荷的有功功率分量是经常变化的，要保持系统的频率为额定值，就必须使发送的功率不断地追踪着负荷的变动，时刻保持着整个系统有功功率的平衡。

### 4.2.1　电力系统调整频率的必要性

频率是衡量电能质量的一个重要指标，电力系统的频率变化对用户、发电厂和系统本身都会产生不利影响，所以必须保证电力系统的频率符合标准，这是系统运行调整的一项基本任务。我国电力系统的额定频率为50Hz，频率允许偏移范围为±0.2～±0.5Hz，用百分数表示为±0.4%～±l%。

电力系统频率变化的影响有以下几种。

（1）工业中普遍应用的异步电动机，其转速和输出功率均与频率有关。频率变化时，电动机的转速和输出功率随之变化，因而严重地影响产品的质量。

（2）现代工业、国防和科研部门广泛应用的各种电子技术设备，如系统频率不稳定，将会影响这些电子设备的精确性，造成误差甚至无法工作。

（3）频率变化对电力系统的正常运行也是十分有害的，汽轮发电机在额定频率下运行时效率最佳，频率偏高或偏低对叶片都有不良影响。发电厂用的许多机械如给水泵、循环水泵、风机等在频率降低时都要减小输出功率，降低效率，因而影响发电设备的正常工作，使整个发电厂的有功功率减小，从而导致系统频率的进一步下降。频率降低时，变压器的励磁电流增大，无功功率损耗增加，这些都会使电力系统无功平衡和电压调整增加困难。

总之，由于所有设备都是按额定频率设计的，因此频率变化必然对各设备产生影响，甚至使电力系统瓦解，造成大面积停电。因此，进行频率调整是必要的。

频率同发电机的转速有着严格的关系。发电机的转速是由作用在其转轴上的转矩平衡所确定的。原动机输入的机械功率（扣除励磁损耗和各种机械损耗），如果同发电机输出的电磁功率严格地保持平衡，发电机的转速就恒定不变。但发电机输出的电磁功率在任何时刻都是同系统的有功功率负荷相等。负荷功率的任何变化都立即引起发电机的输出功率的相应变化，这种变化是瞬时出现的。而原动机输入功率由于调节系统的相对迟缓无法立即适应发电机电磁功率的瞬时变化。系统负荷时刻变化，因此发电机转轴上转矩的绝对平衡是不存在的，即频率偏移是必然的。

电力系统负荷变化规律如图4-1所示。根据负荷变化规律的不同，电力系统的频率调整大体分为三种。

第一种是由发电机组的调速器对变化幅度很小、变化周期很短（一般为10s以内）的负荷分量变化引起的频率偏移进行的调整，称为频率的一次调整；第二种是由发电机组的调频器对变化幅度较大、变化周期较长（一般为10s到3min）的负荷分量变化引起的频率偏移进行的调整，称为频率的二次调整；第三种频率调整是指各发电厂按照最优化准则对变化缓慢的持续变化负荷（第三种负荷分量）根据调度部门预先编制的日负荷曲线发电。

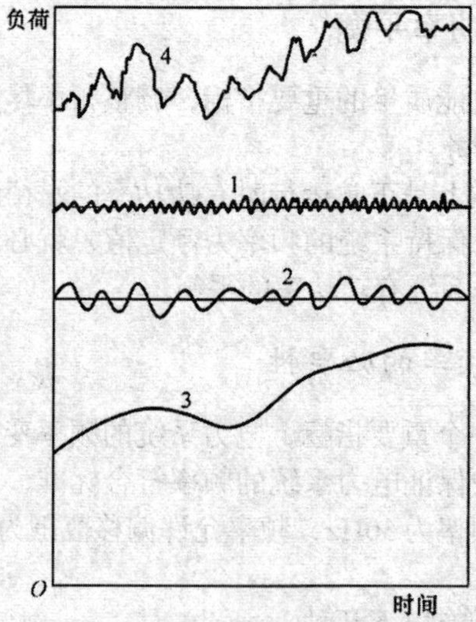


图4-1 电力系统负荷变化规律

1-第一种负荷分量；2-第二种负荷分量；

3-第三种负荷分量；4-实际的负荷变化曲线

### 4.2.2 有功功率平衡和备用容量

电力系统中的有功功率电源只有一种，即各类发电厂的发电机。在电力系统运行中，所有有功功率电源发出的功率必须与电力系统的发电负荷相平衡，即

$$\sum_{i=1}^{n} P_{Gi} = \sum_{i=1}^{n} P_{Li} + \Delta P_{\Sigma} \tag{4-1}$$

式中，$\sum_{i=1}^{n} P_{Gi}$ 为系统中所有有功功率电源发出的功率；

$\sum_{i=1}^{n} P_{Li}$ 为系统中所有的负荷消耗的有功功率；

$\Delta P_{\Sigma}$ 为系统中各元件（包括厂用设备）总的有功功率损耗。

电力系统中各发电机额定容量的总和，称为电力系统的装机容量。由于各发电机并不能持续不停地保持运行，运行中各发电机也并不都是按额定容量运行，所以系统调度部门必须随时准确地掌握可投入的各发电机的可发功率——系统电源容量。而为保证电力系统可靠的运行和具有良好的电能质量，电力系统的有功功率平衡必须在额定运行参数下确定，这就需要系统电源容量大于发电负荷，以应对负荷的变动，大于的部分称为备用容量。

备用容量按发电机的运行状态可分为热备用和冷备用。热备用是指运转中的发电机可能发出的最大功率与系统发电负荷之差，因而也称旋转备用；冷备用是可在一定时间内调用的、未运转的发电机可能发出的最大功率。

从保证可靠供电和良好的电能质量方面来看，热备用设置越多越好。因为发电设备从“冷状态”启动到接入系统，再到发出额定功率，至少需要几分钟（水电厂）或数小时（火电厂），而就保证重要负荷供电而言，几分钟已过长；但从保证系统运行的经济性着眼，热

备用又不宜过多。因此，要分析电力系统中热备用容量的合理分配问题。

备用容量按用途分为负荷备用、事故备用、检修备用和国民经济备用。

负荷备用是为调整系统中短时负荷波动并担负计划外的负荷增加而设置的备用。其大小应根据系统容量、预测误差等确定，一般取系统最大发电负荷的2%～5%，系统容量大取小值，系统容量小取大值。

事故备用是为使电力用户在发电机发生偶然性事故而停运时不受严重影响、维持系统正常供电所需的备用。其大小与系统容量、发电机单机容量及台数、发电机组的故障停机概率、供电需求的可靠性有关，一般约为系统最大发电负荷的5%～10%，但不得小于系统中最大一台机组的容量。

检修备用是为使系统中的发电机组能定期检修而设置的备用。其大小主要与系统负荷变化特点、发电机台数及检修时间等有关，而与系统中负荷的大小关系不大。仅当按照系统年负荷曲线无法安排所有设备的大修和小修时，才考虑设置专用的检修备用。

国民经济备用是计及负荷的超计划增长而设置的备用。其大小参照国民经济的增长，考虑区域经济的发展而确定。

显然，上述四种备用不必均以热备用的形式而存在，但其中全部的负荷备用和一部分事故备用必须设为热备用。考虑到负荷备用和事故备用容量可以通用，其具体设置需从技术和经济两方面综合比较而确定。其余备用视需要确定为热备用或冷备用。

## 4.3　电力系统的频率特性

### 4.3.1　系统负荷的有功功率——频率静态特性

当频率变化时，系统中的有功功率负荷也将发生变化。系统处于运行稳态时，系统中有功负荷随频率的变化特性称为负荷的静态频率特性。根据所需的有功功率与频率的关系可将负荷分成以下几种。

（1）与频率变化无关的负荷，如白炽灯、电阻炉等。

（2）与频率的一次方成正比的负荷，通常阻力矩等于常数的负荷属于此类，如切削机床、压缩机和卷扬机等。

（3）与频率的二次方成正比的负荷，如变压器中的涡流损耗。

（4）与频率的高次方成正比的负荷，如通风机、静水头阻力很大的给水泵等。

据此，整个系统的有功负荷与频率的关系可以写成

$$P_D = a_0 P_{DN} + a_1 P_{DN}(\frac{f}{f_N}) + a_2 P_{DN}(\frac{f}{f_N})^2 + a_3 P_{DN}(\frac{f}{f_N})^3 + \cdots \tag{4-2}$$

式中，$P_D$——频率等于$f$时整个系统的有功负荷；

$P_{DN}$——频率等于$f_N$时整个系统的有功负荷；

$a_i$——与频率的$i(i=0,1,2,\cdots)$次方成正比的负荷在$P_{DN}$中占的比例。

$$a_0 + a_1 + a_2 + a_3 + \cdots = 1 \tag{4-3}$$

式（4-2）就是电力系统负荷的静态频率特性的数学表达式。若以$P_{DN}$和$f_N$分别作为功率和频率的基准值，以$P_{DN}$去除式（4-2）的各项，便得到用标幺值表示的有功功率——频率特性

$$P_{D*} = a_0 + a_1 f_* + a_2 f_*^2 + a_3 f_*^3 + \cdots \tag{4-4}$$

式（4-4）通常只取到频率的三次方为止，因为与频率的更高次方成正比的负荷所占的比重很小，可以忽略。

在电力系统运行中，允许频率变化的范围很小，因此，在额定频率附近的较小频率变化范围内，负荷的有功功率——频率静态特性曲线接近一直线（见图4-2）。当系统频率略有下降时，负荷的有功功率成正比例自动减小。图中直线的斜率为

$$K_{\mathrm{D}} = \tan\beta = \frac{\Delta P_D}{\Delta f}(\mathrm{MW/Hz}) \tag{4-5}$$

或用标幺值表示

$$K_{\mathrm{D}*} = \frac{\Delta P_{\mathrm{D}}/P_{\mathrm{DN}}}{\Delta f/f_{\mathrm{N}}} = \frac{\Delta P_{\mathrm{D}*}}{\Delta f_*} \tag{4-6}$$

式中，$K_{\mathrm{D}}$、$K_{\mathrm{D}*}$称为负荷的单位调节功率。其数值取决于系统各类负荷的比例，其值不可整定。

在实际系统中$K_{\mathrm{D}*}$=1～3，它表示频率变化1%时，负荷有功功率相应变化1%～3%。

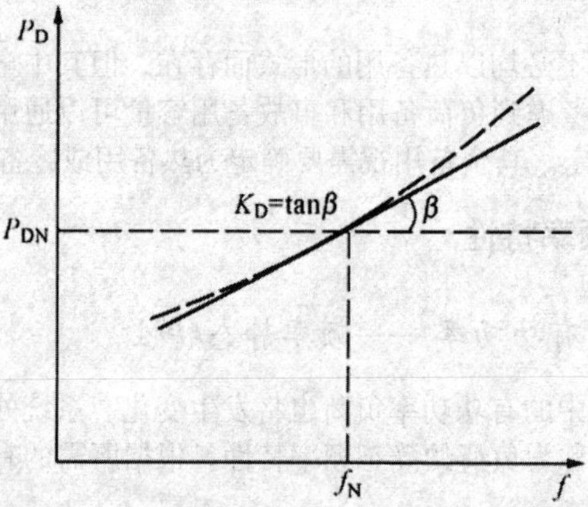


图4-2　负荷的有功功率——频率静态特性曲线

### 4.3.2　发电机组的有功功率—频率静态特性

调整系统频率的主要环节是发电机组原动机的自动调速系统。当系统有功功率平衡遭到破坏而引起频率变化时，原动机的调速系统将自动改变原动机的进汽（水）量，相应增加或减少发电机的输出功率。当调速过程结束，建立新的稳态时，发电机的有功功率同频率之间的关系称为发电机组的有功功率频率静态特性（简称功频静态特性）。以离心飞摆式机械液压调速系统（见图4-3）为例对调速系统的工作原理做简要介绍。

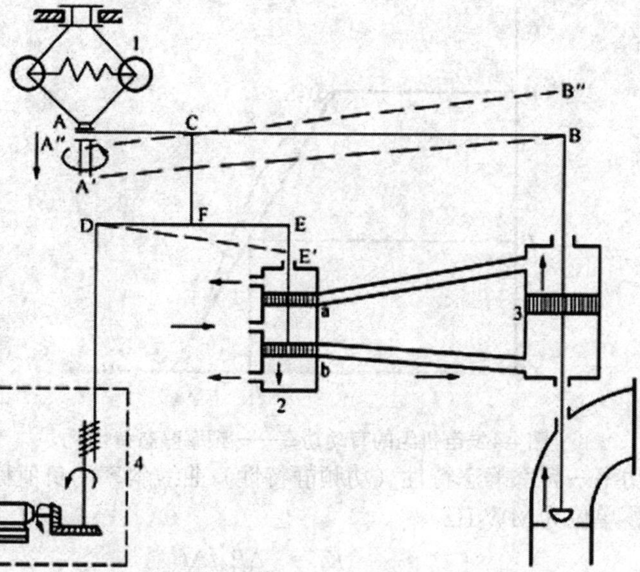


图4-3 离心飞摆式机械液压调速系统示意图

1-飞摆;2-错油门;3-油动机;4-调频器

1. 调速器工作原理

调速器的飞摆由套筒带动转动，套筒则由原动机的主轴所带动。单机运行时。因机组负荷的增大，机组转速下降，飞摆离心力减小，在弹簧的作用下向转轴靠拢，使*A*点向下移动到*A'*。但因油动机活塞两边油压相等，*B*点不动，结果使杠杆*AB*绕*B*点逆时针转动到*A'B*。在调频器不动作的情况下，*D*点也不动，因而在*A*点下降到*A'*时，通过联杆*CF*使杠杆*DE*绕*D*点顺时针转动到*DE'*，E点向下移动到*E'*。错油门活塞向下移动，使油管*a*、*b*的小孔开启，压力油经油管*b*进入油动机活塞下部，而活塞上部的油则经油管*a*经错油门上部小孔溢出，油动机活塞向上移动，使汽轮机的调节阀门或水轮机的导向叶片开度增大，增加进汽量或进水量。

在油动机活塞上升的同时，杠杆*AB*绕*A'*点逆时针转动，带动联杆*CF*，从而使错油门活塞上升，将油管*a*、*b*的小孔重新堵住，油动机活塞又处于上下相等的油压下，停止移动。通过这一调节过程，使进汽量或进水量增加，机组转速上升，*A*点从*A'*回升到*A'*调节过程结束。这时杠杆*AB*的位置为*A"CB"*。分析杠杆*AB*的位置可见，杠杆上*C*点的位置和原来相同，因此机组转速稳定后错油门活塞的位置应恢复原状；*B"*的位置较*B*高，*A"*的位置较*A*略低；相应的进汽量或进水量较原来多，机组转速比原来略低。这就是频率的“一次调整”——负荷增加，在机组调速器作用下，发电机输出功率增加，频率低于初始值；反之，如果负荷减小，则调速器调整的结果使机组输出功率减小，频率高于初始值，即频率的一次调整属于有差调节。反映调整过程结束后发电机输出有功功率和频率关系的曲线称为发电机组的有功功率——频率静态特性，可以近似地表示为一条向下倾斜的直线，如图4-4所示。

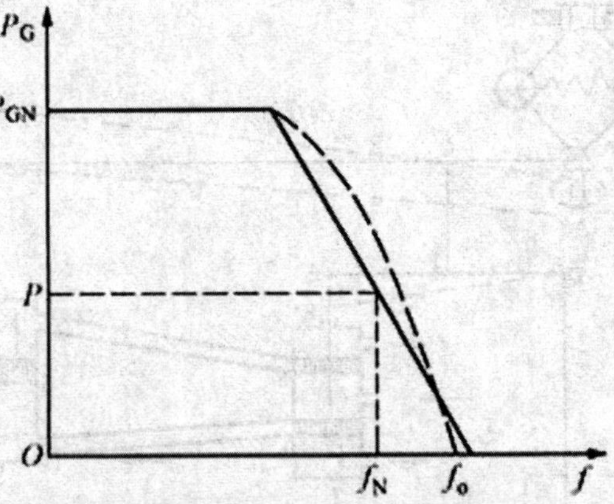


图4-4 发电机组的有功功率——频率静态特性

发电机组有功功率—频率静态特性（功频静特性）曲线斜率的负值称为发电机的单位调节功率，以$K_G$表示，单位为MW/Hz。

$$K_G = -\Delta P_G / \Delta f \tag{4-7a}$$

其标幺值为

$$K_{G*} = -\frac{\Delta P_G f_N}{P_{GN} \Delta f} = K_G f_N / P_{GN} \tag{4-7b}$$

发电机的单位调节功率标志了随频率的增减发电机组发出功率减少或增加的多少。单位调节功率和机组的调差系数有互为倒数的关系。因机组的调差系数$\sigma$为

$$\sigma = -\frac{\Delta f}{\Delta P_G}$$

以百分数表示则为

$$\sigma\% = -\frac{\Delta f P_{GN}}{f_N \Delta P_G} \times 100\%$$

而由式（4-7a）可见

$$KG = \frac{1}{\sigma} = \frac{P_{GN}}{\sigma\% f_N} \times 100\% \tag{4-8a}$$

或

$$K_{G*} = \frac{1}{\sigma\%} \times 100\% \tag{4-8b}$$

调差系数$\sigma$%或与之对应的发电机的单位调节功率是可以整定的，一般整定为如下数值

汽轮发电机组，$\sigma$%=3～5或$K_{G*}$==33.3～20；

水轮发电机组，$\sigma$%=2～4或$K_{G*}$=50～25。

而电力系统频率的一次调整问题主要就与这个调差系数或与之对应的发电机的单位调节功率有关。

2. 调频器工作原理

由调速器完成的一次调频属于有差调节，当负荷变化幅度较大时，频率偏移有可能超出允许值，因此需要做进一步的调节——调频器担负的频率的二次调整。调频器由伺服电动机、蜗轮、蜗杆等装置组成。在手动操作或自动装置控制下，伺服电动机既可正转也可反转，因而使图4-3中杠杆的*D*点上升或下降。若*D*点固定，则当负荷增加引起转速下降时，由机组调速器自动进行“一次调整”并不能使转速完全恢复。为了恢复初始的转速，可通过伺服电动机令*D*点上移。这时，由于F点不动，杠杆*DEF*便以*F*点为支点转动，使*E*点下降，错油门被打开。于是压力油进入油动机，使它的活塞向上移动，开大进汽（水）阀门，增加进汽（水）量，使原动机输出功率增加，机组转速随之上升，频率上升。这时套筒位置较*D*点移动以前升高了一些，整个调速系统处于新的平衡状态。如*D*点位置控制得恰当，*A*点就可能回到原来的位置，即可实现频率的无差调节。这一调整过程称为频率的二次调整。

## 4.4　电力系统的频率调整

### 4.4.1　电力系统频率波动的原因

当电力系统正常运行时，发电机的输入功率、输出功率和电力系统的总负荷（包括负荷量和电网的有功损耗）相等。因此，发电机转子上的功率平衡，发电机可以匀速旋转，发出的交流电的频率也是稳定的，整个电力系统的总发电量和总负荷也是平衡的，可以满足整个电力网的供电量要求。当电力系统发生某种扰动（例如负荷减少）时，发电机输出的电功率瞬间减少，但发电机的输入功率是机械功率，不可能瞬间变化，在扰动后很短的时间内，发电机的输入功率大于输出功率，发电机转子将加速，电力系统的频率将上升，这就是频率上升的原因。也可以认为，当电力系统的有功功率充足时，频率将上升。当电力系统发生某种扰动（例如负荷增大）时，由于同样的原因，发电机的输入功率小于输出功率，发电机转子减速，电力系统的频率将下降，这就是频率下降的原因，即当电力系统的有功功率（电源）不充足时，频率将下降。

### 4.4.2　频率偏移的危害

频率偏移对用户是不利的。工业中普遍使用大量的异步电动机，其转速和输出功率均与频率有关。频率变化时，电动机的转速和输出功率也随之变化，因而严重影响产品的质量。现代工业中大量使用电子设备，频率偏移严重影响电子设备的精确性。频率偏移对电力系统本身也是有危害的。频率偏移时汽轮机转子的叶片振动将加大，汽轮机转子的叶片只有在额定频率时运行效果才最佳。发电厂内部使用了大量的大容量电动机，例如给水泵、循环水泵和凝结水泵，频率偏移时将影响其出力，从而加剧电力系统有功功率的不平衡，加剧频率的波动。

### 4.4.3　负荷的分类

1. 按用电的部门属性来划分

（1）工业用电。其特点是用电量大，用电比较稳定。一般冶炼工业的用电量大，而且负荷稳定，负荷率高，一般在0.95以上；而机械制造行业和食品加工业的用电量就小些，且负荷率也较低，一般在0.70以下。但是，无论是重工业还是轻工业，或者是冶炼业、加工业，电力负荷在月内、季度内和年度内的变化是不大的，是比较均衡的。

(2) 农业用电。农业用电在全部电力消耗中的比例较小，即使像我国这样的农业大国，农业用电量在全国电力消耗中所占的比重仍然很低。农业用电的一个突出特点就是季节性很强，从负荷特性上看农业用电在日内的变化相对较小，但在月内，特别是在季度内和年度内，负荷变化很大，呈现出不均衡的特点。

(3) 交通运输用电。目前我国的交通运输用电比例较小，电气化铁路的负荷比较稳定。今后随着电气化铁路运输及其他运输事业的发展，交通运输用电量也会有较大的增长，但比重不会有多大变化。

(4) 市政生活用电。目前我国的市政生活用电水平还不太高，远小于工业化国家，但今后随着社会的日益发展、生活设施的日益现代化及居民生活水平的提高，市政生活用电的比重会有所上升。

**2. 按负荷的大小来划分**

(1) 最大负荷。也就是最高负荷或尖峰负荷。最大负荷又分为日最大负荷、月最大负荷、年最大负荷。

(2) 最小负荷。又称为最低负荷或低谷负荷。最小负荷又可分为日最小负荷、月最小负荷、年最小负荷。

(3) 平均负荷。在一定观察统计时段内出现的负荷的平均值称为平均负荷。根据观察统计期的不同，一般可划分为日平均负荷、月平均负荷、年平均负荷。

**3. 按使用电力的目的来划分**

可分为动力用电、照明用电、电热用电、各种电气设备仪器的操作控制用电及通信用电。

**4. 按用电用户的重要性来划分**

(1) Ⅰ类负荷（Ⅰ级负荷）。这类负荷关系国民经济的命脉及人民生命财产的安全，由于停电或突然停电造成的损失太大，故而必须保证这类用户高度的供电可靠性。

(2) Ⅱ类负荷（Ⅱ级负荷）。这类负荷在国民经济中的地位相比之下不如Ⅰ类用户重要，计划停电或事故停电虽然会造成较大的损失，但是这种损失是可以挽回的。一般情况下，电力系统至少要对这类用户提供中等程度的供电可靠性。

(3) Ⅲ类负荷（Ⅲ级负荷）。这类负荷在国民经济中地位很低，与人民的生命财产安全并无关系，中断这类负荷的供电带来的损失最小，因此，这类用户的供电可靠性是最低的。

**5. 按负荷预测期的时间长短来划分**

可分为近期负荷、中期负荷和长期负荷。

电力规划中的负荷预测一般是指对年最大负荷的预测，5年以内为近期，10～15年为中期，15～30年为长期，与此相对应的负荷分别称为短期负荷、中期负荷和长期负荷。

### 4.4.4 电力系统的频率调整

**1. 频率的一次、二次调整**

为使电力系统频率的变动保持在允许偏差范围内而对发电机组有功出力进行的调整是电力系统频率调整。频率调整是保证供电质量的一项重要措施，它包括瞬时偏差调整和积累偏差调整。

频率瞬时偏差调整为利用发电机组调速器的有差特性调频。频率积累偏差调整为短时间改变频率调整目标值。当电力系统负荷发生微小变化时，发电机组调速器可以自动地调节发电机组出力，保持频率在一定范围之内，这是利用发电机组调速器的有差特性调频，也称为一次调整。当电力系统负荷有较大和较长时间的变化时，改变调速器的工作点，增减发电机组出力以保持系统频率，称为二次调整。

**2. 手动调频和自动调频**

二次调整可经运行人员手动操作或依靠自动装置来完成，分别被称为手动调频和自动调频。

（1）手动调频是指在调频发电厂，由值班人员根据系统频率的变动调节发电机组的出力，使频率维持在规定范围之内。有的电力系统把调频发电厂分为主调频电厂（或称第一调频电厂）和辅助调频电厂（或称第二调频电厂），并分别规定其频率调整偏差范围。

手动调频的缺点是反应速度慢，在调整幅度较大时，往往不能满足频率质量的要求。同时值班人员操作频繁，劳动强度大。

（2）自动调频是现代电力系统普遍采用的调频方式。自动调频是通过自动装置随系统频率的变化自动增减发电机组的发电出力，保持系统频率在极小范围内波动。自动调频是电力系统调度自动化的组成部分，它具有完成调频、经济调度和系统间联络线交换功率控制等综合功能。

### 4.4.5　主调频发电厂的选择

主调频发电厂选择原则如下。

（1）具有足够的调频容量和调频范围。

（2）能比较迅速地调整发电厂的出力。

（3）调整出力时应符合安全经济原则。

根据上述原则，在水力、火力发电厂并存的电力系统中，一般应选择大容量的水力发电厂为主调频厂。因为水力发电厂调整出力时速度快、操作简便、调整范围大。没有水力发电厂，或水力发电厂不宜承担调频任务时（例如丰水季节），则选择中温中压火力发电厂。大型火力发电厂中效率较低的机组可作为辅助调频之用，其余机组宜带基本负荷。

### 4.4.6　事故调频

**1. 低频运行的危害**

电力系统低频运行是非常危险的，因为电源与负荷在低频率下重新平衡很不牢固，也就是说稳定性很差，甚至产生频率崩溃，会严重威胁电网的安全运行，并对发电设备和用户设备造成严重损坏，主要表现为以下几方面。

（1）引起汽轮机叶片断裂。在运行中，汽轮机叶片由于受不均匀气流冲击而发生振动。在正常频率运行情况下，汽轮机叶片不发生共振。当低频率运行时，末级叶片可能发生共振或接近于共振，从而使叶片振动应力大大增加，如时间过长，叶片可能损伤甚至断裂。

（2）使发电机出力降低。频率降低，转速下降，发电机两端的风扇风量减小，冷却条件变坏，如果仍维持出力不变，则发电机的温度升高，可能超过绝缘材料的温度允许值。为了使温升不超过允许值，势必要降低发电机出力。

（3）使发电机机端、厂用电各种设备电压下降。严重时，汽轮机停机，发电机不能发电，造成频率进一步下降，恶性循环，甚至导致频率崩溃。

（4）影响系统的经济运行。系统低频运行时，使得汽轮发电机组、水轮发电机组、锅炉等重要设备效率降低，引起系统中各发电厂不能按预测的经济条件分配功率。

（5）影响用户。系统低频运行，用户的交流电动机转速按比例下降，使工农业用户的产品质量降低。尤其是对纺织业、造纸业，不但产量降低，而且使纺织品、纸张等出现毛刺和厚薄不均等质量问题；使电子计算机发生计算错误；使电视机工作点不稳定，影像不清；使印刷品的色彩深浅不一。

**2. 事故调频的处理**

如果电力系统中频率突然大幅度下降，表明发生了电源事故，应迅速投入旋转备用和低频减负荷装置，这样一般能够防止频率的进一步下降。如果事故很大，采取上述措施后频率仍然大幅度下降，则系统运行人员应迅速采取启动备用发电机组、切除部分负荷、将系统分割为多个较小的系统、分离厂用电等措施。在事故调频过程中，调度应统一指挥，按步骤进行。

## 4.5 电力系统的自动调频方法

调频问题实质上是电力系统正常运行时，发电机送入系统的功率与负荷需要的功率之间的平衡问题，是通过调整机组的输入功率来实现的。调频是全系统范围内的运行问题，所以都由电力调度员按照计划的日负荷曲线来安排调频任务。一般将运行电厂分为调频厂、调峰厂和带基本负荷的发电厂3类。经济性能好的火电机组、热电厂、核电厂和丰水期的水电机组都带全天不变的基本负荷：调峰电厂带计划的日负荷曲线中的负荷变动部分，即峰值负荷部分，一般由经济性能较差的火电机组或枯水期的水电机组担任；由于实际负荷总是与计划负荷有差别，其差值称为计划外负荷，由调频电厂担任。为了保证调频任务的完成，要求调频机组不仅有足够的容量，还应有适应负荷变动的调整速度。

电力系统总是要求频率维持为额定，即从负荷变动开始到频率重新稳定时，频率$\Delta f$为零。这一要求是通过对调频机组的二次调整，即用自动改变功率给定值$\Delta P_c$，移动调速器的调节特性来实现的。电力系统中，控制调频器的基本方法（也称为调频准则）有如下几种。

### 4.5.1 主导发电机法

主导发电机法是将规定的调频电厂中，设定一台主导机组的调频器的二次调节准则为

$$\Delta f = 0 \tag{4-9}$$

即为无差调节。与计划外负荷相比，一台主导发电机的容量显然是不足的，调频电厂中其他机组将协助调频，这些机组上装设有功功率调整器，它们的功率随主导机组的功率按比例地变化，调节准则为

$$\Delta P_i = a_i \Delta P_1 \quad (i=2, 3, \cdots, n) \tag{4-10}$$

式中，$\Delta P_1$——主导发电机的调节功率；

$a_i$——第$i$台协助调频机组的比例系数；

$\Delta P_i$——第$i$台协助调频机组的调节功率。

调频系统的结构图如图4-5所示。

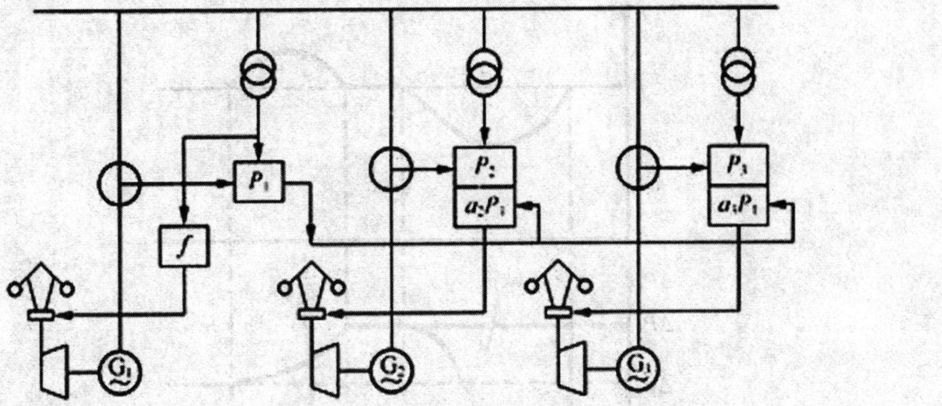

图4-5　主导发电机法调频系统示意图

调频过程如下：

(1) 主导机组 $G_1$ 的调节系统首先按频率偏差工作，改变 $\Delta P_1$；

(2) 其他协助调频机组按式（4-10）规定做功率调整；

(3) 当满足 $\Delta f=0$ 和 $\Delta P_1+\sum_{i=2}^{n}a_i\Delta P_1=\Delta P_L$ 时，调节过程结束。否则，重复（1）（2）过程。

主导发电机法调频的特点如下。

(1) 调节过程缓慢。尽管有多台机组参与调频，但开始时只有一台主导机组先行调节，所以调节过程缓慢。

(2) 适用于只有一个调频电厂的情况。因为协助调频机组与主导机组若在同一电厂较容易实施，因此只在中小型电力系统中应用。

### 4.5.2　积差调节法

积差调节法是指调频系统按频率偏差的时间积分值进行调节。由于频率偏差的积分反映了在一段时间内同步时间对标准时间的偏差，而保持电钟的准确性也是调频任务之一，因而积分调节法又称同步时间法。

**1. 单机积差调节**

假设系统中由一台发电机组进行频率偏差调节，调节准则为

$$\left.\begin{aligned}K\Delta P_c+\int\Delta f\mathrm{d}t=0\\ \Delta P_c=-K_i\int\Delta f\mathrm{d}t\end{aligned}\right\}\quad\text{或}\tag{4-11}$$

式中，$\Delta f=f-f_e$；

$\Delta P_c$——发电机组的出力增量；

$K_i$——积分控制增益。

积差调频过程可用图4-6说明。

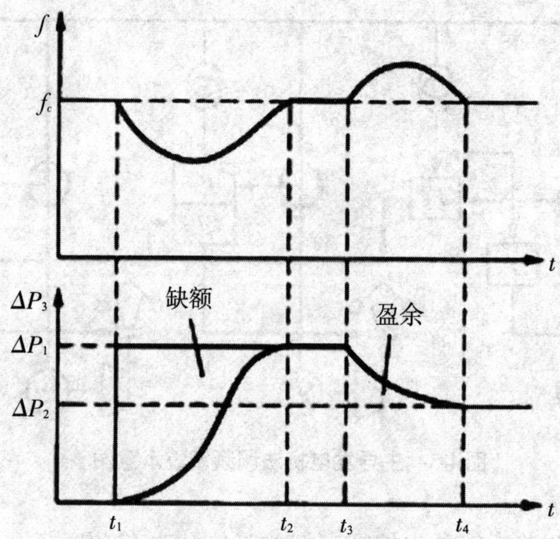


图4-6 积差调频过程

在$0\sim t_1$时段内，$f=f_e$，$\Delta f=0$，$\int_0^{t_1}\Delta f\mathrm{d}t=0$，则有$\Delta P_c=-K_i\int_0^{t_1}\Delta f\mathrm{d}t=0$，发电机组按原有出力运行。

在$t_1$时刻，出现计划外负荷增量，在$t_1\sim t_2$时段内，$f<f_e$，$\Delta f<0$，$\int_0^{t_1}\Delta f\mathrm{d}t<0$，且不断往负方向增大，$\Delta P_c=-K_i\int_0^{t_1}\Delta f\mathrm{d}t=-K_i\int_{t_1}^{t}\Delta f\mathrm{d}t>0$，即调频机组增大出力，向满足式（4-11）方向调整，频率由开始下降达到一最低值后，逐渐回升。只要$\Delta f$不等于零，而不论其多小，积分项将继续累加新值，调节直至$t_2$时刻时，$\Delta f=0$，调节才结束，此时$\Delta P_c=-K_i\int_{t_1}^{t_2}\Delta f\mathrm{d}t=\Delta P_1$，为常数。

在$t_2\sim t_3$时段内，调频机组的出力已与计划外负荷增量相等，系统以额定频率$f_e$稳定运行，$\Delta f=0$，所以$\int_{t_2}^{t_3}\Delta f dt=0$，此时$\Delta P_c$维持$\Delta P_1$值，即调频机组保持$t_2$时刻的出力不再增大。

在$t_3$时刻出现了计划外负荷减少，在$t_3\sim t_4$时段内，$f>f_e$，$\Delta f>0$，$\int_{t_3}^{t}\Delta f\mathrm{d}t>0$，且不断向正方向累积，$\Delta P_c=-K_i\int_0^{t}\Delta f\mathrm{d}t=-K_i(\int_{t_1}^{t_2}\Delta f\mathrm{d}t+\int_{t_3}^{t}\Delta f\mathrm{d}t)=\Delta P_1-K_i\int_{t_3}^{t}\Delta f\mathrm{d}t$

即调频机组出力开始减小，频率由额定值上升到一最高值后逐渐回落，直至$t_4$时刻时，$\Delta f=0$，调节过程又一次结束。此时$\Delta P_c=\Delta P_1-K_i\int_{t_3}^{t_4}\Delta f\mathrm{d}t=\Delta P_2$为常数。图4-6中阴影部分表示系统有功功率余缺的情况。

**2. 多台机组的积差调频**

在电力系统中，用多台机组进行积差调频时，调节准则为

$$\left.\begin{array}{l}K_1P_{c1}+\int\Delta f\mathrm{d}t=0\\K_2P_{c2}+\int\Delta f\mathrm{d}t=0\\\cdots\\K_nP_{cn}+\int\Delta f\mathrm{d}t=0\end{array}\right\}\tag{4-12}$$

当出现计划外负荷$\Delta P_L$时，各机组同时进行调频，将式（4-12）各分式相加后得

$$\sum_{i=1}^{n}\Delta P_{ci}+\int\Delta f\mathrm{d}t\times\sum_{i=1}^{n}\frac{1}{K_i}=0\tag{4-13}$$

$$\int\Delta f\mathrm{d}t=-\frac{\sum_{i=1}^{n}\Delta P_{ci}}{\sum_{i=1}^{n}\frac{1}{K_i}}\tag{4-14}$$

每台调频机组承担的计划外负荷为

$$\Delta P_{ci}=\frac{\sum_{i=1}^{n}\Delta P_{ci}}{K_i\sum_{i=1}^{n}\frac{1}{K_i}}=\frac{\Delta P_L}{K_i\sum_{i=1}^{n}\frac{1}{K_i}}=a_i\Delta P_L\quad(i=1,2,\cdots,n)\tag{4-15}$$

积差调节法的特点如下：

（1）积差调节法最终可维持系统频率为额定，实现了无差调节；

（2）调节结束后，调频机组的功率变化量$\Delta P_c$等于计划外负荷的数值，且各调频机组按一定比例分担；

（3）因积分项$\int\Delta f\mathrm{d}t$滞后于频率瞬时值的变化，所以调节速度较慢。

为此，为加快调节速度，在频率积差调节的基础上增加频率瞬时偏差调节信号，得到了改进的积差调节法。

**3. 改进的积差调节法**

在积差调节法的调节准则中引入频率偏差项，得到改进的积差调节准则为

$$\Delta f+K_i(\Delta P_{ci}+a_i\int K'\Delta f\mathrm{d}t)=0\tag{4-16}$$

式中，$a_i$——第$i$台调频机的功率分配系数，$\sum_{i=1}^{n}a_i=1$；

$K_i$——第$i$台调频机的比例系数；

$K'$——功率频率换算系数。

当出现负荷变动时，由于有$\Delta f$项，调节速度加快。当调节过程结束时，必有$\Delta f=0$，否则积差项$\int K'\Delta f\mathrm{d}t$就会不断变化，调节过程不会结束。因此，调节过程终止时有

$$\Delta P_{ci}=-a_i\int K'\Delta f\mathrm{d}t\tag{4-17}$$

负号“–”表示功率变化量方向与频率差方向相反。

若整个系统的计划外负荷为$\Delta P_{\mathrm{L}}$，显然有

$$\Delta P_{\mathrm{L}}=\Delta P_{\mathrm{c}}=\sum_{i=1}^{n}\Delta P_{\mathrm{c}i}=-\sum_{i=1}^{n}a_i\int K'\Delta f\mathrm{d}t=-\int K'\Delta f\mathrm{d}t \tag{4-18}$$

将式（4-18）代入式（4-17），则得到

$$\Delta P_{\mathrm{c}i}=a_i P_{\mathrm{L}} \tag{4-19}$$

可见，调节结束后，计划外负荷按一定比例在调频机组间分配。

**4. 集中制与分散制调频**

积差调节法对维持系统频率的精度取决于各调频机组的频差积分信号数值的一致性。按照$\int K'\Delta f\mathrm{d}t$信号取得方式的不同，可分为集中制与分散制积差调频。

集中制积差调频是在系统调度中心设置一套高精度标准频率发生器，再取系统频率，以构成频差积分信号$\int K'\Delta f\mathrm{d}t$，然后通过远动通道将信号送至各调频厂，各调频机组再按式(4-14）调节它们的功率给定值。这种调频方式的优点是各调频电厂的频差积分信号是一致的。集中调频方式的示意图如图4-7所示。

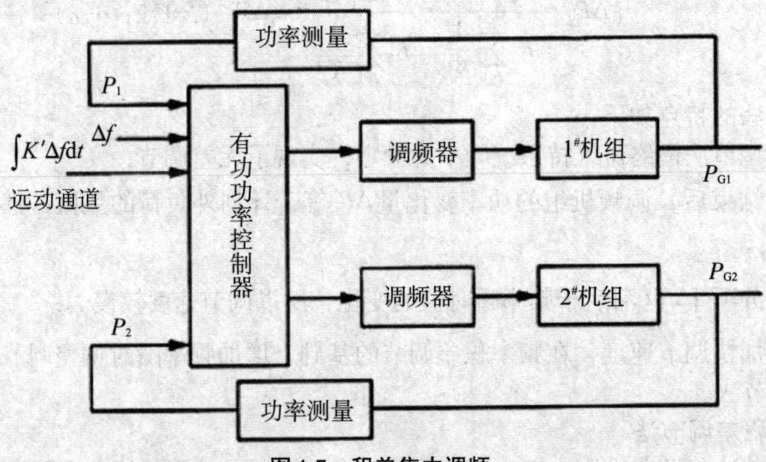


**图4-7　积差集中调频**

分散制积差调频是在调频厂各设置一套频差积分信号发生器，就地产生频差积分信号$\int K'\Delta f\mathrm{d}t$进行调频。为了使各调频机组所在地测得的$\Delta f$尽可能一致，避免频率偏差积分值的差异而造成功率分配上的误差，需设置高稳定性晶体振荡标准频率发生器。

### 4.5.3　联合自动调频

电力系统自动调频除了维持系统频率为额定值外，还必须使系统的潮流分布符合经济、安全等原则。在稳定运行方式下，机组的调节特性一般按经济调度的要求来确定；在安全控制情况下，也可能是由安全分析和事故控制的要求来确定的。自动调频是通过改变各机组调速器的调节特性；按一定的准则将出力自动分配于各调节机组，使出力满足负荷有功功率需求，实现调频目的的。

在集中制联合调频的电力系统中，调度中心根据遥测得到的发电机组实际功率值和频率偏差信号，通过负荷分配程序，计算得到发电机负荷设定值，并通过信息传输系统，将该信息传递到相应机组的控制器，如图4-8所示。控制器根据控制信号的极性，使调速器控制电动机按指定方向旋转，改变调速器的调节特性。

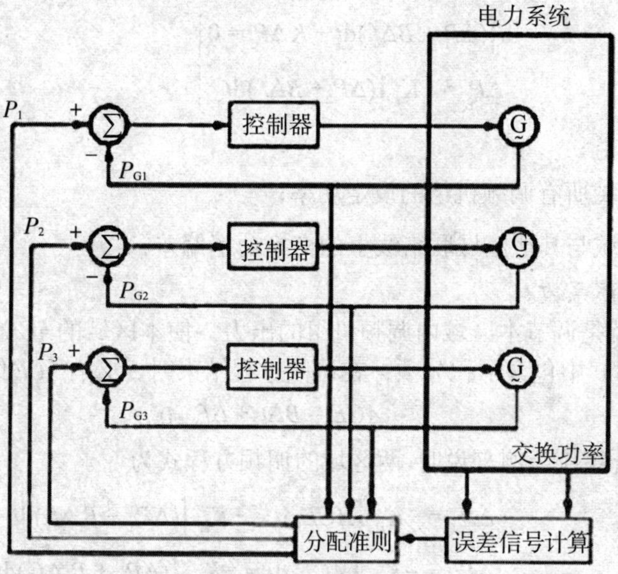


图4-8　自动调频系统示意图

负荷分配是根据测得的发电机功率$P_G$和频率偏差信号，按一定的关系将负荷分配给各发电机组，求得各机组的设定功率。决定各机组设定功率$\Delta P_{ci}$最简单的关系式为

$$\Delta P_{ci}=a_i(\sum_j \Delta P_{Gj}-B_f\Delta f) \tag{4-20}$$

式中，$B_f$——频率偏差系数。

所以系统调频机组总的设定功率为

$$\sum_i \Delta P_{ci}=\sum_i a_i(\sum_j \Delta P_{Gj}-B_f\Delta f)=\sum_j(\Delta P_{Gj}-B_f\Delta f) \tag{4-21}$$

由图4-8可知，当调节过程结束时，系统调频机组总的设定功率与它们实发调节功率相等，即$\sum_i \Delta P_{ci}=\sum_j \Delta P_{Gj}$，于是$\Delta f=0$，即频率偏差趋近于零。因此，联合自动调频的调节准则可由式（4-20）得到

$$\Delta f+K_i\left(\Delta P_{ci}-a_i\sum_j \Delta P_{Gj}\right)=0 \tag{4-22}$$

### 4.5.4　联合电力系统的调频

前已述及，联合电力系统多采用的是分区调频方式，其目标是在调节过程中联合电力系统中的所有发电机组都响应。但调节过程结束后，频率恢复到额定值，负荷的变化由本区域内的调频机组来承担，本区域和其他区域的联络线交换功率应保持为计划值。这种调频方式

必须能够判断出系统负荷变化量是否发生在本区域范围之内，所以各区域的调频装置是按系统频差信号和与其他区域联络线上的交换功率偏差信号进行调节的。通常把区域控制误差信号 $ACE = B\Delta f + \Delta P_t$ 作为调节信号，并采用 $ACE$ 积差调节法。因此，联合电力系统的调频方程式为

$$\left.\begin{aligned}&\int(\Delta P_t + B\Delta f)\mathrm{d}t + K\Delta P_c = 0\\ \text{或}\quad &\Delta P_c = -K_i\int(\Delta P_t + B\Delta f)\mathrm{d}t\end{aligned}\right\}\tag{4-23}$$

式中，$K_i$——积分增益；

$\Delta P_c$——本区域所有调频机组的设定功率；

$\Delta P_t$——本区域与其他区域联络线上的交换功率偏差；

$B$——频率修正系数。

这种调频过程就是调节本区域内调频机组的出力，使本区域的 $ACE$ 不断减小直至为零的过程。由于式（4-23）中包含了积分项，在调频过程结束时，必有 $ACE$ 信号为零，即

$$ACE = B\Delta f + \Delta P_t = 0\tag{4-24}$$

仍以两个区域的联合系统为例来说明，两区域的调频方程式为

$$\left.\begin{aligned}\Delta P_{c1} &= -K_{i1}\int ACE_1\mathrm{d}t = -K_{i1}\int(\Delta P_{t1} + B_1\Delta f_1)\mathrm{d}t\\ \Delta P_{c2} &= -K_{i2}\int ACE_2\mathrm{d}t = -K_{i2}\int(\Delta P_{t2} + B_2\Delta f_2)\mathrm{d}t\end{aligned}\right\}\tag{4-25}$$

任一控制区域内的负荷变动使系统频率偏离额定值，调频机组的调速器动作，改变机组出力，联络线交换功率 $P_t$ 发生变化，$ACE$ 就不等于零。各区的调频系统却向满足式（4-22）的方向进行调整，调整结果在稳态情况下，应当满足

$$\left.\begin{aligned}ACE_1 &= \Delta P_{t1} + B_1\Delta f = 0\\ ACE_2 &= \Delta P_{t2} + B_2\Delta f = 0\end{aligned}\right\}\tag{4-26}$$

则调频结束时，$\Delta f = 0$，$\Delta P_{t1} = \Delta P_{t2} = 0$。在维持系统频率的同时，联络线功率也维持在计划值。

## 4.6 电力系统总无功功率平衡

电力系统中的电压是衡量电能质量的一个重要指标。保证供给用户的电压与其额定值的偏移不超过规定的数值是电力系统运行调整的基本任务之一。电力系统中的电压与系统中的无功功率密切相关，为保证系统的电压水平，系统中应有充足的无功电源。本节将分析无功功率与电压的关系，以及对电压的调整问题。

类似于频率调整，只要系统是电压稳定的，负荷的无功功率和发出的无功功率随电压变化曲线（曲面）的交点，就是当前电压的运行点。不同于频率的控制与调整，全系统只有一个频率，而全系统的各个节点的电压有一定差别，因此无功功率的平衡方程包含全系统的各个节点的无功功率方程。如果各个节点的电压都运行在额定电压，那么这时称作“电力系统无功功率平衡”。无功功率是电压的函数，无功功率与电压的关系称为“无功功率——电压曲线”。

### 4.6.1　无功功率负荷和无功功率损耗

**1. 无功负荷**

除白炽灯消耗有功外，绝大部分异步电动机消耗无功。异步电动机的等效电路如图4-9所示，其中$R_1$为定子绕组的铜损，$X_1$为定子绕组的漏抗，$R_2$为转子绕组的铜损，$X_2$为转子绕组的漏抗，假设异步电动机的有功功率负载恒定，故$P_m$恒定，即

$$I^2\frac{1-s}{s}R_2=P_m \tag{4-27}$$

则电动机消耗的无功功率和电压的关系可以表示为

$$Q_m=B_mV^2+\frac{sP_m}{(1-s)R_2}(X_1+X_2) \tag{4-28}$$

其中，$B_m$为励磁电纳，s为异步电动机的转差率。异步电动机的无功功率电压特性曲线是一个向上开口的抛物线。

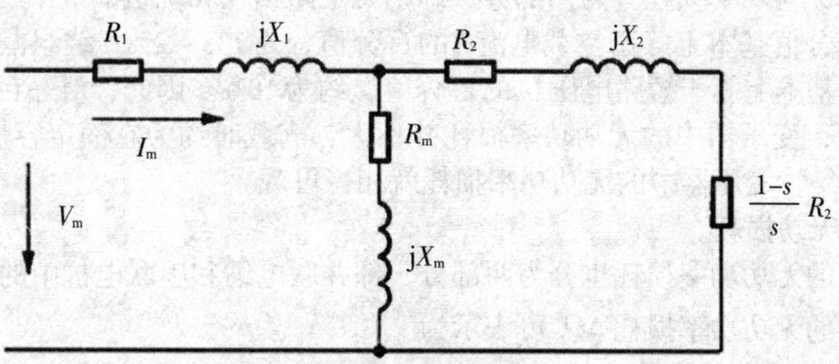


图4-9　异步电动机的等效电路

根据电动机负荷的无功电压特性，再考虑一些恒定无功功率负荷，以及与电压成一次比例关系的无功功率负荷（恒定电流），综合负荷的静态电压无功特性可以用二次多项式来拟合

$$Q_{\mathrm{L}}=Q_{\mathrm{LN}}\left[\alpha_Q\left(\frac{U}{U_{\mathrm{N}}}\right)^2+\beta_Q\left(\frac{U}{U_{\mathrm{N}}}\right)+\gamma_Q\right] \tag{4-29}$$

其中，$U_{\mathrm{N}}$为负荷节点的额定电压，$Q_{\mathrm{N}}$为负荷吸收的额定无功功率。标幺值表示为

$$Q_{\mathrm{L}*}=\alpha_Q U_*^2+\beta_Q U_*+\gamma_Q \tag{4-30}$$

电力系统综合无功负荷的静态电压特性如图4-10所示。它的特点是：电压略低于额定值时，无功功率随电压下降较为明显；当电压下降幅度较大时，无功功率减小的程度逐渐变小。

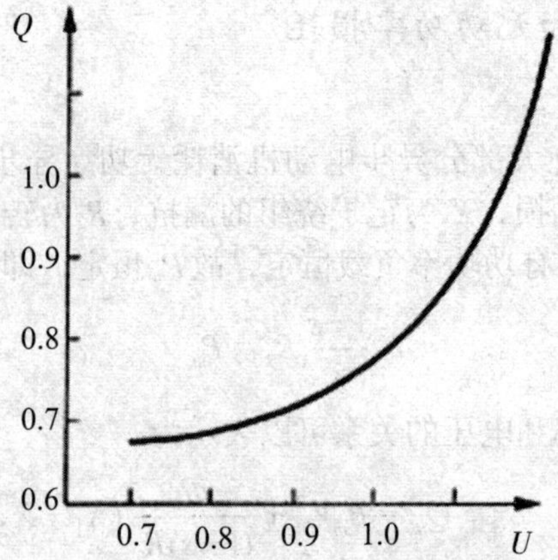


图4-10　综合无功负载的静态电压特性

**2. 变压器无功损耗**

变压器中的无功功率损耗分为两部分，即励磁支路损耗和绕组漏抗中的损耗。其中，励磁支路损耗的百分值基本上等于空载电流$I_0$的百分值，为1%～2%；绕组漏抗中的损耗，在变压器满载时，基本上等于短路电压$U_k$的百分值，约为10%。因此，对一台变压器或一级变压器的网络而言，变压器中的无功功率损耗并不大，满载时约为它额定容量的百分之十几。但对多级电压网络，变压器中的无功功率损耗就相当可观。

**3. 输电线路无功损耗**

电力线路上的无功功率损耗也分为两部分，即并联电纳和串联电抗中的无功功率损耗。

并联电纳中的无功功率损耗$\Delta Q_b$可表示为

$$\Delta Q_b = -U^2\frac{B}{2} \tag{4-31}$$

可见，并联电纳中的无功功率与线路电压的平方成正比，呈容性，又称为线路的充电功率。

而串联电抗中的无功功率损耗$\Delta Q_x$可表示为

$$\Delta Q_x = I^2 X = \frac{P^2 + Q^2}{U^2} X \tag{4-32}$$

可见，串联电抗中的无功功率与负荷电流的平方成正比，呈感性。

以上两部分无功功率的总和反映线路上的无功功率损耗。如果容性大于感性，则向系统输送无功；如果感性大于容性，则向系统吸收无功。因此，电力线路究竟是损耗无功还是输送无功，则需要按具体情况做具体的分析、计算。

### 4.6.2　电网中的无功电源

**1. 发电机**

同步发电机既是有功功率电源，又是最基本的无功功率电源。在正常运行时，其定子电流和转子电流都不应超过额定值。

同步发电机是电力系统中的主要无功功率电源之一，它不仅可以发出无功功率而且还可以吸收无功功率，通过励磁调节器可以平滑地控制无功功率的输出。同步调相机和同步发电机的原理相似，除了它不发出有功功率以外。同步发电机“消耗”的无功功率与电压的关系为（参考方向以消耗为正）

$$\begin{aligned} Q_{\mathrm{G}} &= I_{\mathrm{m}}\left[\left(u_{\mathrm{d}}+\mathrm{j}u_{\mathrm{q}}\right)\left(i_{\mathrm{d}}-\mathrm{j}i_{\mathrm{q}}\right)\right]=u_{\mathrm{q}}i_{\mathrm{d}}-u_{\mathrm{d}}i_{\mathrm{q}} \\ &= V\cos\delta\frac{E_{\mathrm{q}}-V\cos\delta}{X_{\mathrm{d}}}-V\sin\delta\frac{V\sin\delta}{X_{\mathrm{q}}} \\ &= -\frac{1}{2}\left[\left(\frac{1}{X_{\mathrm{d}}}+\frac{1}{X_{\mathrm{q}}}\right)+\left(\frac{1}{X_{\mathrm{d}}}-\frac{1}{X_{\mathrm{q}}}\right)\cos 2\delta\right]V^2+\frac{E_{\mathrm{q}}\cos\delta}{X_{\mathrm{d}}}V \end{aligned} \tag{4-33}$$

式中，$X_{\mathrm{d}}$和$X_{\mathrm{q}}$分别代表同步发电机的直轴和交轴同步电抗，$E_{\mathrm{q}}$为空载电势，δ为发电机的功角。当同步发电机的原动机有功功率的输出不变，功角可以近似认为恒定不变，认为发电机输出的无功功率仅是机端电压的函数。

对于隐极式发电机有$X_{\mathrm{d}}=X_{\mathrm{q}}$，无功功率和电压关系为

$$Q_{\mathrm{G}}=-\frac{1}{X_{\mathrm{d}}}V^2+\frac{E_{\mathrm{q}}\cos\delta}{X_{\mathrm{d}}}V=-\frac{1}{X_{\mathrm{d}}}\left[\left(V-\frac{E_{\mathrm{q}}\cos\delta}{2}\right)^2+\left(\frac{E_{\mathrm{q}}\cos\delta}{2}\right)^2\right] \tag{4-34}$$

由此可见，同步发电机的无功功率电压特性是一个反过来的二次曲线，其电压特性曲线如图4-11所示。

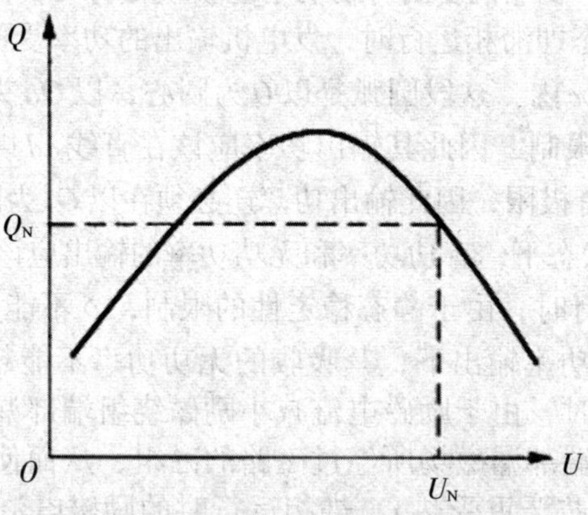


**图4-11　同步发电机的无功功率电压特性曲线**

事实上，由于同步发电机额定容量、原动机的最大输出功率、机端电压、绕组发热、励磁电流、功角稳定等因素的限制，同步发电机的输出功率存在一个有功功率和无功功率的极限，输出功率极限如图4-12所示。发电机输出的功率为

$$P=\left|\dot{V}_{\mathrm{N}}\frac{\overline{E}_{\mathrm{q}}-\overline{V}_{\mathrm{N}}}{\overline{X}_{\mathrm{d}}}\right|\cos\phi \tag{4-35}$$

$$Q=\left|\dot{V}_{\mathrm{N}}\frac{\overline{E}_{\mathrm{q}}-\overline{V}_{\mathrm{N}}}{\overline{X}_{\mathrm{d}}}\right|\sin\phi \tag{4-36}$$

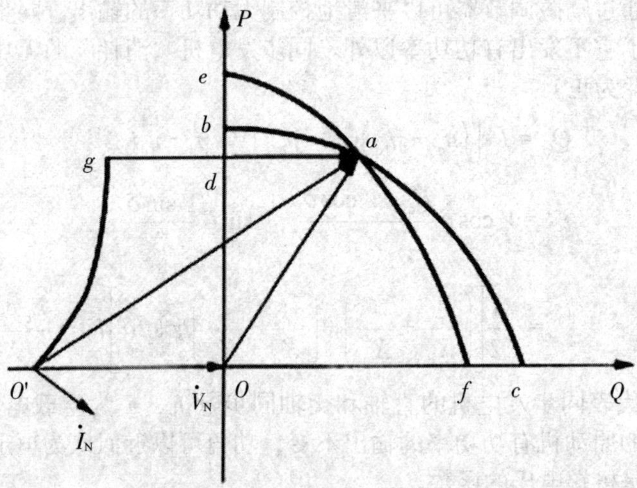


图4-12　同步发电机的功率运行极限图

如果将有功功率和无功功率都除以一个常数 $X_d/V_N$，那么线段 $Oa$ 就可以代表视在功率S，该线段在纵坐标上的投影就是其输出的有功功率 $P$，在横坐标的投影就是无功功率 $Q$。当功率因数角 $\phi>0$ 时，即发电机定子电流滞后机端电压，此时发电机不仅输出有功功率，而且还发出无功功率，此时为发电机的常规运行状态即滞相运行。反之，当 $\phi<0$ 时，此时发电机的定子电流超前电压，发电机发出有功功率但吸收无功功率，此时称为进相运行。

在发电机常规运行状态即滞相运行时，发电机输出的功率受额定视在功率 $S_N$ 的限制，所以其功率输出应该在圆弧 $bc$ 内，这段圆弧是以 $O$ 为圆心，以 $Oa$ 为半径的圆弧。同时，输出的功率还受到有功功率的限制，因此其输出功率应该在直线 $ad$ 以下。另外，励磁电流的限制，使得空载电势反而具有极限，因此输出功率还必须在以 $O'$ 为圆心，以 $O'a$ 为半径的圆弧 $ef$ 内。因此，在滞相运行状态下，有功功率和无功功率的输出应该在区域 $Odaf$ 中。

在同步发电机进相运行时，由于静态稳定性的限制，$\delta$ 不能超过90°，且要有一定的稳定裕度，因此在额定有功功率输出下，其吸收的无功功率不能超过 $g$ 点。且由于定子端部发热的影响（当进相运行时，由于励磁电流减小励磁绕组端部漏磁场减弱，于是护环的饱和程度下降，减小了定子端部漏磁场所经过磁路的磁组，从而使定子端部漏磁场增大，铁损加大，致使定子端部铁芯严重受热），进相运行时的励磁电流受到发热的限制，其吸收无功功率的极限被限制在曲线 $O'g$ 中。进相运行吸收的无功功率极限边界曲线 $O'g$ 需要试验测定。

同步调相机的无功功率电压特性与同步发电机相同，不仅可以发出无功功率，而且可以吸收无功功率，一般吸收无功功率的数值是其额定补偿容量的60%左右。其优点是调节灵活，且可以平滑地吸收或输出无功功率，但成本较高。

由以上分析可知，发电机供给的无功不是无限可调的，当发电厂距用户较远时，无功所引起的线路损耗较大，这种情况下，则应在用户中心设置补偿装置。

**2. 电容器**

电容器只能向系统供给无功功率，它可以根据需要由许多电容器连接成组。其优点是：静电电容器组的容量可大可小，既可集中使用，又可分散使用，使用起来比较灵活。静电电容器在运行时的功率损耗较小，为额定容量的0.3%～0.5%。

电容器所供出的无功功率$Q_c$与其端电压$U$的平方成正比，即

$$Q_c = \frac{U^2}{X_C} \tag{4-37}$$

式中，$X_C$——电容器的容抗。

电容器所供应的感性无功与其端电压的平方成正比，电容器分组投切，非连续可调。但当节点电压下降时，它供给系统的无功功率也将减小，导致系统电压水平进一步下降，这是其不足的地方。

**3. 静止补偿器**

静止无功功率补偿器（SVC）和静止调相机是分别与电容器和调相机相对应而又同属"灵活交流输电系统"范畴的两种无功功率电源。

静止补偿器由电力电容器与电抗器并联组成。电容器可发出无功功率，电抗器可吸收无功功率，两者结合起来，再配以适当的调节装置，就成为能够平滑地改变输出（或吸收）无功功率的静止补偿器。

静止补偿器有很多类型，目前较为完善的有直流助磁饱和电抗器型、晶闸管控制电抗器型、自饱和电抗器型3种，如图4-13所示。这3种补偿器都有两个支路，左侧支路为电抗器支路，右侧支路为电容器支路。它们的共同点是其中的电容器支路，既为同步频率下感性无功功率的电源，又因电容$C$与电感$L_f$串联构成谐振回路，并用作高次谐波的滤波器，滤去补偿器中各电磁元件产生的5，7，11，13，…，等奇次谐波电流，这类支路是不可控的。它们的不同点集中在电抗器支路，直流助磁饱和电抗器和晶闸管控制电抗器都是可控电抗器，而自饱和电抗器则不可控；晶闸管控制电抗器是不饱和电抗器，其他两种则都是饱和电抗器。显然，静止补偿器向系统供应感性无功功率的容量取决于它的电容器支路，从系统吸取感性无功功率的容量则取决于它的电抗器支路。

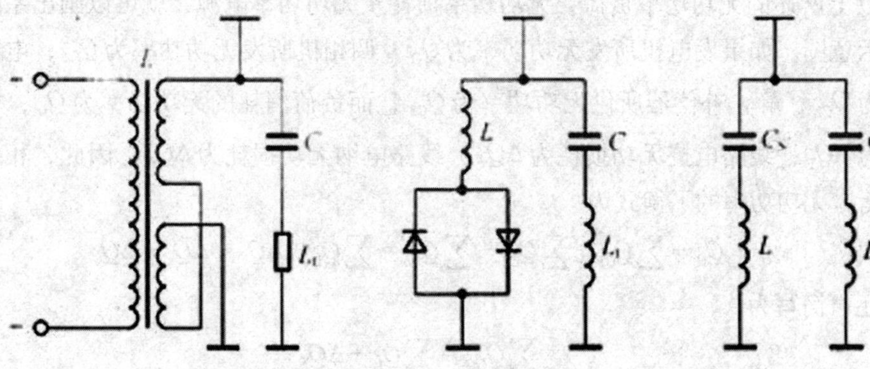


(a)　　(b)　　(c)

**图4-13　静止补偿器**

(a)直流助磁饱和电抗器型；(b)晶闸管控制电抗器型；(c)自饱和电抗器型

无论是*TSC*形还是*TCR*形，其*SVC*控制的原理都是由两个互相反向的可控开关器件$VT_1$和$VT_2$并联构成，通过改变触发导通的相角，控制该回路中基频等效电流的大小，从而实现输出无功功率的调节。以*TCR*为例，流过电感$L$的电流和电压之间的关系为

$$L\frac{\mathrm{d}i(t)}{\mathrm{d}t}=u(t)=\sqrt{2}U_{\mathrm{N}}\cos\omega_0 t \tag{4-38}$$

其边界条件为：在正半个周期内，当相位角 $\omega_0 t=\alpha$ ，$\pi-\alpha$ 时，触发控制晶闸管，$i(t)=0$ ，因此上边微分方程的解为

$$i(t)=\frac{\sqrt{2}U_{\mathrm{N}}}{\omega_0 L}(\sin\omega_0 t-\sin\alpha)\quad 当\ \alpha\leqslant\omega_0 t\leqslant\pi-\alpha\ 时 \tag{4-39}$$

在负半周，其波形刚好相反。如果将其解利用傅立叶级数展开，并得到其基波的值为

$$i_1(t)=\frac{\sqrt{2}U_{\mathrm{N}}}{\omega_0 L}\frac{\pi-2\alpha-\sin 2\alpha}{\pi}\sin\omega_0 t \tag{4-40}$$

可见，其基波电流的有效值与触发角有关系，相位与没有晶闸管控制时的电流同相。通过对触发角的控制可以改变这个回路中的电流，达到控制无功功率输出的目的。*TCR*与*TSC*两者进行合理的配合就可以达到同步调相机相同的效果，既可以平滑地控制无功功率的输出，又可以吸收系统多余的无功功率。静止无功补偿器的最大缺陷是会给系统带来大量的谐波，而且有可能引发系统的非线性谐振。

静止补偿器的优点：快速平滑地调节无功功率，以满足无功功率的要求，这样就克服了电容器作为无功补偿装置只能作为电源不能作为负荷、调节不连续的缺点；与同步调相机相比较，静止补偿器运行维护简单、功率损耗小，能做到分相补偿以适应不平衡的负荷变化，对于冲击性负荷也有较强的适应性，因此在电力系统中得到越来越广泛的应用。

静止补偿器的缺点：费用高。

### 4.6.3 无功功率平衡

综合以上所述的无功功率负荷、无功功率损耗及无功功率电源，就可以画出系统的无功功率平衡示意图。如果发电机所发无功功率为 $Q_{\mathrm{G}}$ ，调相机所发无功功率为 $Q_{\mathrm{C1}}$ ，电容器所供无功功率为 $Q_{\mathrm{C2}}$ ，静止补偿器所供无功功率为 $Q_{\mathrm{C3}}$ ，而负荷消耗的无功功率为 $Q_{\mathrm{L}}$ ，变压器的无功损耗为 $\Delta Q_{\mathrm{T}}$ ，线路电抗无功损耗为 $\Delta Q_{\mathrm{x}}$ ，线路电纳无功损耗为 $\Delta Q_{\mathrm{b}}$ ，因此，相似于有功功率的平衡，无功功率的平衡式为

$$\sum Q_{\mathrm{G}}+\sum Q_{\mathrm{C1}}+\sum Q_{\mathrm{C2}}+\sum Q_{\mathrm{C3}}=\sum Q_{\mathrm{L}}+\Delta Q_{\mathrm{T}}+\Delta Q_{\mathrm{x}}-\Delta Q_{\mathrm{b}} \tag{4-41}$$

此式还可简写为

$$\sum Q_{\mathrm{GC}}=\sum Q_{\mathrm{L}}+\Delta Q_{\Sigma} \tag{4-42}$$

式中，$\sum Q_{\mathrm{GC}}$——无功功率电源容量之和；

$\sum Q_{\mathrm{L}}$——无功功率负荷之和；

$\Delta Q_{\Sigma}$——电力网中的无功功率损耗。

电力系统的无功功率平衡是各个节点在额定电压下系统中无功功率的平衡。电力系统的电压运行点是无功功率平衡这个条件下各个节点无功负荷和无功电源的电压特性的交点。与

电力系统的频率调整不同的是，由于全系统在稳态下只有一个频率，因此其运行点是所有有功功率负荷的频率特性曲线与所有有功功率电源的频率特性曲线的交点。而电力系统中的每一个节点都具有不同的电压变量，因此，电力系统的电压运行状态是所有节点的无功电源和无功负荷的曲面的交汇。简单电力系统的无功功率电压曲线如图4-14所示，发电机发出无功功率电压曲线与负荷消耗的无功功率电压曲线的交点就是该系统电压的运行点，当无功功率负荷增加时，系统节点电压将下降，反之节点电压将上升。

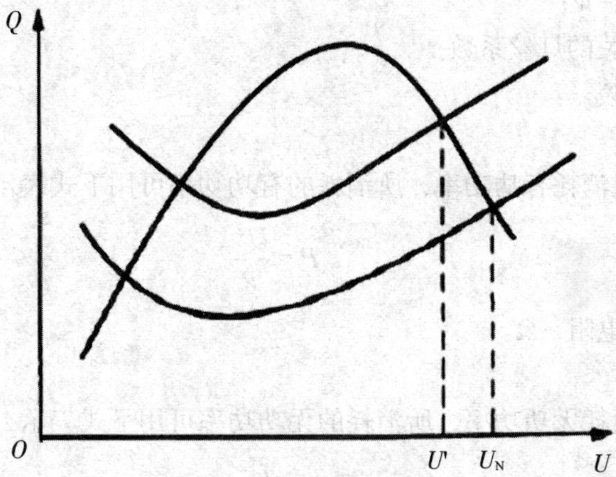


图4-14　无功功率平衡

在工程中，为了简化计算，在做无功功率平衡和电压调整的近似计算中，通常假设有功功率恒定，因此，可以用功率发电设备和负荷的功率因数来近似估算无功功率的平衡

$$\lambda = \cos\phi = \cos\left[\arctan\frac{Q}{P}\right] \tag{4-43}$$

在假设全系统有功功率恒定的情况下，输出或消耗的无功功率越大，功率因数越低。为了防止系统无功功率的不足，电力系统运行导则中对负荷和用户的功率因数做出了相应的规定。对于负荷功率因数不能低于0.9，对于发电厂，功率因数不能高于0.9。

在无功平衡的基础上，应有一定的无功备用。无功备用容量一般为无功负荷的7%～8%，以防止负荷增大时电压质量下降。通常将无功备用容量放在发电厂内。发电机一般在额定功率因数以下运行，若发电机有一定的有功备用容量，也就保持了一定的无功备用容量。应该指出，进行无功功率平衡计算的前提应是系统的电压水平正常。若不能在正常电压水平下保证无功功率的平衡，则系统的电压质量就不能保证。从系统综合负荷无功功率—电压静态特性曲线可清楚地看到这一点。

## 4.7　电力系统综合负荷的电压静态特性

电力系统运行中，用电设备最理想的工作电压是它的额定电压。在电压变动的情况下，用电设备实际吸收的有功功率和无功功率的大小是变化的，尤其是无功功率受电压的影响很大。电力系统综合负荷的电压静态特性，是指在系统稳定运行频率等于额定值且负荷连接容量不变时，综合负荷有功功率、无功功率与电压的关系曲线。电力系统不同负荷的电压静态特性不同，大体分为以下几种。

**1. 白炽灯负荷**

白炽灯由于其灯丝电阻随温度而变化，且不消耗无功功率，所消耗的有功功率可用式（4-39）表示

$$P = KU^{1.6} \tag{4-44}$$

式中，$P$——有功功率，W；

$K$——与温度有关的灯丝系数；

$U$——端电压，V。

**2. 电热负荷**

电炉和电弧炉均只消耗有功功率，所消耗的有功功率可用下式表示

$$P = \frac{U^2}{R} \tag{4-45}$$

式中，$R$——电热设备电阻，Ω。

**3. 电抗器负荷**

电抗器负荷主要消耗无功功率，所消耗的无功功率可用下式表示

$$Q = \frac{U^2}{X} \tag{4-46}$$

式中，$Q$——无功功率，W；

$X$——电抗器感抗，Ω。

**4. 异步电动机负荷**

异步电动机需要消耗有功功率来转动机器，又要取用感性无功功率来建立磁场。异步电动机的功率转差率特性曲线如图4-15（a）所示。若电动机所带的机械负荷不变，当外电压从额定电压降低到80%$U_N$时，电动机的转差率将从$s_1$增大到$s_2$。转差率增大，将使电动机的电流增大。因此，电动机吸收的有功功率可近似地看作不变。异步电动机的有功功率电压静态特性曲线如图4-15（b）所示，近似于一条水平直线。

异步电动机吸收的无功功率受端电压的影响很大。当端电压接近额定电压时，异步电动机的铁芯磁路接近饱和。当端电压高于额定电压时，由于磁路饱和，励磁无功将接电压的高次方比例增加。当端电压低于额定电压时，由于磁路尚未饱和，励磁无功将按电压的平方比例减少。若电压低于额定电压很多，电动机的转差率将显著增加，引起定子电流大幅升高，从而使电动机的漏磁无功损耗大幅增加。综上所述，异步电动机的无功功率电压静态特性曲线如图4-15（b）所示。

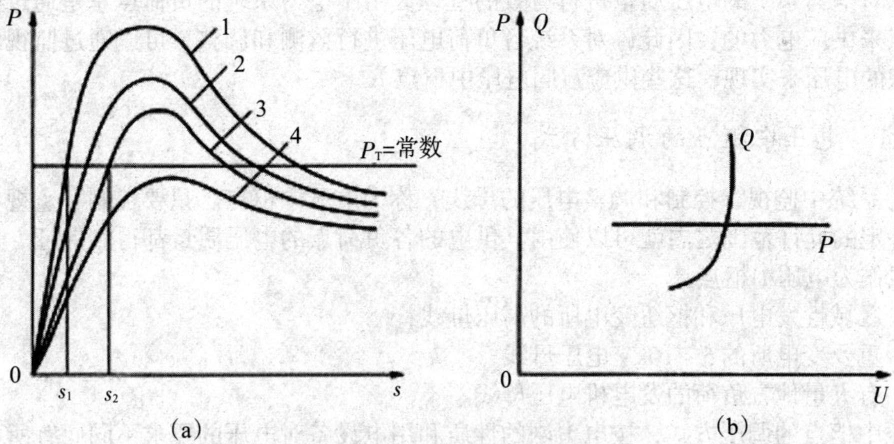


**图4-15　异步电动机特性曲线**

(a)功率转差率特性;(b)功率电压静态特性

1-$U$=100%$U_N$;2-$U$=90%$U_N$;3-$U$=80%$U_N$;4-$U$=70%$U_N$

在电力系统中，异步电动机占综合负荷的绝大多数。因此，系统综合负荷的电压静态特性曲线近似于异步电动机的电压静态特性曲线，如图4-16所示。

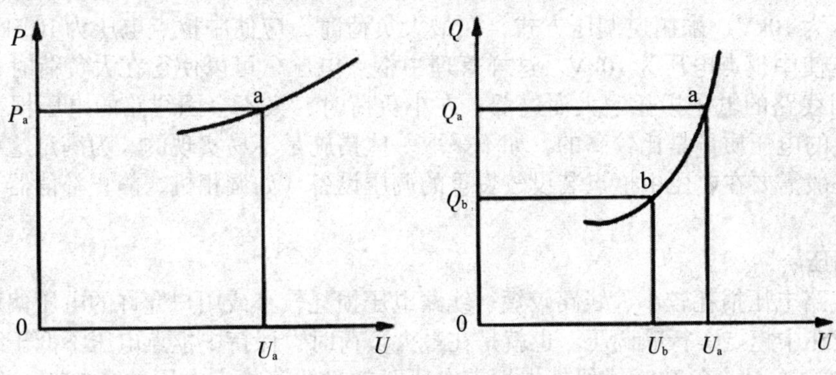


**图4-16　系统综合负荷电压静态特性曲线**

(a)有功负荷;(b)无功负荷

由图4-16可以看出，电压变化对有功负荷的影响不大，而对无功负荷的影响很大。当电压升高时，负荷吸收的无功功率显著增加；当电压降低时，负荷吸收的无功功率明显减少。若电力系统的无功电源不足，为维持系统无功平衡，则不得不降低运行电压，减少负荷吸收的无功功率。若运行电压过高，则表示电力系统的无功电源过剩，应尽量减少各电源的无功功率。

## 4.8　电力系统的电压和无功管理

电力系统的电压和无功管理的目的是保证电力系统在各种运行方式下，各负荷点的电压都在允许偏移范围内。但是，由于系统的负荷点众多而又分散，电压质量要求又不一样，不可能花很多的力量对每一个负荷点的电压都进行监测和调整。因此，必须找出一个切实可行的方法，对电力系统的电压质量进行有效的管理。由于电力系统的负荷点总是通过一些主要的供应点来供应电力的，因此，对系统各负荷电压进行监测和调整，可以通过监视和调整这些供应点的电压来实现，这些供应点叫电压中枢点。

### 4.8.1　电压中枢点的调压方式

电力系统中监视、控制和调整电压的母线，称为电压中枢点。只要控制、监视中枢点的电压在一定的允许范围之内就可以使由其供电的各负荷点的电压质量都得到保证。通常选择下列母线作为电压中枢点：

（1）区域性发电厂和枢纽变电所的高压母线；

（2）重要变电所的6～10kV电压母线；

（3）有大量地方负荷的发电机电压母线。

电压中枢点的调压方式，按电力网的性质和用电设备对电压的要求不同而有所不同，通常的调压方式有逆调压、顺调压和恒调压三种类型。

**1. 逆调压**

对于负荷变动较大，线路较长，距电压中枢点较远，而电压质量要求又较高的电力网，一般规定在中枢点实行逆调压。也就是在最大负荷时，把中枢点电压提高到线路额定电压的105%；在最小负荷时，把中枢点电压减小到线路的额定电压。例如，电压中枢点所连线路的额定电压为10kV，采用逆调压方式，在最大负荷时，应使中枢点电压为10.5kV；在最小负荷时，应使中枢点电压为10kV。这样管理中枢点电压，可以使得在大负荷时，负荷点的电压不会因线路的电压损耗增大而过低；在小负荷时，又不会因线路的电压损耗较小而过高。所提供的电压质量是比较高的，如不采取一些措施是不易实现的。为满足这种调压方式的要求，一般需要在电压中枢点装设较贵重的调压设备（如调相机、静止补偿器、有载调压变压器等）。

**2. 顺调压**

对于线路电压损耗较小、线路较短、线路电压损耗较小或用户允许的电压偏移较大的电力网，一般在中枢点实行顺调压。也就是在最大负荷时，保持中枢点电压不低于线路额定电压的102.5%；在最小负荷时，保持中枢点电压不超过线路额定电压的107.5%。例如，某降压变电所的低压母线采用顺调压方式，变压器的变比为110±2×2.5%/11kV，则在最大负荷时，应使低压母线的电压不低于10.25kV（10×102.5%）；在最小负荷时，应使低压母线的电压不超过10.75kV（10×107.5%）。由于要求中枢点电压在大负荷时低，在小负荷时电压较高，比较符合电压变化的自然规律，顺调压要求较低，一般不需要装设特殊的调压设备就能满足调压要求。

**3. 恒调压**

对于某些电力系统，线路长度介于上述两种电力系统之间，负荷变动较小，主要负荷对电压质量要求也一般时，一般规定在中枢点实行恒调压或常调压。也就是在最大负荷和最小负荷时，均保持中枢点的电压为线路额定电压的105%。恒调压比逆调压的要求稍低，一般不需要装设贵重的调压设备，通过合理选择变压器的分接头和并联电力电容器补偿，就可满足调压的要求。

另外，还应考虑电力系统的故障运行方式的调压问题。因为电力系统故障运行时的电压损耗较大（例如由双回线供电变为单回线供电，线路的阻抗增大，电压损耗也增大），在不增加调压设施的情况下，要使各负荷点电压维持在正常水平，是不大可能的。而为了在仅仅几个小时的故障期间，保持负荷的电压具有正常水平，而增加大量的调压设备是不大合适的。由于负荷可以允许短时间内，在较低的电压下运行。因此，通常允许事故时的电压偏移较正常情况下大5%。

### 4.8.2　电力系统的无功管理

电力系统的无功补偿和无功平衡，是保证电压质量的基本条件。有效的电压控制和合理的无功补偿，不仅能保证电压质量，而且提高了电力系统运行的稳定性和安全性。

**1. 电力网的无功补偿**

对于330～500kV的变电所，应按无功电力分层分区就地平衡的基本要求配置高、低压并联电抗器，以补偿超高压线路的充电功率。可以避免负荷较小时，因无功电源过剩而引起系统电压过高。

在35～220kV电压等级的变电所，应根据需要配置无功补偿设备，其容量可按主变压器容量的0.10～0.30确定。在主变压器最大负荷时，其二次侧的功率因数和由电力网供给的无功功率与有功功率比值应符合管理规程规定的要求。例如，对于220kV变电所，在最大负荷时，一次侧功率因数应不低于0. 95；在最小负荷时，相应一次侧功率因数不宜高于0. 98。

对于110kV及以下的变电所，当电缆线路较多且在切除并联电容器后，仍出现向系统侧倒送无功电力时，可在变电所中低压母线上装设并联电抗器。在最小负荷时，一次侧功率因数不应高于0.98。

在6～10kV配电变压器低压侧配置低压电容器。电容器的安装容量不宜过大，一般为线路配电变压器总容量的0.05～0.10，并且在线路最小负荷时，不能向变电所输送元功。如果配置容量过大，还应装设自动投切装置。

**2. 电力用户的功率因数**

对于高压供电的工业用户和高压供电装有带负荷调整电压装置的电力用户，功率因数应在0.90以上。

其他100kW及以上电力用户和大、中型电力排灌站，功率因数应在0.85以上。农业用电功率因数应在0.80以上。

**3. 无功、电压管理曲线**

电力调度部门要根据电网负荷变化情况和调整电压的需要，编制和下达发电厂、变电所的无功出力曲线和电压曲线。无功出力（电压）曲线是发电厂、变电所调整控制和监测运行电压的依据，也是考核电压质量，进行电压合格率统计的标准。

### 4.8.3　电力系统的电压质量监测与考核

电压质量监测数据是评价电网电压质量和调度、生产管理等工作的重要依据，也是提供调度部门修订无功电力、电压曲线和制定电网规划及技术改造计划的依据。

监视电力系统电压值和考核电压质量的节点，称为电压监测点。电力系统电压监测点设置原则如下。

（1）与主网（220kV及以上电网）直接连接的发电厂高压母线电压。

（2）各级调度“界面”处的330kV及以上变电所的一次和二次母线电压；220kV变电所的二次或一次母线电压。

（3）电业局在所辖电网内按规定设置的电压监测点。

电压监测应使用具有连续监测和统计功能的仪器或仪表，其测量准确度应不低于1级，电压质量统计的时间单位为min。

监测内容为月、季、年度电压合格率及电压超允许偏差上、下限值的累计总时间。电压质量是以电压合格率为统计及考核指标。电压合格率是指实际运行电压在允许电压偏差范围内累计运行时间与对应总运行统计时间之比的百分比，即

$$V(\text{主网节点电压合格率})=\left[1-\frac{\text{电压超上限与电压超下限时间总和（min）}}{\text{电压检测时间总和（min）}}\right]\times 100\% \quad (4\text{-}47)$$

$$V(\text{主网电压合格率})=\frac{\sum V_i(\text{主网节点电压合格率})}{N} \quad (4\text{-}48)$$

式中，$N$——主网电压监测点数。

主网年电压合格率不应低于90%，年电压合格率达98%及以上者，则称电压达到了优质标准。

## 4.9 电力系统的电压调整

### 4.9.1 电压调整的基本原理

下面以简单电力系统为例，说明常用的各种调压措施所依据的基本原理。发电机通过升压变压器、线路和降压变压器向用户供电，要求调整负荷节点$b$的电压。为了简单起见，略去线路的电容功率、变压器的励磁功率和网络的功率损耗，变压器的参数已经归算到高压侧。$b$点的电压为

$$U_b=\frac{U_G K_1-\Delta U}{K_2}\approx\frac{U_G K_1-\dfrac{PR+QX}{U}}{K_2} \quad (4\text{-}49)$$

式中，$K_1$、$K_2$——升压变压器和降压变压器的变比（电压比）；

$P$、$X$——变压器和线路的总电阻、总阻抗。

为了调整用户端电压$U_b$可以采取以下的措施如下：

（1）调节励磁以改变发电机端电压$U_G$；

（2）适当选择变压器的变比（电压比）；

（3）改变线路的参数；

（4）改变无功功率的分布。

### 4.9.2 发电机的调压

利用发电机的自动调节励磁装置，调节发电机的励磁电流，可以改变发电机电动势或端电压，因此这种调压措施也称为改变发电机励磁调压。当负荷增大时，会造成用户端电压降低，此时增加发电机励磁电流，以提高发电机电压；相反，当负荷降低时，减少发电机励磁电流，以降低发电机电压。这种调压方式就是逆调压，所有发电机电压母线都可以实现逆调压。当发电机运行电压的变化范围在额定值的±5%以内时，能够以额定功率运行。

改变发电机励磁调压主要用于孤立运行的发电厂不经升压直接供电的小型系统，因为这

样的系统供电线路不长，线路上电压损耗较少，基本上可满足负荷点的电压质量要求。这种方法简单、经济，且不需要增加额外设备。

但是，对于线路较长、供电范围较大、由发电机经多级变压的供电系统，仅借助于改变发电机端电压不能保证全部负荷对电压质量的要求。如某一多级电压的电网，从发电机端到最远处的负荷点之间，在最大负荷时总电压损耗为34%，在最小负荷时总电压损耗为14%，其变化幅度为20%。利用发电机进行逆调压也只能缩小5%，仍然相差15%，电压质量不能满足要求。在此情况下，发电机调压主要是为了满足近处地方负荷的电压质量要求，全面调压必须再配合其他的调压措施。

### 4.9.3　改变变压器变比调压

改变变压器变比是通过改变变压器绕组间匝数比来实现的，因此这种调压措施也称作利用变压器分接头调压。分接头设置在双绕组变压器的高压绕组、三绕组变压器的高压绕组和中压绕组。一般地，与绕组额定电压值对应的分接头为主分接头，其他分接头为附加分接头。

**1. 普通变压器**

普通变压器在运行过程中不能更换分接头，只有在停运情况下才能调整变比。变压器一般有2个或4个附加的分接头，如：35×（1±5%）/6.3kV变压器有3个分接头，主分接头电压为35kV，两个附加分接头电压分别是35×（1+5%）=36.5（kV）和35×（1－5%）=33.25kV；121×（1±2×2.5%）/10.5kV变压器有5个分接头，主分接头电压为121kV，4个附加分接头电压分别为121×（1+5%）=127.05（kV），121×（1+2.5%）=124.025（kV），121×（1－2.5%）=117.95（kV），121×（1－5%）=114.95（kV）。低压绕组电压等于其额定电压。实际应用中，需按各种运行方式对电压的要求选择合适的分接头，下面介绍分接头的选择方法。

（1）双绕组降压变压器

如图4-17所示为一降压变压器，变压器阻抗归算至高压侧，由变压器变比的定义可得

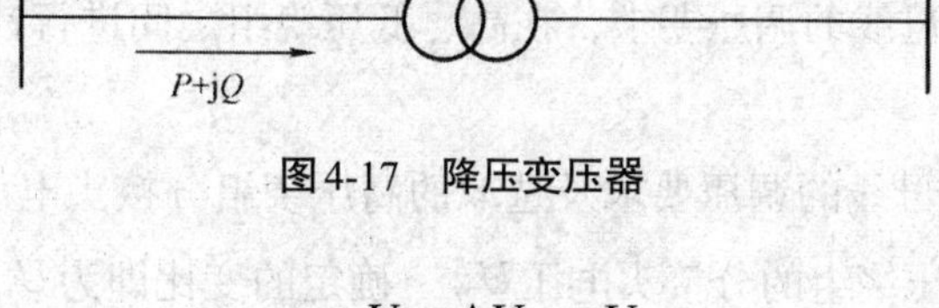


**图4-17　降压变压器**

$$K=\frac{U_1-\Delta U_T}{u_2}=\frac{U_{1f}}{u_{2N}} \tag{4-50}$$

则

$$U_{1f}=\frac{U_1-\Delta U_T}{u_2}\times u_{2N} \tag{4-51}$$

式中，$U_{1f}$——变压器高压绕组分接头电压；

$U_1$——变压器高压母线的实际电压；

$\Delta U_T$——变压器归算到高压侧的阻抗电压损耗；

$u_2$——按调压要求变压器低压绕组电压；

$u_{2N}$——变压器低压绕组额定电压。

不同运行方式时，$U_1$、$\Delta U_T$、$u_2$都不相同，因此$U_{1f}$的值也不相同，而正常运行中只能使用一个固定分接头，这时，可以分别计算最大负荷和最小负荷方式下的分接电压，然后取算平均值，即

$$U_{1fmax} = \frac{U_{1max} - \Delta U_{Tmax}}{u_{2max}}$$

$$U_{1fmin} = \frac{U_{1min} - \Delta U_{Tmin}}{u_{2min}} \tag{4-52}$$

$$U_{1fav} = \frac{U_{1fmax} - \Delta U_{1fmin}}{2}$$

根据$U_{1fav}$值选择一个与它最接近的分接头，然后根据所选的分接头校验最大负荷和最小负荷时低压母线上的实际电压是否符合要求。

（2）双绕组升压变压器。升压变压器高压绕组分接头电压的确定方法与降压变压器相同。但需要注意的是由于升压变压器中功率方向是从低压侧指向高压侧，因此式（4-54）中$\Delta U_T$前的符号应为正，即

$$U_{1f} = \frac{U_1 + \Delta U_T}{u_2} \times u_{2N} \tag{4-53}$$

另外，在最大、最小负荷情况下，要求发电机的端电压均取额定电压$u_{GN}$，并按发电机允许的电压偏移进行校验。如果在发电机电压母线上有地方负荷，则应当满足地方负荷对发电机母线的调压要求，一般可采用逆调压方式。

（3）三绕组变压器。三绕组变压器高压绕组、中压绕组分接头的确定按双绕组变压器的方法分两步进行。

第一步。根据低压母线的调压要求，在高、低压绕组之间进行计算，选取高压绕组的分接头电压$U_{1f}$。

第二步。根据中压母线的调压要求及选取的高压绕组分接头电压$U_{1f}$，在高、中压绕组之间进行计算，选取中压绕组的分接头电压$U_{2f}$。确定的变比即为$U_{1f}/U_{2f}$。

**2. 有载调压变压器**

有载调压变压器（又称带负荷调压变压器），可以在有载情况下更换分接头。并且分接头个数较多。电压为110kV及以下的有载调压器，高压绕组有7个分接头；电压为220kV的有载调压器有5个分接头。如有特殊需要，制造厂可提供更多数量分接头的有载调压变压器。

### 4.9.4　利用无功功率补偿调压

当系统中无功电源不足时，必须考虑采用无功补偿调压，下面介绍各种无功功率补偿设

备及补偿方式。

如图4-18所示降压变压器线路中，阻抗为归算到高压侧的线路和变压器总阻抗，忽略线路电纳和变压器的空载损耗。变电站未装补偿装置前，电网首端电压为

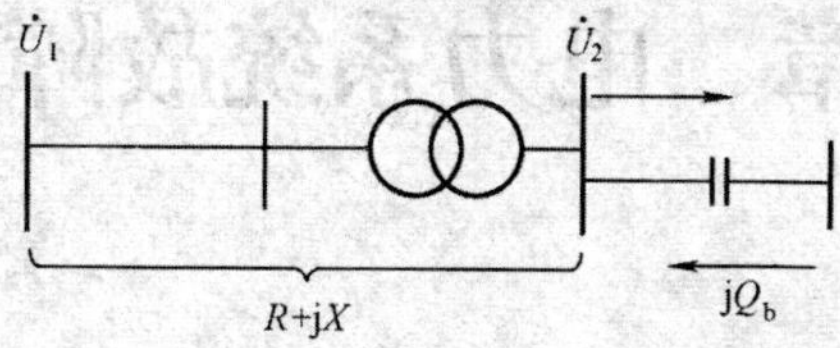


**图4-18　降压变压器**

$$U_1 = U_2 + \frac{P_2R + Q_2X}{U_2} \tag{4-54}$$

变电站装有容量为$Q_b$的并联补偿装置后，电网首端电压为

$$U_1 = U_{2C} + \frac{P_2R + (Q_2 - Q_b)X}{U_{2C}} \tag{4-55}$$

若$U_1$不变，则

$$U_2 + \frac{P_2R + Q_2X}{U_2} = U_{2C} + \frac{P_2R + (Q_2 - Q_b)X}{U_{2C}} \tag{4-56}$$

整理后得

$$\frac{Q_bX}{U_{2C}} = (U_{2C} - U_2) + \left(\frac{P_2R + Q_2X}{U_{2C}} - \frac{P_2R + Q_2X}{U_2}\right) \tag{4-57}$$

一般情况下，$\left(\frac{P_2R + Q_2X}{U_{2C}} - \frac{P_2R + Q_2X}{U_2}\right)$值较小，可略去，可得

$$Q_b = \frac{U_{2C}}{X}(U_{2C} - U_2) \tag{4-58}$$

设变压器的变比为$K$，经过补偿后变电站低压侧要求保持的实际电压为$u_{2C}$，则$U_{2C} = K_{u_{2C}}$，代入式（4-58）中可得

$$Q_b = \frac{K_{u_{2C}}}{X}(K_{u_{2C}} - U_2) = \frac{u_{2C}}{X}\left(u_{2C} - \frac{U_2}{K}\right)K^2 \tag{4-59}$$

符号说明：高压侧电压用大写字母“$U$”，低压侧电压用小写字母“$u$”，补偿后的参数在下标中加字母“$C$”。

### 4.9.5　改变电网参数的调压

改变电网参数，即减少线路的电阻或电抗，从而减少线路上的电压损耗，以提高末端电压达到调压的目的。一般减少电阻是通过增加线路导线截面积来实现；减少电抗则是在线路上串联电容器以容抗补偿线路的感抗。

# 第5章 电力系统故障分析

## 5.1 电力系统故障分析概述

为保证电力系统的安全、可靠运行，在电力系统规划设计、运行分析中，不仅要考虑系统在正常状态的运行情况，还应考虑系统发生故障时，系统的运行参数发生剧烈变化时的情况。系统从一种运行状态过渡到另一种运行状态，有可能产生不良后果或达到另一种新的稳定运行的状态。由于运行参数大幅度偏离正常值，使得电能质量严重被破坏，如不及时采取措施，系统就很难恢复正常运行。这将给工农业生产、国防建设、交通运输及人们的生活带来严重影响。

电力系统可能发生的故障类型较多，对电力系统危害较为严重的有短路、断路和各种复杂的故障等，但短路故障对电力系统的危害最为严重。

### 5.1.1 短路的概念、类型及其危害

**1. 短路的基本概念**

短路是指电力系统正常运行情况之外的相与相或在中性点接地系统中相与地之间的短接。电力系统正常运行时，除中性点外，其相与相或相与地之间都是绝缘的。当相间绝缘丧失或被破坏时，就使得相线之间发生短路，即为电力系统发生了短路故障。电力系统发生短路的基本类型有三相短路、两相短路、两相接地短路和单相接地短路。其中发生三相短路时，三相电路依旧是对称的，称为对称短路，其他短路均为不对称短路。各种短路故障类型的示意图和符号见表5-1。

**表5-1 各种短路故障类型的示意图和符号**

| 短路种类 | 示意图 | 符号 |
| --- | --- | --- |
| 三相短路 | 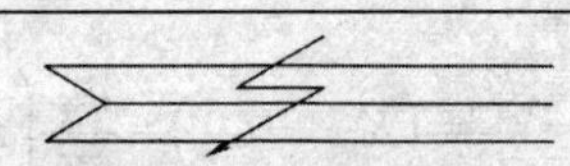 | $k^{(3)}$ |
| 两相短路 | 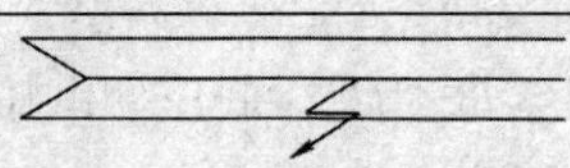 | $k^{(2)}$ |
| 单相接地短路 | 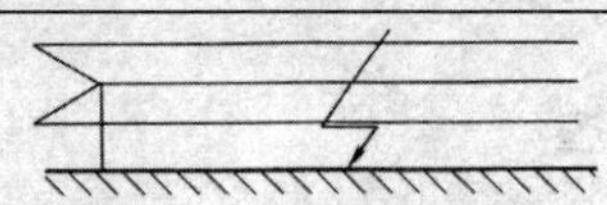 | $k^{(1)}$ |
| 两相接地短路 | 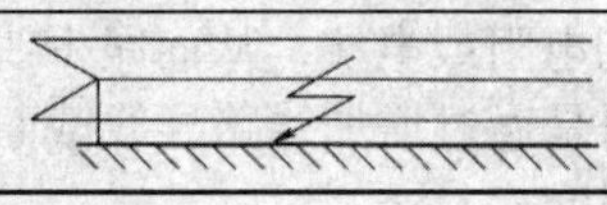 | $k^{(1,1)}$ |

电力系统的运行经验表明，架空输电线路是电力系统中比较薄弱的环节，发生短路的概率最高。据我国多年运行经验统计，在不同范围内发生短路故障的相对次数为：110kV线路为78.0%，6000kW以上的发电机组为7.5%，110kV变压器为6.5%，110kV母线为8.0%。

110kV线路发生各种类型短路故障的相对概率为：三相短路5%，两相短路4%，单相接地短路83%，两相接地短路8.0%。

可见，单相接地短路发生的概率最大，三相短路发生的概率最小。

**2. 短路的原因**

短路故障发生的原因主要是电气设备载流部分的绝缘损坏。引起绝缘损坏的原因主要有各种形式的过电压（例如雷电过电压、操作过电压）和绝缘材料的老化、污损、机械损伤等。而绝缘的破坏大多数是由于设备中的缺陷没被及时发现和消除，以及设计、安装和运行维护不良所导致的。此外，运行人员带负荷拉隔离开关或线路检修后未拆除接地线就通电等误操作，也会引起短路故障。鸟兽跨接在裸露的载流导体上以及风、雪、雨、雹等自然现象造成的短路也为数不少。

**3. 短路的现象及后果**

（1）短路故障时，短路点附近的支路中出现比正常值大许多倍的短路电流，高达几万乃至几十万安培。由于短路电流的电动力效应，导体间将产生很大的电动力。大的电动力可能破坏导体支持物或使事故不断扩大。

（2）设备通过短路电流时，导体间会产生机械应力，可能使设备变形或遭受不同程度的破坏。

（3）短路故障发生时，系统电压会大幅度下降，对用户影响很大。特别是三相短路，短路点电压接近于零。

（4）发生故障时，短路点往往会有电弧产生，它不仅可能烧坏故障设备，还可能扩大事故范围。

（5）发生接地短路时，会产生不平衡电流及磁通，将在邻近的平行线路内（如通信线路、铁道信号系统等）感应出很大的电动势。这将造成对通信的干扰，并危及设备和人身的安全。

（6）当短路发生地点离电源不远而且持续时间较长时，并列运行的发电机可能失去同步，破坏了系统稳定，造成大片地区停电，这是短路故障最严重的后果。

### 5.1.2 限制短路故障危害的措施

电力系统设计和运行时，都要采取适当的措施来降低发生短路故障的概率，例如采用合理的防雷设施、降低过电压水平、使用结构完善的配电装置和加强运行维护管理等。同时，还要采取减少短路危害的措施，其中，最主要的是迅速将发生短路的元件从系统中切除，使无故障部分的电网继续正常运行。

在发电厂、变电所及整个电力系统的设计和运行中，需要合理地选择电气接线、合适地选用配电设备和断路器、正确地设计继电保护以及选择限制短路电流的措施等，而这些都必须以短路故障计算结果作为依据。

短路故障的计算与分析，主要是短路电流的计算和分析。短路电流的大小及其变化规律不仅与短路故障的类型有关，而且与电源特性、网络元件的电磁参数有关。

### 5.1.3 计算短路电流的目的

短路故障对电力系统的正常运行影响很大，所造成的后果也十分严重，因此在系统的设计、设备的选择以及系统运行中，都应该重点防止短路故障的发生，以及在短路故障发生后要尽量限制影响范围。实际上，短路问题已成为电力技术方面的基本问题之一。在发电厂、变电站以及整个电力系统的设计和运行的许多工作中，如选择合理的电气接线图，选用有足够热稳定和动稳定的电气设备及载流导体，确定限制短路电流的措施，研制和在电力系统中合理配置各种继电保护和自动装置，并正确整定其参数等，都必须依据短路计算结果。所以，我们必须了解短路电流的产生和变化规律，掌握分析短路电流的计算方法。

短路电流计算的具体目的如下。

（1）选择电气设备。电气设备，如开关电器、母线、绝缘子、电缆等，必须具有充分的电动力稳定性。

（2）继电保护的配置和整定。系统中应配置继电保护及其参数整定时，必须对电力系统各种短路故障进行计算分析，不仅要计算短路点的短路电流，还要计算短路电流在网络各支路中的分布情况，并要进行多种运行方式的短路计算。

（3）电气主接线方案的选择和比较。在发电厂和变电站的主接线设计中，主接线方案的不同也会使得短路电流值不同，太大的短路电流值要选用价格昂贵的电气设备，使得投资太高而不合理。因此，在选择比较方案时，短路计算是很重要的。

（4）通信干扰。在设计110kV及以上电压等级的架空输电线路时，计算短路电流以确定电力线对邻近通信线路的干扰影响。

（5）确定分裂导线间隔棒的间距。在500kV配电装置中，普遍采用分裂导线。短路电流会使得导线、绝缘子、架构等遭受严重受力影响。为了合理限制架构受力，工程上要按最大可能出现的短路电流确定分裂导线间隔棒的安装距离。

（6）短路计算还可以进行电力系统暂态稳定计算，研究短路对维护工作的影响等。

短路电流计算还有很多目的，例如确定中性点的接地方式，校验接地装置的接触电压和跨步电压，计算软导线的短路摇摆等。

### 5.1.4 短路电流实用计算的基本假设

（1）不考虑发电机间的摇摆现象和磁饱和。

（2）电力系统中所有发电机电动势的相角在短路过程中都相同，频率与正常工作时相同。

（3）在网络方面，忽略线路对地电容，忽略变压器的励磁支路（三相三柱式变压器的零序等值电路除外），在高压电网中可忽略电阻。

（4）变压器的励磁电流和电阻、架空线的电阻和对地电容均略去，都用纯电抗表示。此假设将复数运算简化为代数运算。

（5）对负荷只用作近似估算，对离短路点较远的负荷可忽略不计，只考虑接在短路点附近的大容量电动机对短路电流的影响。

（6）短路点的阻抗为零。

## 5.2　无穷大电源供电电路的三相短路

为了简化实用计算的计算量，常常需要将一些实际电力系统看作无穷大系统。由于假定电源的容量为无穷大，当外电路发生短路时引起的功率变化与电源的容量相比可以忽略不计，网络中的有功功率和无功功率均能保持平衡。因此，无穷大电源具有以下两个特点：电源的频率和电压保持不变，电源的内阻为零。

当然，无穷大电源是一个虚拟的概念，真正的无穷大电源是不存在的。但当许多发电机并列运行时，或电源距离短路点的电气距离很小时，就可以将其等效电源近似地认为无穷大电源。这样做虽然会产生一定的误差，但在工程计算精度的要求范围之内。这样简化将大大减少计算量，适用于工程计算，其计算值更倾向于安全。

### 5.2.1　无穷大电源供电电路三相短路的暂态过程

图5-1是无穷大电源供电的三相电路，短路前电路处于稳态。由于电路三相对称，可以用单相交流电路来代替三相交流电路。

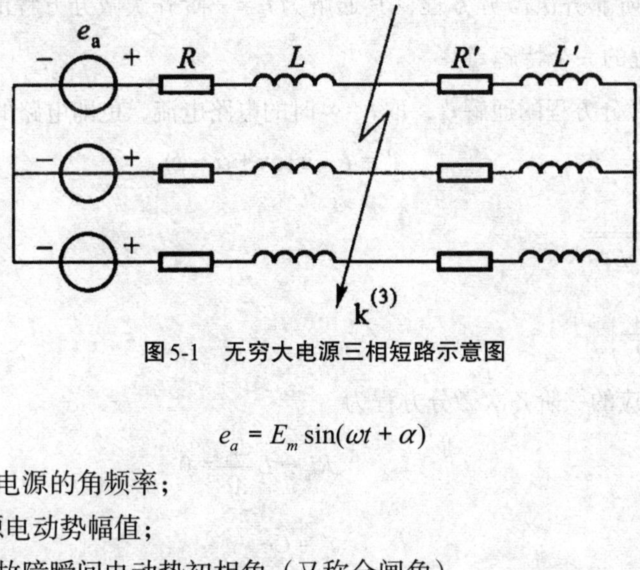


图5-1　无穷大电源三相短路示意图

设
$$e_a = E_m \sin(\omega t + \alpha) \tag{5-1}$$
式中，$\omega$——交流电源的角频率；

$E_m$——电源电动势幅值；

$\alpha$——短路故障瞬间电动势初相角（又称合闸角）。

突然短路前的电路处于稳态。其电流为
$$i_{a[0]} = I_{m[0]} \sin(\omega t + \alpha - \phi_{[0]}) \tag{5-2}$$

式中，$I_{m[0]}$——短路前电流幅值，$I_{m[0]} = \dfrac{E_m}{\sqrt{(R+R')^2 + (\omega L + \omega L')^2}}$

$\phi_{[0]}$——短路前电路的阻抗角，$\phi_{[0]} = \arctan\dfrac{\omega L + \omega L'}{R + R'}$

当电路在k处突然发生三相短路时，网络被短路点一分为二。短路点右侧的电路，由于没有电源的支持，电流由短路后瞬间的电流逐渐衰减到零，储存在电感线圈上的磁场能以热能的形式在电阻上释放掉。短路点左侧的电路，由于有电源的支持，其电流的变化情况比较复杂。下面分析计算短路点左侧电路的实际电流。

由于短路点左侧电路仍是三相对称电路，仍以单相交流电路来代替三相交流电路，如图5-2所示。

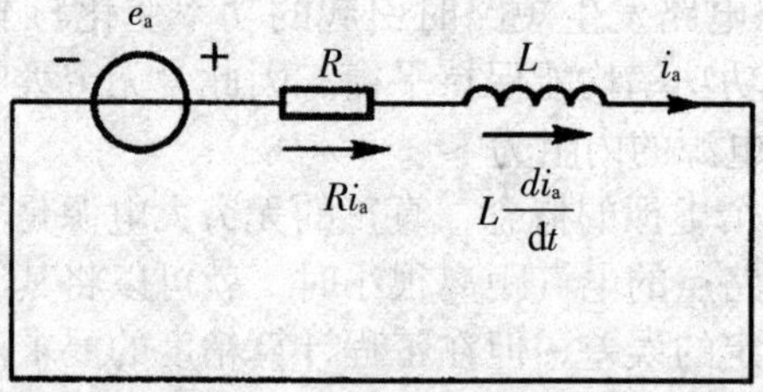


图5-2　短路后的等效电路

根据基尔霍夫电压定律可得

$$Ri_a + L\frac{di_a}{dt} = E_m \sin(\omega t + \alpha) \tag{5-3}$$

式（5-3）是一个一阶非齐次微分方程，其通解为 $i_a$ =一阶齐次微分方程的通解 $i'_a$ +所对应的一阶非齐次微分方程的一个特解 $i''_a$

对于一阶齐次微分方程的通解 $i'_a$，取 $t=\infty$ 时的电路电流，也即电路的稳态电流

$$i'_a = I_m \sin(\omega t + \alpha - \phi) \tag{5-4}$$

式中，$I_m = \dfrac{E_m}{\sqrt{R^2 + (\omega L)^2}}$

$\phi = \arctan\left(\dfrac{\omega L}{R}\right)$

式（5-3）所对应的一阶齐次微分方程为

$$\begin{aligned} &Ri_a + L\frac{di_a}{dt} = 0 \\ &i''_a = Ce^{-\frac{t}{T}} \end{aligned} \tag{5-5}$$

式中，$C$——积分常数，待定。

$T = -\dfrac{L}{R}$，是电流中自由分量衰减的时间常数。

因此，式（5-3）的通解为

$$i_a = i'_a + i''_a = I_m \sin\left(\omega t + \alpha - \phi\right) + Ce^{-\frac{t}{T}} \tag{5-6}$$

又因为 $i_a(0^-) = i_a(0^+)$

$$\begin{aligned} I_{m[0]} \sin\left(\alpha - \phi_{[0]}\right) &= I_m \sin\left(\alpha - \phi\right) + Ce^0 \\ C &= I_{m[0]} \sin\left(\alpha - \phi_{[0]}\right) - I_m \sin\left(\alpha - \phi\right) \end{aligned} \tag{5-7}$$

将待定系数$C$代入式（5-7）中可得

$$i_a = I_m \sin(\omega t + \alpha - \phi) + \left[I_{m[0]} \sin(\alpha - \phi_{[0]}) - I_m \sin(\alpha - \phi)\right] e^{-\frac{t}{T}} \tag{5-8}$$

根据三相电路的对称性，可得$B$、$C$两相的短路全电流为

$$\begin{aligned} i_b &= I_m \sin(\omega t + \alpha - 120° - \phi) + \left[I_{m[0]} \sin(\alpha - 120° - \phi_{[0]}) - I_m \sin(\alpha - 120° - \phi)\right] e^{-\frac{t}{T}} \\ i_c &= I_m \sin(\omega t + \alpha + 120° - \phi) + \left[I_{m[0]} \sin(\alpha + 120° - \phi_{[0]}) - I_m \sin(\alpha + 120° - \phi)\right] e^{-\frac{t}{T}} \end{aligned} \tag{5-9}$$

从式（5-8）（5-9）可以看出：短路电流实际上包含两个分量。一个是周期分量，即稳态短路电流，它是短路电流中的强制分量，其值取决于电源电动势的幅值和电路参数，在整个暂态过程中，周期分量是不衰减的，并且$A$、$B$、$C$三相的周期分量是对称的，记为$i_p$；另一个分量称为非周期分量（或衰减的直流分量），它是短路电流中的自由分量，这个非周期分量产生的原因是为了保证在短路前瞬间（$t=0^-$）的电流和短路后瞬间的电流（$t=0^+$）相等，它是按指数形式衰减的。即使在三相对称短路中，$A$、$B$、$C$三相的非周期分量也是不对称的，更谈不上相等，经过几个周期后可以认为它已衰减到零，记为$i_{ap}$。三相短路的全电流的波形图如图5-3所示。

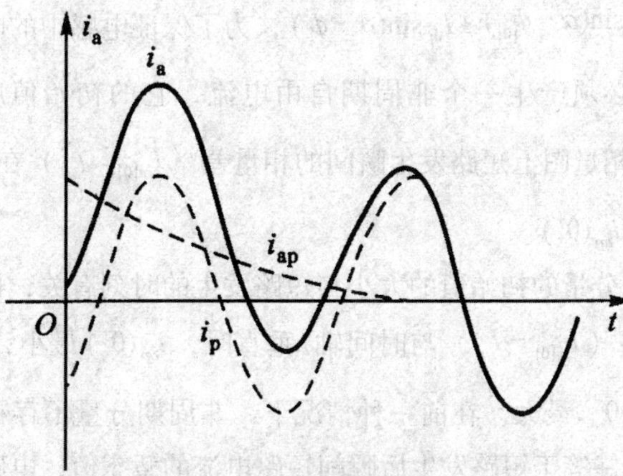


图5-3 短路全电流波形图

短路电流各分量之间的关系也可以用相量图表示，如图5-4所示。图中旋转相量$\dot{E}_m$、$\dot{I}_{m[0]}$、$\dot{I}_m$在静止的时间轴$t$上的投影分别代表电源电动势、短路前电流和短路后电流周期分量的暂态值。图5-4中表示$t$=0时的情况。此时，短路前电流相量$\dot{I}_{m[0]}$在时间轴上的投影为$I_{m[0]}\sin(\alpha-\phi_{[0]})$，而短路后的周期分量$\dot{I}_m$在时间轴上的投影为$I_m\sin(\alpha-\phi)$。

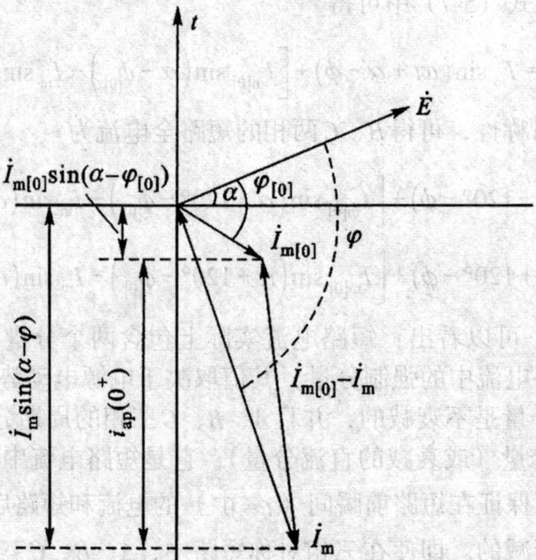


图5-4 短路瞬间电压电流相量图

一般情况下，$I_{m[0]}\sin(\alpha-\phi_{[0]})\neq I_m\sin(\alpha-\phi)$，为了保证电感中的电流在短路前后的瞬间不发生突变，电路中必须产生一个非周期自由电流，它的初始值应为$I_{m[0]}\sin(\alpha-\phi_{[0]})$与$I_m\sin(\alpha-\phi)$之差，在相量图上短路发生瞬间的相量差（$\dot{I}_{m[0]}-\dot{I}_m$）在时间轴$t$上的投影，就是非周期分量的初始值$i_{ap}(0^+)$。

由此可见，非周期分量的初始值的大小与短路发生的时刻有关，也即与短路发生时的合闸角$\alpha$有关。当相量差（$\dot{I}_{m[0]}-\dot{I}_m$）与时间轴$t$垂直时，$i_{ap}(0^+)$最小；当相量差（$\dot{I}_{m[0]}-\dot{I}_m$）与时间轴$t$平行时，$i_{ap}(0^+)$最大。在前一种情况下，非周期分量不存在，即$i_{ap}(0^+)=0$。短路发生前电流的暂态值恰好等于短路发生后瞬间短路电流的暂态值，电路从一种稳态直接过渡到另一种稳态，其过渡过程不存在。以上讨论的是一相的情况，对于其他两相也可做类似的分析。由于$A$、$B$、$C$三相电流的初相位不相等，非周期分量为最大（或0）的情况不可能在三相中同时出现，只可能出现在一相电路中。

### 5.2.2 短路冲击电流

短路电流中最大可能的瞬时值，称为短路冲击电流，记为$i_{im}$。

当电路的参数一定时，短路电流周期分量的幅值是一定的。而短路电流的非周期分量则是按指数规律衰减的直流。因此，非周期分量的初始值越大，瞬时过程中的短路电流的最大可能瞬时值也就越大。由图5-4可知，非周期分量的初始值$i_{ap}(0^+)$是相量差（$\dot{I}_{m[0]}-\dot{I}_m$）在时间轴$t$上的投影。使$i_{ap}(0^+)$为最大值的条件是

（1）相量差（$\dot{I}_{m[0]}-\dot{I}_{m}$）有最大可能值。

（2）相量差（$\dot{I}_{m[0]}-\dot{I}_{m}$）在$t$=0时与时间轴$t$平行。

也就是说，当电路的参数为已知时，$i_{ap}(0^{+})$既与短路前的状况有关，又与短路的时刻有关。在感性电路中，符合上述条件的情况如下。

（1）短路前空载（$\dot{I}_{m[0]}$=0）。

（2）合闸角$\alpha=0°$。

而实际的电力系统接近于纯感性电路（$R \ll X$），可以近似地认为其阻抗角$\phi=90°$。根据这些条件，全电流公式可以改写成

$$\begin{aligned} i_{\mathrm{a}} &= I_{\mathrm{m}}\sin\left(\omega t+0°-90°\right)+\left[0-I_{\mathrm{m}}\sin\left(-90°\right)\right]\mathrm{e}^{-\frac{t}{T}} \\ &= I_{\mathrm{m}}\sin\left(\omega t-90°\right)+I_{\mathrm{m}}\mathrm{e}^{-\frac{t}{T}} \end{aligned} \tag{5-10}$$

电流的波形图如图5-5所示。从图中得知：短路电流的最大暂态值（即短路冲击电流），在短路发生后的半个周期时出现。若$f$=50Hz，该电流出现的时刻为$t$=0.01s，因此，短路冲击电流的计算公式为

$$\begin{aligned} i_{\mathrm{im}} &= I_{\mathrm{m}}\sin\left(\frac{2\pi}{T}\times\frac{T}{2}-\frac{\pi}{2}\right)+I_{\mathrm{m}}\mathrm{e}^{-\frac{0.01}{T}} \\ &= I_{\mathrm{m}}+I_{\mathrm{m}}\mathrm{e}^{-\frac{0.01}{T}} \\ &= \left(1+\mathrm{e}^{-\frac{0.01}{T}}\right)I_{\mathrm{m}} \\ &= K_{\mathrm{im}}I_{\mathrm{m}} \end{aligned} \tag{5-11}$$

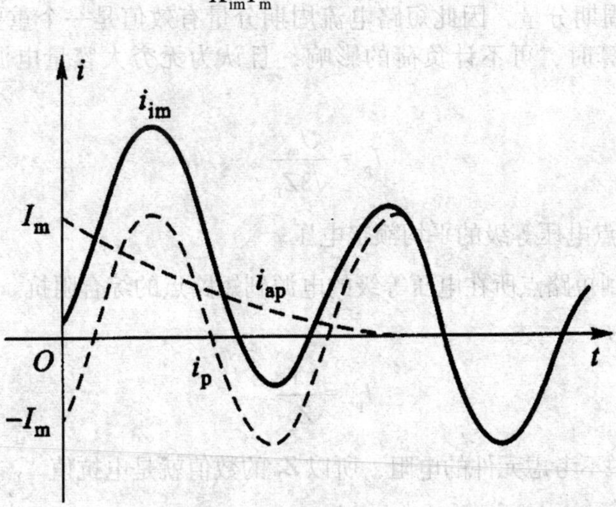


图5-5　短路冲击电流

式中，$K_{im}=(1+e^{-\frac{0.01}{T}})$，称为短路冲击系数。下面对其进行讨论。

（1）对纯电阻性电路，$T=\dfrac{L}{R}=0$，这时$K_{im}=1$。

（2）对纯电感性电路，$T=\dfrac{L}{R}=\infty$，这时$K_{im}=2$。

（3）对实际电网而言，$R \ll X$，比较接近于纯电感性电路，因此$K_{im}$接近于2。
当短路发生在发电机的机端时，工程计算中可取$K_{im}=1.9$；
当短路发生在发电厂的高压母线时，工程计算中可取$K_{im}=1.85$；
当短路发生在其他位置时，工程计算中可取$K_{im}=1.8$。

### 5.2.3 短路功率（又称短路容量）

短路功率等于短路电流与短路点的平均额定电压的乘积，用公式表示为

$$S_t=\sqrt{3}U_{av}I_t \tag{5-12}$$

如果用标幺值表示为

$$S_{t*}=\frac{\sqrt{3}U_{av}I_t}{\sqrt{3}U_B I_B}=I_{t*} \tag{5-13}$$

把短路功率定义为短路电流与平均额定电压的乘积，是因为一方面开关要切断这样大的电流，另一方面，在开关断流时，其动、静触头应能承受工作电压的作用。在短路的实用计算中，经常只用周期分量电流计算短路功率。

### 5.2.4 短路电流的周期分量电流

为了确定冲击电流、短路电流非周期分量、短路电流的有效值以及短路容量等，都必须计算短路电流的周期分量，因此短路电流周期分量有效值是一个重要电气量，计算其值具有重要意义。计算时，可不计负荷的影响，且认为无穷大容量电源电压为平均额定电压，于是有

$$I_{\mathrm{p}}=\frac{U_{\mathrm{av}}}{\sqrt{3}Z_{\Sigma}} \tag{5-14}$$

式中，$U_{\mathrm{av}}$——短路点电压等级的平均额定电压；

$Z_{\Sigma}$——归算到短路点所在电压等级的电源到短路点的综合阻抗。

用标幺值表示为

$$I_{\mathrm{p}*}=\frac{1}{Z_{\Sigma*}} \tag{5-15}$$

由于短路计算中不考虑元件的电阻，所以$Z_{\Sigma}$的数值就是电抗值$X_{\Sigma}$。

## 5.3 电力系统三相短路电流的实用计算

由于实际的电力系统中不只是一台发电机，电源也并不全是无限大功率电源，所以网络

的接线也不全是简单的辐射形网，各电源电动势的相位角在短路后的一段时间内部可能没有变化，因此要准确地计算出短路电流是非常困难的。由于以上原因，工程上在解决实际问题时，不得不采取一些较为粗略的计算方法——实用计算法。实际上，对于包含有许多台发电机的电力系统，工程上在进行短路电流实用计算时，不必做过多复杂的分析，大多数情况下，只要求计算短路电流周期分量的起始值，进而可进行其他量的计算。所以周期分量起始值是短路电流计算中的一个较重要的量，其计算方法有等值法、叠加原理法、运算曲线法等。

### 5.3.1　短路电流周期分量起始值的计算

为了简化计算，通常多采用近似计算的方法，并且对计算条件做一些必要的简化，使得短路电流的计算更为方便和迅速。假设如下。

（1）在短路过程中，所有发电机转速和电动势的相位均相同，即发电机无摇摆现象。

（2）不计及系统的磁饱和，即认为短路回路各元件的感抗为常数，可采用叠加原理进行计算。

（3）不计变压器励磁支路和线路电容的影响，不计高压电网电阻的影响，仅在低压配电网计算中才予以考虑（由于电阻值相对电抗较大）。

（4）假设发电机转子是对称的，所以可以用次暂态电抗 $X''_d$ 和次暂态电动势 $E''$（也可用暂态电抗 $X'_d$ 和暂态电动势 $E'$）。

（5）短路电流一般远远大于负荷电流，因而可不计及负荷电流的影响，即认为短路前发电机是空载的，各发电机的电动势标幺值为1。

（6）当短路点附近有大容量的电动机时，需要计及其对短路电流的影响。

### 5.3.2　短路电流交流分量的计算步骤

（1）选取基准功率 $S_B$ 和基准电压 $U_B=U_{av}$，计算各元件的参数标幺值，并画出等值电路。

（2）化简网络，求取各电源到短路点之间的转移电抗；或求取网络对短路点的输入电抗 $X_{k\Sigma}$，得到最简化的等值电路。

（3）不考虑负荷影响时，发电机电动势 $E''=1$（或 $E'=1$）。若计及负荷影响时，利用短路前的潮流计算结果计算发电机电动势，即

$$\dot{E}''_* = \dot{U}_{G*} + j\dot{I}_{G*}X''_{d*} \qquad \left(或\dot{E}'_* = \dot{U}_{G*} + j\dot{I}_{G*}X'_{d*}\right) \tag{5-16}$$

式中，$\dot{U}_{G*}$、$\dot{I}_{G*}$——发电机在短路前的端电压和端电流。

（4）短路电流交流分量起始可按下式计算

$$I_{k*} = I''_* = \frac{E''_*}{X_{k\Sigma}} \approx \frac{1}{X_{k\Sigma*}} \tag{5-17}$$

当计及负荷影响时，各电源的 $\dot{E}''$ 不同相，则要按各电源对短路点的转移阻抗分别计算每台发电机送到短路点的短路电流，相加后短路点的总短路电流。

（5）短路电流有名值、冲击电流及短路容量

短路电流有名值 $$I_k = I_{k*}\frac{S_B}{\sqrt{3}U_{av}} \tag{5-18}$$

短路冲击电流 $$i_{imp} = \sqrt{2}k_{imp}I_k \tag{5-19}$$

式中，$k_{imp}$——冲击系数。

短路容量 $$S_k = \sqrt{3}U_N I_k \tag{5-20}$$

总短路电流计算出来后，如果要求某一支路的短路电流，可根据网络计算电流分布，进而可得各支路的短路电流值。网络中短路电流的分布常用分布系数表示如下

$$\frac{X_{k\Sigma}}{X_{1k}} + \frac{X_{k\Sigma}}{X_{2k}} + \frac{X_{k\Sigma}}{X_{3k}} + \cdots + \frac{X_{k\Sigma}}{X_{nk}} = C_1 + C_2 + \cdots + C_n = 1 \tag{5-21}$$

式中，$C_1$，$C_2$，…，$C_n$——电流分布系数，表示该支路电流占总短路电流的比值。

某一支路的短路电流应为

$$I_{ik} = C_i I_k = I_k \frac{X_{k\Sigma}}{X_{nk}}(i = 1,2,\cdots,\ n) \tag{5-22}$$

## 5.4 电力系统不对称故障的分析和计算

电力系统简单不对称故障包括不对称短路和不对称断线两类，本章主要介绍不对称故障分析的基本原理和基本方法。在电力系统中突然发生不对称短路时，必然会引起基频分量电流的变化，并产生直流的自由分量，这是电感电路的特点。除此之外，不对称短路将会产生一系列的谐波。

### 5.4.1 对称分量法

把三相不对称相量分解成对称分量产生3个对称系统。在对称电力系统中（即3个相量是相同的系统），不同序的电流和电压并不互相作用，也就是说一个序的电流只引起同序的电压降落。

绝大多数装置在实际中是对称型的，这使许多不对称问题得到极大简化，如不对称故障或一相的开路等问题。

由于在对称系统中没有不同序之间的相互作用，因而任何一个相序的电流只在本相序的独立网络中流动。对应任意一个相序的电流的阻抗组成的单相等值电路称为该相序的序网络，为了分析有不对称故障的系统性能，序网络在故障处相互连接，以表示由故障引起的不对称造成的不同序之间的相互作用。

把一个问题分解成序相量的优点是，它在一定现象下把这些量隔离成能更好判断控制因素的分量。例如，在稳定分析中，机间的同步力主要受正序量的影响，由于不对称电流引起的加热作用取决于负序电流，接地保护和接地现象与零序分量是密切相关的。因此，许多问题的分析不仅更简单，而且由这些因素的表示的结果也可分开研究。

**1. 对称分量法概述**

对称分量法是将一组三相不对称的电压或电流相量分解为三组分别对称的相量，分别称

为正序分量、负序分量和零序分量，再利用线性电路的叠加原理，对这三组对称分量分别按对称的三相电路进行求解，然后再将其结果进行叠加。

（1）正序分量

如图5-6（a）所示，三相相量$\dot{F}_{a(1)}$、$\dot{F}_{b(1)}$、$\dot{F}_{c(1)}$幅值相等，相位为$a$相超前$b$相120°，$b$相超前$c$相120°，称为正序系统。正序系统中各分量称为正序分量，且与电力系统在正常对称运行方式下的相序相同。

如以$a$相为参考相，则正序系统各分量之间的关系为

$$\dot{F}_{\mathrm{a}(1)} = \mathrm{e}^{\mathrm{j}0^\circ}\dot{F}_{\mathrm{a}(1)};\ \dot{F}_{\mathrm{b}(1)} = \mathrm{e}^{\mathrm{j}240^\circ}\dot{F}_{\mathrm{a}(1)};\ \dot{F}_{\mathrm{c}(1)} = \mathrm{e}^{\mathrm{j}120^\circ}\dot{F}_{\mathrm{a}(1)} \tag{5-23}$$

为了计算方便，引入算子$a$代表120°相位移，即$a = e^{\mathrm{j}120^\circ} = \cos 120^\circ + \mathrm{j}\sin 120^\circ = -\dfrac{1}{2} + \mathrm{j}\dfrac{\sqrt{3}}{2}$，称为旋转算子，任意相量乘以$a$表示使该相量逆时针旋转120°，同理，$a^2 = e^{\mathrm{j}240^\circ} = -\dfrac{1}{2} - \mathrm{j}\dfrac{\sqrt{3}}{2}$，$a^3 = 1$，显然存在$1 + a + a^2 = 0$，则

正序系统各分量之间的关系变为

$$\dot{F}_{\mathrm{a}(1)} = \dot{F}_{\mathrm{a}(1)};\ \dot{F}_{\mathrm{b}(1)} = a^2\dot{F}_{\mathrm{a}(1)};\ \dot{F}_{\mathrm{c}(1)} = a\dot{F}_{\mathrm{a}(1)} \tag{5-24}$$

（2）负序分量

如图5-6（b）所示，三相相量$\dot{F}_{a(2)}$、$\dot{F}_{b(2)}$、$\dot{F}_{c(2)}$幅值相等，相位为$b$相超前$a$相120°，$c$相超前$b$相120°，称为负序系统，与正序系统的相序相反。负序系统中各分量称为负序分量。

以$a$相为参考相时，负序系统各分量之间的关系为

$$\dot{F}_{\mathrm{a}(2)} = \dot{F}_{\mathrm{a}(2)};\ \dot{F}_{\mathrm{b}(2)} = a\dot{F}_{\mathrm{a}(2)};\ \dot{F}_{\mathrm{c}(2)} = a^2\dot{F}_{\mathrm{a}(2)} \tag{5-25}$$

（3）零序分量

如图5-6（c）所示，三相相量$\dot{F}_{a(0)}$、$\dot{F}_{b(0)}$、$\dot{F}_{c(0)}$幅值和相位均相同，称为零序系统，各分量称为零序分量。零序系统各分量之间的关系为

$$\dot{F}_{b(0)} = \dot{F}_{c(0)} = \dot{F}_{a(0)} \tag{5-26}$$

由于$\dot{F}_{b(0)} + \dot{F}_{c(0)} + \dot{F}_{a(0)} \neq 0$，所以，零序系统虽然是对称系统，但不是平衡系统。

（4）对称分量的合成

在图5-6（d）中，将以上三组各自独立的对称三相系统应用叠加原理合成为一组三相不对称的系统，其数学表达式为

$$\left.\begin{aligned} \dot{F}_{\mathrm{a}} &= \dot{F}_{\mathrm{a}(1)} + \dot{F}_{\mathrm{a}(2)} + \dot{F}_{\mathrm{a}(0)} \\ \dot{F}_{\mathrm{b}} &= \dot{F}_{\mathrm{b}(1)} + \dot{F}_{\mathrm{b}(2)} + \dot{F}_{\mathrm{b}(0)} = a^2\dot{F}_{\mathrm{a}(1)} + a\dot{F}_{\mathrm{a}(2)} + \dot{F}_{\mathrm{a}(0)} \\ \dot{F}_{\mathrm{c}} &= \dot{F}_{\mathrm{c}(1)} + \dot{F}_{\mathrm{c}(2)} + \dot{F}_{\mathrm{c}(0)} = a\dot{F}_{\mathrm{a}(1)} + a^2\dot{F}_{\mathrm{a}(2)} + \dot{F}_{\mathrm{a}(0)} \end{aligned}\right\} \tag{5-27}$$

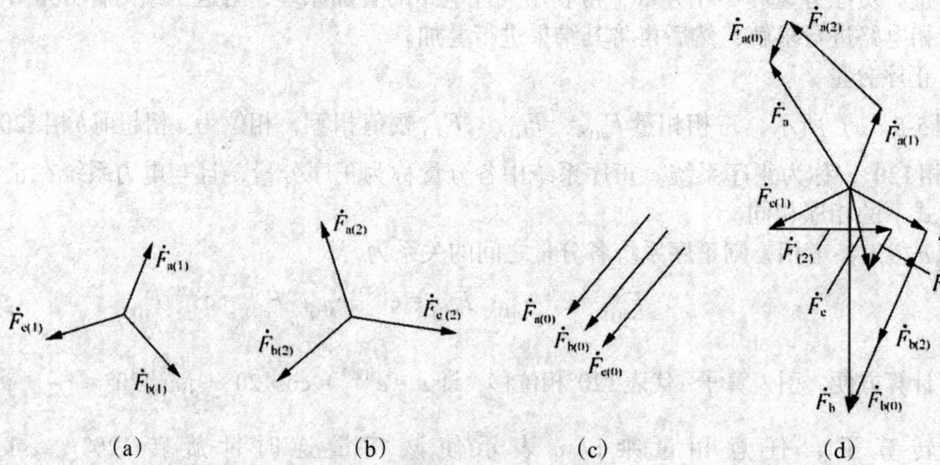


**图5-6　对称分量**

(a)正序分量；(b)负序分量；(c)零序分量；(d)合成相量

其矩阵形式为

$$\begin{bmatrix}\dot{F}_{a}\\ \dot{F}_{b}\\ \dot{F}_{c}\end{bmatrix}=\begin{bmatrix}1 & 1 & 1\\ a^2 & a & 1\\ a & a^2 & 1\end{bmatrix}\begin{bmatrix}\dot{F}_{a(1)}\\ \dot{F}_{a(2)}\\ \dot{F}_{a(0)}\end{bmatrix} \tag{5-28}$$

或简写为

$$F_{abc}=TF_{120} \tag{5-29}$$

式中，$F_{abc}$为不对称系统的相量，$F_{120}$为对称系统的$a$相各序分量。式（5-28）和式（5-29）说明3组对称相量合成的3个不对称相量。

若以$b$相为参考相量时，各相量关系为

$$\begin{bmatrix}\dot{F}_{a}\\ \dot{F}_{b}\\ \dot{F}_{c}\end{bmatrix}=\begin{bmatrix}a & a^2 & 1\\ 1 & 1 & 1\\ a^2 & a & 1\end{bmatrix}\begin{bmatrix}\dot{F}_{c(1)}\\ \dot{F}_{c(2)}\\ \dot{F}_{c(0)}\end{bmatrix} \tag{5-30}$$

若以$c$相为参考相量时，各相量关系为

$$\begin{bmatrix}\dot{F}_{a}\\ \dot{F}_{b}\\ \dot{F}_{c}\end{bmatrix}=\begin{bmatrix}a^2 & a & 1\\ a & a^2 & 1\\ 1 & 1 & 1\end{bmatrix}\begin{bmatrix}\dot{F}_{c(1)}\\ \dot{F}_{c(2)}\\ \dot{F}_{c(0)}\end{bmatrix} \tag{5-31}$$

（5）不对称分量的分解

对式（5-29）直接求逆得

$$F_{120}=T^{-1}F_{abc} \tag{5-32}$$

$$\begin{bmatrix} \dot{F}_{a(1)} \\ \dot{F}_{a(2)} \\ \dot{F}_{a(3)} \end{bmatrix} = \frac{1}{3}\begin{bmatrix} 1 & a & a^2 \\ 1 & a^2 & a \\ 1 & 1 & 1 \end{bmatrix}\begin{bmatrix} \dot{F}_a \\ \dot{F}_b \\ \dot{F}_c \end{bmatrix} \tag{5-33}$$

式（5-32）和式（5-33）说明一个不对称的相量可以唯一地分解成为一组由正、负、零序构成的对称相量。

**2.对称分量法的应用**

如果电力系统某处发生不对称短路，尽管除短路点外三相系统的元件参数都是对称的，但三相电路电流和电压的基频分量都变成了不对称的相量。将式（5-33）的变换关系应用于基频电流（或电压），则有

$$\begin{bmatrix} \dot{I}_{a(1)} \\ \dot{I}_{a(2)} \\ \dot{I}_{a(0)} \end{bmatrix} = \frac{1}{3}\begin{bmatrix} 1 & a & a^2 \\ 1 & a^2 & a \\ 1 & 1 & 1 \end{bmatrix}\begin{bmatrix} \dot{I}_a \\ \dot{I}_b \\ \dot{I}_c \end{bmatrix} \tag{5-34}$$

即将三相否对称电流$\dot{I}_a$、$\dot{I}_b$、$\dot{I}_c$经过线性变换后，可分解成3组对称的电流，即$a$相电流分解成$\dot{I}_{a(1)}$、$\dot{I}_{a(2)}$、$\dot{I}_{a(0)}$；$b$相电流分解成$\dot{I}_{b(1)}$、$\dot{I}_{b(2)}$、$\dot{I}_{b(0)}$；$c$相电流分解成$\dot{I}_{c(1)}$、$\dot{I}_{c(2)}$、$\dot{I}_{c(0)}$。而其中$\dot{I}_{a(1)}$、$\dot{I}_{b(1)}$、$\dot{I}_{c(1)}$是一组对称的相量，称为正序分量电流；$\dot{I}_{a(2)}$、$\dot{I}_{b(2)}$、$\dot{I}_{c(2)}$也是一组对称的相量，但是与正序相反，称为负序分量电流；$\dot{I}_{a(0)}$、$\dot{I}_{b(0)}$、$\dot{I}_{c(0)}$也是一组对称的相量，3个相量完全相等，称为零序分量电流。

由式（5-34）知，只有当三相电流之和不等于零时才有零序分量。如果三相系统是三角形接法，或者没有中性线（包括以地线代替中性线）的星形接法，三相线电流之和总为零，不可能有零序分量电流。只有在有中性线的星形接法中才有可能$\dot{I}_a+\dot{I}_b+\dot{I}_c\neq 0$，显然，中性线中的电流$\dot{I}_n=\dot{I}_a+\dot{I}_b+\dot{I}_c=3\dot{I}_{a(0)}$，即为三倍零序电流，如图5-7所示。可见，零序电流必须以中性线为通路。

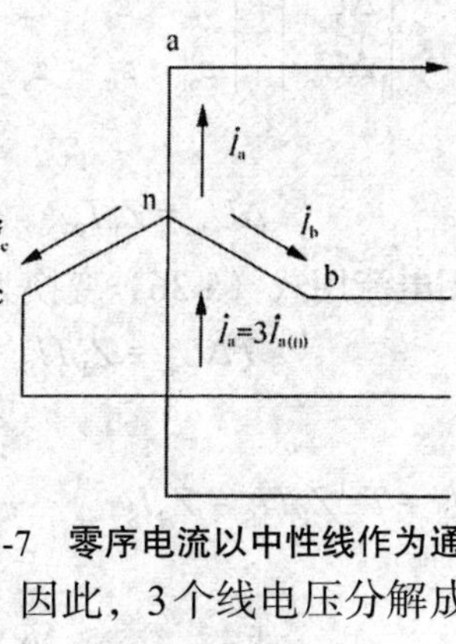


**图5-7　零序电流以中性线作为通路**

三相系统的电压之和总为零，因此，3个线电压分解成对称分量时，其中总不会有零序分量。

系统元件的阻抗满足公式

$$V_{abc}=Z_{abc}I_{abc} \tag{5-35}$$

式中，$Z_{abc}$为相内和相间的自阻抗和互阻抗的阻抗矩阵。

式（5-35）可用电压和电流的序分量表示，即

$$TV_{120}=Z_{abc}TI_{120} \tag{5-36}$$

或

$$V_{120}=T^{-1}Z_{abc}TI_{120}=Z_{120}I_{120} \tag{5-37}$$

对于典型电力系统，$Z_{abc}$不是对角矩阵，但确实有一定的对称性。这种对称性使得序阻抗矩阵$Z_{120}$完全或接近对角阵。

三相视在功率由下式给出

$$\begin{aligned}S_{phase}&=V_aI_a^*+V_bI_b^*+V_cI_c^*=V_{abc}^TI_{abc}^*=\left(TV_{012}\right)^T\left(TI_{012}\right)^*\\&=V_{012}^TT^TT^*I_{012}^*=3V_{012}^TI_{012}^*=3\left(V_{a0}I_{a0}^*+V_{a1}I_{a1}^*+V_{a2}I_{a2}^*\right)\end{aligned} \tag{5-38}$$

在上式中，电流是线电流，电压是线对中性点电压。必须注意，其中没有“交叉”项或一个序电压与另一序电流之间相互耦合的分量。因子3是合理的，因为我们用了9个分量。这意味着变化并不是功率不变的。

**3. 三相对称元件序分量的独立性**

首先要说明，在一个三相对称的元件中（例如线路、变压器和发电机），如果流过三相正序电流，则在元件上的三相电压降也是正序的，这一点从物理意义上很容易理解。同样地，如果流过负序或零序电流，则元件上的三相电压降也是负序的或零序的。这就是说，对于三相对称的元件，各序分量是独立的，即正序电压只与正序电流有关，负序、零序也是如此。下面以一回三相对称的线路为例来说明。

设该线路每相的自感阻抗为$z_s$，相间的互感阻抗为$z_m$，如果在线路上流过三相不对称的电流（由于其他地方发生不对称故障），则虽然三相阻抗是对称的，但三相电压降并不是对称的。三相电压降与三相电流有如下关系

$$\begin{bmatrix}\Delta\dot{U}_a\\\Delta\dot{U}_b\\\Delta\dot{U}_c\end{bmatrix}=\begin{bmatrix}z_s&z_m&z_m\\z_m&z_s&z_m\\z_m&z_m&z_s\end{bmatrix}\begin{bmatrix}\dot{I}_a\\\dot{I}_b\\\dot{I}_c\end{bmatrix} \tag{5-39}$$

可简写为

$$\Delta U_P=Z_PI_P \tag{5-40}$$

将上式中的三相电压降和三相电流用式（5-36）变换为对称分量，则

$$T\Delta U_S=Z_PTI_S \tag{5-41}$$

即

$$\Delta U_S=T^{-1}Z_PTI_S=Z_SI_S \tag{5-42}$$

式中

$$Z_S=T^{-1}Z_PT=\begin{bmatrix}z_s-z_m&0&0\\0&z_s-z_m&0\\0&0&z_s+2z_m\end{bmatrix} \tag{5-43}$$

$Z_s$即为电压降的对称分量和电流的对称分量之间的阻抗矩阵，即

$$\left.\begin{aligned}\Delta\dot{U}_{a(1)}&=(z_s-z_m)\dot{I}_{a(1)}=z_{(1)}\dot{I}_{a(1)}\\\Delta\dot{U}_{a(2)}&=(z_s-z_m)\dot{I}_{a(2)}=z_{(2)}\dot{I}_{a(2)}\\\Delta\dot{U}_{a(0)}&=(z_s+2z_m)\dot{I}_{a(0)}=z_{(0)}\dot{I}_{a(0)}\end{aligned}\right\}\tag{5-44}$$

式中，$z_{(1)}$、$z_{(2)}$、$z_{(0)}$分别称为此线路的正序阻抗、负序阻抗、零序阻抗。反过来说，所谓元件的序阻抗是指元件参数三相对称时，元件两端某一序的电压降与通过该元件的序电流的比值，即$z_{(1)}=\dfrac{\Delta\dot{U}_{a(1)}}{\dot{I}_{a(1)}}$。对于静止的元件，如线路、变压器等，因为改变相序并不改变相间互感，正序阻抗和负序阻抗是相等的。但正序阻抗和零序阻抗并不相等，如式（5-44）中，$z_{(1)}=z_{(2)}=z_s-z_m$，$z_{(0)}=2z_s+z_m$。对于旋转元件，如发电机和电动机，各序电流通过时将引起不同的电磁过程，正序电流产生与转子旋转方向相同的旋转磁场，负序电流产生与转子旋转方向相反的旋转磁场，零序电流产生的磁场则与转子的位置无关，因此旋转元件的正序、负序和零序阻抗互不相等，后面还将分别进行讨论。

式（5-43）、式（5-44）说明在三相参数对称的线性电路中，各序对称分量具有独立性。如果三相参数不对称，则$Z_s$的非对角元素不全为零，各序对称分量将不再具有独立性，这样就不能按各序独立进行计算。

由于存在式（5-34）的关系，式（5-40）还可扩充为

$$\left.\begin{aligned}\Delta\dot{U}_{a(1)}=z_{(1)}\dot{I}_{a(1)};\ \Delta\dot{U}_{b(1)}=z_{(1)}\dot{I}_{b(1)};\ \Delta\dot{U}_{c(1)}=z_{(1)}\dot{I}_{c(1)}\\\Delta\dot{U}_{a(2)}=z_{(2)}\dot{I}_{a(2)};\ \Delta\dot{U}_{b(2)}=z_{(2)}\dot{I}_{b(2)};\ \Delta\dot{U}_{c(2)}=z_{(2)}\dot{I}_{c(2)}\\\Delta\dot{U}_{a(0)}=z_{(0)}\dot{I}_{a(0)};\ \Delta\dot{U}_{b(0)}=z_{(0)}\dot{I}_{b(0)};\ \Delta\dot{U}_{c(0)}=z_{(0)}\dot{I}_{c(0)}\end{aligned}\right\}\tag{5-45}$$

式（5-45）进一步说明了，对于三相对称的元件中的不对称电流、电压问题的计算，可以分解成三组对称的分量，分别进行计算。由于每组分量的三相是对称的，只需分析一相，如$a$相即可。

### 5.4.2　简单不对称短路的分析与计算

#### 1. 单相短路接地

单相短路接地是占整个短路故障80%以上。设中性点接地系统中$A$相发生单相短路接地，从图5-8可知，短路点$k$的边界条件（数量关系）为

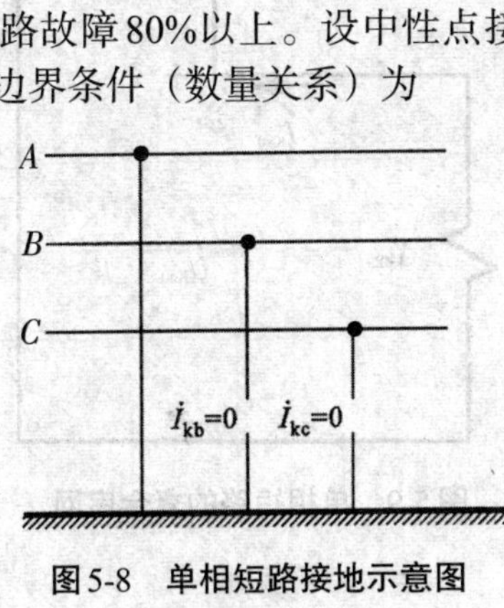


图5-8　单相短路接地示意图

正常相的短路电流为零

$$\dot{I}_{kb}=\dot{I}_{kc}=0 \tag{5-46}$$

故障相的对地电压为零

$$\dot{U}_{ka}=0 \tag{5-47}$$

将上述边界条件利用对称分量法展开可得

$$\begin{aligned}&\dot{I}_{ka1}=\dot{I}_{ka2}=\dot{I}_{ka0}=0 \quad ①\\&\dot{U}_{ka1}=\dot{U}_{ka2}=\dot{U}_{ka0}=0 \quad ②\end{aligned} \tag{5-48}$$

从新的边界条件式（5-48）的第①式可知：正序等效网络、负序等效网络和零序等效网络是串联结构；从新的边界条件式（5-48）的第②式可知：正序等效网络端口、负序等效网络端口和零序等效网络端口组成一个闭合回路。所以单相短路接地的复合序网如图5-9所示。

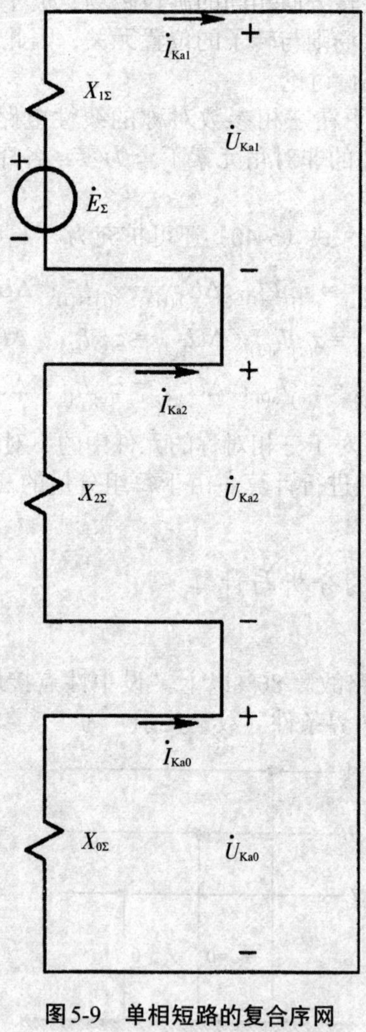


图5-9　单相短路的复合序网

从复合序网中可以直接求得

$$\dot{I}_{ka1}=\dot{I}_{ka2}=\dot{I}_{ka0}=E_{\Sigma}/[\mathrm{j}(X_{1\Sigma}+X_{2\Sigma}+X_{0\Sigma})] \tag{5-49}$$

短路点的短路电流为

$$\dot{I}_{ka}=\dot{I}_{ka1}+\dot{I}_{ka2}+\dot{I}_{ka0}=3\dot{I}_{ka1}=3E_{\Sigma}/[\mathrm{j}(X_{1\Sigma}+X_{2\Sigma}+X_{0\Sigma})] \tag{5-50}$$

在近似计算中，一般有 $X_{1\Sigma}=X_{2\Sigma}$，从式（5-50）可以看出：

①当 $X_{0\Sigma}<X_{1\Sigma}$，则单相短路电流大于同一地点的三相短路电流；

②当 $X_{0\Sigma}>X_{1\Sigma}$，则单相短路电流小于同一地点的三相短路电流。

**2. 两相短路**

如图5-10所示，两相短路故障也是常见的短路故障之一，其短路的边界条件为

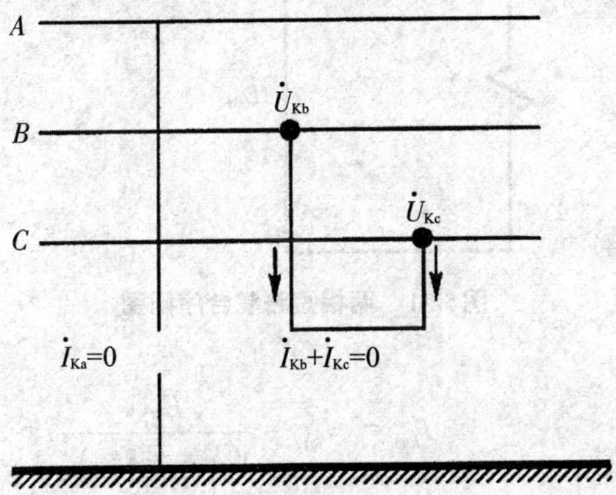


**图5-10　两相短路的示意图**

$$\begin{aligned}\dot{I}_{ka}&=0\\ \dot{I}_{kb}&=-\dot{I}_{kc}\\ \dot{U}_{kb}&=\dot{U}_{kc}\end{aligned} \tag{5-51}$$

将式（5-51）的边界条件利用对称分量法展开可得

$$\begin{aligned}\dot{U}_{ka1}&=\dot{U}_{ka2} \quad ①\\ \dot{I}_{ka0}&=0 \quad ②\end{aligned} \tag{5-52}$$

从新的边界条件式（5-52）的第①式可知：正序等效网络和负序等效网络是并联结构；从新的边界条件式（5-52）的第②式可知在复合序网中零序网络不存在。所以两相短路的复合序网如图5-11所示。

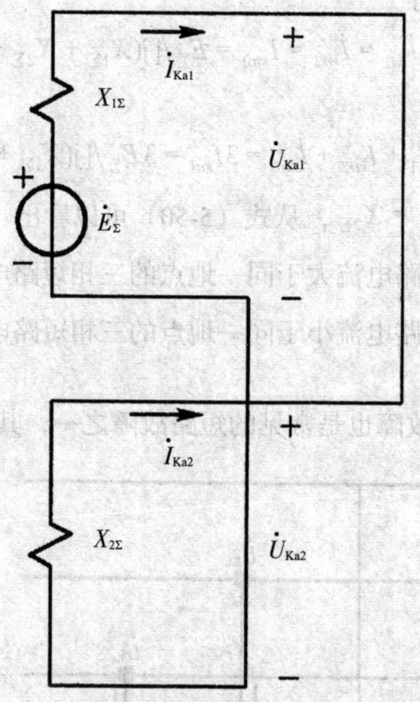


图5-11　两相短路复合序网图

从复合序网中可知

$$\dot{I}_{ka1} = -\dot{I}_{ka2} = \frac{\dot{E}_{\Sigma}}{\mathrm{j}(X_{1\Sigma} + X_{2\Sigma})} \tag{5-53}$$

故障相的短路电流为

$$\dot{I}_{ka} = \frac{\sqrt{3}\dot{E}_{\Sigma}}{\mathrm{j}(X_{1\Sigma} + X_{2\Sigma})} \tag{5-54}$$

**3. 两相短路接地**

两相短路接地的示意图如图5-12所示。其边界条件为

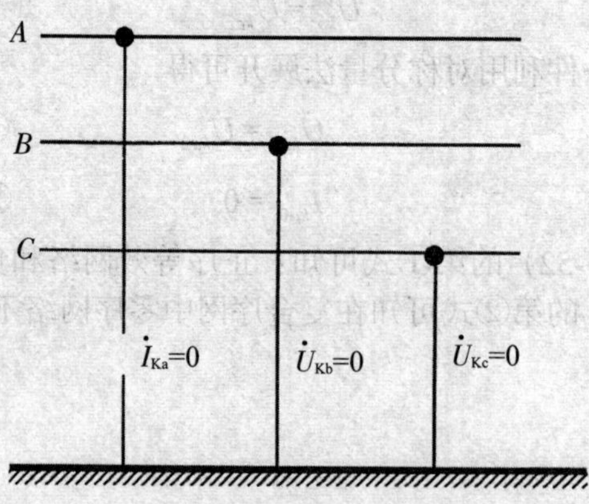


图5-12　两相短路接地示意图

$$\dot{I}_{ka} = 0 \tag{5-55}$$

$$\dot{U}_{kb} = \dot{U}_{kc} = 0 \tag{5-56}$$

将上述的边界条件利用对称分量法展开可得

$$\begin{aligned} &\dot{I}_{ka1} + \dot{I}_{ka2} + \dot{I}_{ka0} = 0 \qquad ① \\ &\dot{U}_{ka1} = \dot{U}_{ka2} = \dot{U}_{ka0} \qquad ② \end{aligned} \tag{5-57}$$

从新的边界条件式（5-57）的第②式可知：正序等效网络、负序等效网络和零序网络是并联结构；从新的边界条件式（5-57）的第①式可知正序等效网络始端、负序等效网络始端和零序网络始端指向同一节点，并且该节点只有这三条支路。其复合序网如图5-13所示。

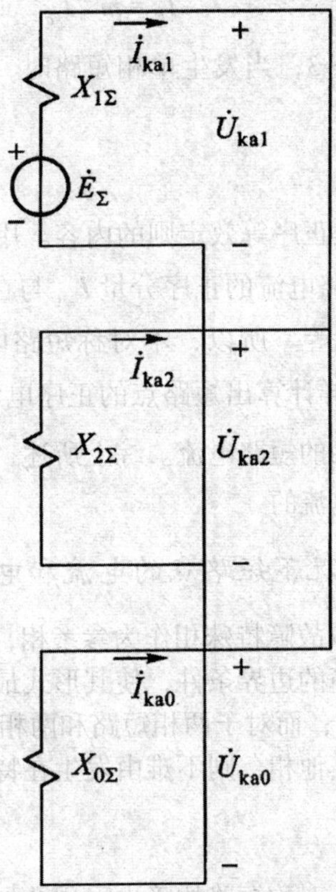


图5-13　两相短路接地的复合序网

$$\begin{aligned} \dot{I}_{ka1} &= \frac{\dot{E}_{\Sigma}}{j\left(X_{1\Sigma} + X_{2\Sigma} \| X_{0\Sigma}\right)} \\ \dot{I}_{ka2} &= \frac{-\dot{I}_{ka1} X_{0\Sigma}}{X_{2\Sigma} + X_{0\Sigma}} \\ \dot{I}_{ka0} &= \frac{-\dot{I}_{ka1} X_{2\Sigma}}{X_{2\Sigma} + X_{0\Sigma}} \end{aligned} \tag{5-58}$$

4. **正序等效定则**

通过上面的分析计算，可以从式（5-49）、式（5-53）、式（5-58）找出共性，电力系统发生不对称短路时的短路电流正序分量的计算通式为

$$\dot{I}_{ka1}=\frac{\dot{E}_{\Sigma}}{\mathrm{j}(X_{1\Sigma}+X_{\Delta}^{(n)})} \tag{5-59}$$

其中，当发生单相短路时，附加电抗 $X_{\Delta}^{(n)}=X_{2\Sigma}+X_{0\Sigma}$；当发生两相短路时，附加电抗 $X_{\Delta}^{(n)}=X_{2\Sigma}$；当发生两相短路接地时，附加电抗 $X_{\Delta}^{(n)}=X_{2\Sigma}\|X_{0\Sigma}$。

短路电流的计算通式为

$$I_k=m^{(n)}I_{ka1} \tag{5-60}$$

其中，当发生单相短路时，$m^{(1)}=3$；当发生单相短路时，$m^{(2)}=\sqrt{3}$；当发生单相短路时，$m^{(1,1)}=\sqrt{3}\sqrt{1-\frac{X_{2\Sigma}X_{0\Sigma}}{(X_{2\Sigma}+X_{0\Sigma})^2}}$。

式（5-59）和式（5-60）就是正序等效定则的内容。用文字可表述为：在简单电力系统中，当发生不对称短路时，其短路电流的正序分量 $\dot{I}_{ka1}$ 与在短路点 $k$ 各相接入附加电抗 $X_{\Delta}^{(n)}$ 后发生的三相短路的短路电流相等。所以，不对称短路电流的计算，应先求出附加电抗 $X_{\Delta}^{(n)}$，然后计算三相短路电流那样计算出短路点的正序电流分量 $\dot{I}_{ka1}$，用 $\dot{I}_{ka1}$ 乘以相应的系数 $m^{(n)}$，即可得到短路点的故障相的短路电流。综上所述，正序等效定则是应用计算三相短路电流的方法来求解不对称短路电流的。

### 5.4.3　不对称短路故障情况下短路点的电流和电压

在简单不对称分析中，通常取故障特殊相作为参考相，即以该相在故障点的各序电压和电流作为待求量，并用于表示故障的边界条件，使其形式最为简单和便于计算。这样，对于单相接地短路，将认为发生在 $a$ 相；而对于两相短路和两相短路接地，则认为发生在 $b$ 相和 $c$ 相之间。如果不对称故障发生在其他相，则不难由发生在特殊相时所得出的计算结果简单地推得，具体方法将留给读者思考。

1. **叠加原理的应用**

和三相短路分析方法相似，不对称短路故障也采用叠加原理来进行分析和计算。考虑如图5-14（a）所示的一般电力系统，为了简单起见，图中仅画出了短路点 $f$ 处的三相电压和电流。在故障前的稳态运行情况下，由潮流计算结果可以得出节点 $f$ 的三相电压，分别为图5-14（a）中的 $\dot{U}_{\mathrm{fa(0)}}$、$\dot{U}_{\mathrm{fb(0)}}$ 和 $\dot{U}_{\mathrm{fc(0)}}$。由于在故障前的稳态运行情况下，节点 $f$ 的三相电压是对称的，它只含正序分量，因此有（带下标 $f$ 的表示故障点处的电流或电压）

$$\dot{U}_{\mathrm{f(0)}}=\dot{U}_{\mathrm{fa1(0)}}=\dot{U}_{\mathrm{fa(0)}} \tag{5-61}$$

现在，在 $f$ 点串联接入四组电压，一组是短路前的正序电压 $\dot{U}_{\mathrm{fa(0)}}$、$\dot{U}_{\mathrm{fb(0)}}$、$\dot{U}_{\mathrm{fc(0)}}$ 其他的三组是对称分量电压 $\Delta\dot{U}_{\mathrm{fa1}}$、$\Delta\dot{U}_{\mathrm{fb1}}$、$\Delta\dot{U}_{\mathrm{fc1}}$，$\Delta\dot{U}_{\mathrm{fa2}}$、$\Delta\dot{U}_{\mathrm{fb2}}$、$\Delta\dot{U}_{\mathrm{fc2}}$ 和 $\Delta\dot{U}_{\mathrm{fa0}}$、$\Delta\dot{U}_{\mathrm{fb0}}$、$\Delta\dot{U}_{\mathrm{fc0}}$，

并认为从短路点流出三组对称分量电流$\Delta\dot{I}_{fa1}$、$\Delta\dot{I}_{fb1}$、$\Delta\dot{I}_{fc1}$，$\Delta\dot{I}_{fa2}$、$\Delta\dot{I}_{fb2}$、$\Delta\dot{I}_{fc2}$和$\Delta\dot{I}_{fa0}$、$\Delta\dot{I}_{fb0}$、$\Delta\dot{I}_{fc0}$，用这些电压和电流来反映所发生的不对称故障，如图5-14（b）所示。后三组对称分量电压和对称分量电流，实际上分别是用序分量表示的短路点电压和从短路点流出的短路电流之故障分量，它们的数值和相互之间的关系决定于不对称短路的种类，即由短路点的边界条件来决定，其具体方法将在以后介绍。

然后，便可以应用叠加原理，将图5-14（b）的网络变成图5-14（a）和图5-14（c）两个网络的叠加，前者为故障前的正常运行情况，后者反映不对称短路故障的故障分量之间的关系。

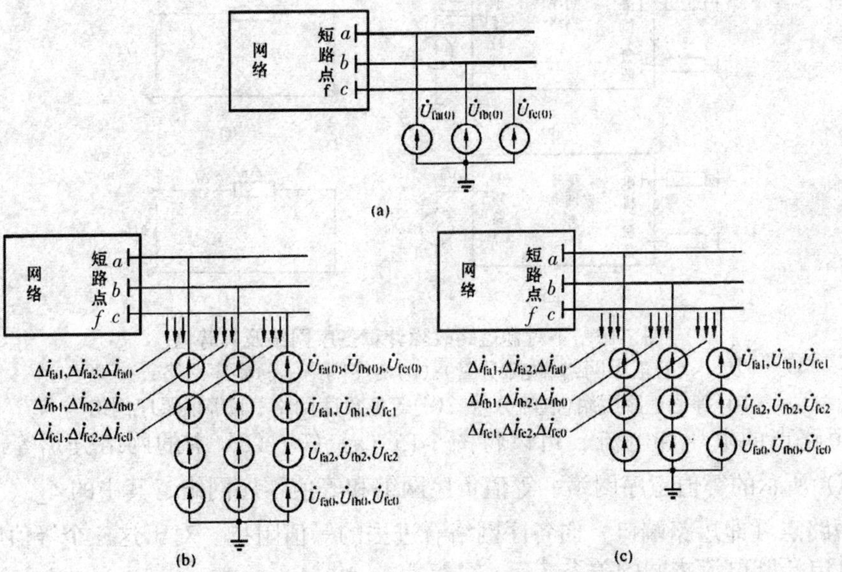

**图5-14　用叠加原理分析不对称短路故障的示意图**

(a)正常运行情况;(b)不对称短路故障情况;(c)短路后电压和电流的故障分量

注意，由于图5-14（c）只反映故障分量，因此其中不含发电机的电动势，即相当于发电机端经相应的序阻抗接地。另外，由于在图5-14（a）中节点$f$流出的电流为零，因此，在图5-14（c）中，从短路点流出的故障分量电流本身就是短路电流，而不必再与正常电流相叠加，即有

$$\left.\begin{aligned}\dot{I}_{f1}=\dot{I}_{fa1}=\Delta\dot{I}_{fa1};\ \dot{I}_{fb1}=\Delta\dot{I}_{fb1};\ \dot{I}_{fc1}=\Delta\dot{I}_{fc1}\\\dot{I}_{f2}=\dot{I}_{fa2}=\Delta\dot{I}_{fa2};\ \dot{I}_{fb2}=\Delta\dot{I}_{fb2};\ \dot{I}_{fc2}=\Delta\dot{I}_{fc2}\\\dot{I}_{f0}=\dot{I}_{fa0}=\Delta\dot{I}_{fa0};\ \dot{I}_{fb0}=\Delta\dot{I}_{fb0};\ \dot{I}_{fc0}=\Delta\dot{I}_{fc0}\end{aligned}\right\}\tag{5-62}$$

但是，对于其他支路来说，还是需要与图5-14（a）中正常运行情况下的电流相叠加，才能得到故障后各支路真正流过的电流。

同理，由于在图5-14（a）中节点$f$只有正序电压分量而没有负序和零序电压分量，因此，短路点电压的负序和零序故障分量本身就是短路点的负序和零序电压，即有

$$\left.\begin{aligned}\dot{U}_{f2}=\dot{U}_{fa2}=\Delta\dot{U}_{fa2};\ \dot{U}_{fb2}=\Delta\dot{U}_{fb2};\ \dot{U}_{fc2}=\Delta\dot{U}_{fc2}\\\dot{U}_{f0}=\dot{U}_{fa0}=\Delta\dot{U}_{fa0};\ \dot{U}_{fb0}=\Delta\dot{U}_{fb0};\ \dot{U}_{fc0}=\Delta\dot{U}_{fc0}\end{aligned}\right\}\tag{5-63}$$

对于图5-14(c)中的故障分量，将再次采用叠加原理，把它分解成正序、负序和零序三个分量的叠加，而这三个序分量中的电流和电压之间的关系，将分别决定于正序、负序和零序网络。在以$a$相为代表相的情况下，正序、负序和零序网络分别如图5-15(a)(b)(c)所示。

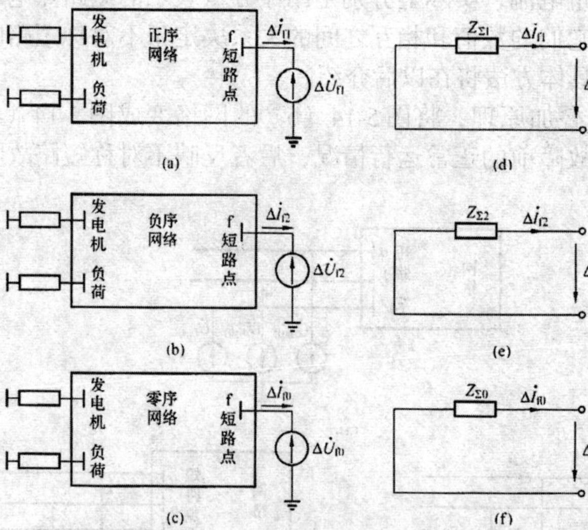


**图5-15　不对称短路故障计算各序网络及其等值**

(a)正序网络(故障分量)；(b)负序网络；(c)零序网络；

(d)等值正序网络(故障分量)；(e)等值负序网络；(i)等值零序网络

对于短路点的电压和电流，可以将图5-15（a）（b）（c）中的网络分别等值成图5-15（d）（e）（f）所示的等值正序网络、等值负序网络和等值零序网络，其中的$Z_{\Sigma1}$、$Z_{\Sigma2}$和$Z_{\Sigma0}$分别为从短路点（即短路端口）向各序网络看进去的等值阻抗。对于这三个等值序网，可以分别列出其电压和电流之间的关系式

$$\left.\begin{aligned}\Delta\dot{U}_{f1} &= -Z_{\Sigma1}\Delta\dot{I}_{f1}\\ \Delta\dot{U}_{f2} &= -Z_{\Sigma2}\Delta\dot{I}_{f2}\\ \Delta\dot{U}_{f0} &= -Z_{\Sigma0}\Delta\dot{I}_{f0}\end{aligned}\right\}\tag{5-64}$$

现在，将图5-15（d）中短路点正序电压的故障分量$\Delta\dot{U}_{f1}$，与图5-14（a）中系统正常运行情况下短路点的电压$\Delta\dot{U}_{f0}$相叠加，便可得出短路点的正序电压为

$$\dot{U}_{f1} = \dot{U}_{f(0)} + \Delta\dot{U}_{f1}\tag{5-65}$$

再考虑到系统正常运行情况下没有负序和零序电压和电流，于是，应用式（5-48）和式（5-63），由式（5-64）和式（5-65）可以导出

$$\left.\begin{aligned}\dot{U}_{f(0)} - \dot{U}_{f1} &= Z_{\Sigma1}\dot{I}_{f1}\\ 0 - \dot{U}_{f2} &= Z_{\Sigma2}\dot{I}_{f2}\\ 0 - \dot{U}_{f0} &= Z_{\Sigma0}\dot{I}_{f0}\end{aligned}\right\}\tag{5-66}$$

显然，式（5-66）可以用图5-16中的三个等值序网来直接反映短路点各序电压和电流之间的关系。

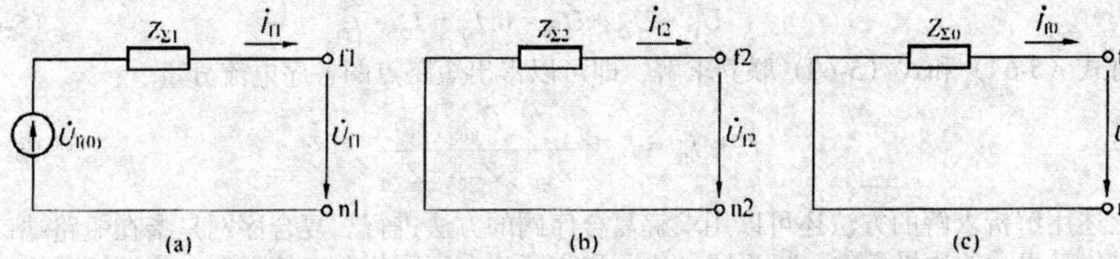


**图5-16　反映短路点各序电压、电流关系的等值序网**

(a)正序等值序网;(b)负序等值序网;(c)零序等值序网

实际上，图5-16（a）便是从短路点向系统看进去的正序戴维南等值电路。

以上便是应用叠加原理分析和计算不对称短路故障的一般原理和方法，下面将具体介绍各种不对称短路故障的分析方法和结果。

**2. 单相接地短路**

（1）短路点直接接地

①短路点的电压和电流

当系统中的$f$点发生单相（$a$相）直接短路接地故障时，其短路点的不对称电流和电压可以用图5-17表示。很明显，短路点的边界条件为$a$相在短路点$f$的对地电压为零，$b$相和$c$相从短路点流出的电流为零，即

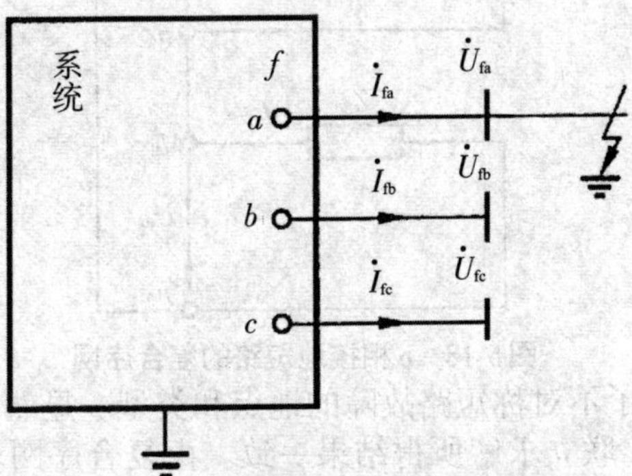


**图5-17　单相短路接地时短路点的电流和电压**

$$\dot{U}_{fa}=0;\dot{I}_{fb}=\dot{I}_{fc}=0 \tag{5-67}$$

将式（5-67）转换成各个序分量之间的关系。对于$\dot{U}_{fa}=0$，有

$$\dot{U}_{fa}=\dot{U}_{f1}+\dot{U}_{f2}+\dot{U}_{f0}=0 \tag{5-68}$$

对于$\dot{I}_{fb}=\dot{I}_{fc}=0$可以得出

$$\begin{bmatrix}\dot{I}_{f1}\\ \dot{I}_{f2}\\ \dot{I}_{f0}\end{bmatrix}=\frac{1}{3}\begin{bmatrix}1 & a & a^2\\ 1 & a^2 & a\\ 1 & 1 & 1\end{bmatrix}\begin{bmatrix}\dot{I}_{fa}\\ 0\\ 0\end{bmatrix}=\frac{1}{3}\begin{bmatrix}\dot{I}_{fa}\\ \dot{I}_{fa}\\ \dot{I}_{fa}\end{bmatrix}$$

于是，单相短路接地时，用序分量表示的边界条件为

$$\dot{U}_{f1}+\dot{U}_{f2}+\dot{U}_{f0}=0;\dot{I}_{f1}=\dot{I}_{f2}=\dot{I}_{f0} \tag{5-69}$$

将式（5-67）和式（5-69）联立求解，即可以得出短路点的各序电流分量

$$\dot{I}_{f1}=\dot{I}_{f2}=\dot{I}_{f0}=\frac{\dot{U}_{f(0)}}{Z_{\Sigma1}+Z_{\Sigma2}+Z_{\Sigma0}} \tag{5-70}$$

上述用解析求解的方法还可以用求解复合序网的方法进行。复合序网是指在短路端口按照用序分量表示的边界条件，将正序、负序和零序三个序网相互连接而形成的等值网络。从 $a$ 相短路接地的序分量边界条件式（5-69）可见，它相当于将三序序网的端口进行串联，如图5-18所示。

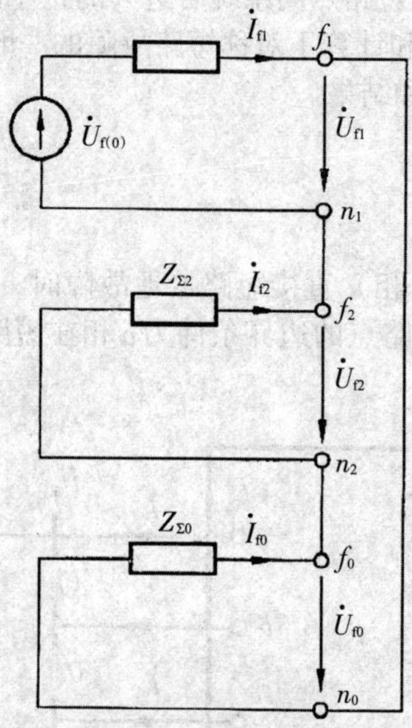


图5-18　$a$ 相接地短路的复合序网

复合序网直观地表达了不对称短路故障的地点和类型。显然对复合序网进行计算与上述对式（5-67）和式（5-69）联立求解所得结果一致。由复合序网可以解出短路点处的各序电压分量为

$$\left.\begin{aligned}\dot{U}_{f1}&=\dot{U}_{f(0)}-Z_{\Sigma1}\dot{I}_{f1}=\left(Z_{\Sigma2}+Z_{\Sigma0}\right)\dot{I}_{f1}\\ \dot{U}_{f2}&=0-Z_{\Sigma2}\dot{I}_{f2}=-Z_{\Sigma2}\dot{I}_{f1}\\ \dot{U}_{f0}&=0-Z_{\Sigma0}\dot{I}_{f0}=-Z_{\Sigma0}\dot{I}_{f1}\end{aligned}\right\} \tag{5-71}$$

可以求出短路点的三相电流为

$$\left.\begin{aligned}\dot{I}_{fa}&=\dot{I}_{f1}+\dot{I}_{f2}+\dot{I}_{f0}=3\dot{I}_{f1}=\frac{3\dot{U}_{f(0)}}{Z_{\Sigma1}+Z_{S2}+Z_{\Sigma0}}\\ \dot{I}_{fb}&=a^2\dot{I}_{f1}+a\dot{I}_{f2}+\dot{I}_{f0}=\left(a^2+a+1\right)\dot{I}_{f1}=0\\ \dot{I}_{fc}&=a\dot{I}_{f1}+a^2\dot{I}_{f2}+\dot{I}_{f0}=\left(a+a^2+1\right)\dot{I}_{f1}=0\end{aligned}\right\} \tag{5-72}$$

同理，短路点的三相电压为

$$\left.\begin{aligned}\dot{U}_{fa}&=\dot{U}_{f1}+\dot{U}_{f2}+\dot{U}_{f0}=0\\ \dot{U}_{fb}&=a^2\dot{U}_{f1}+a\dot{U}_{f2}+\dot{U}_{f0}=\left[\left(a^2-a\right)Z_{\Sigma2}+\left(a^2-1\right)Z_{\Sigma0}\right]\dot{I}_{f1}\\ \dot{U}_{fc}&=a\dot{U}_{f1}+a^2\dot{U}_{f2}+\dot{U}_{f0}=\left[\left(a-a^2\right)Z_{\Sigma2}+\left(a-1\right)Z_{\Sigma0}\right]\dot{I}_{f1}\end{aligned}\right\}\tag{5-73}$$

② 电压和电流的特点

在实际电力系统中，一般$Z_{\Sigma1}$和$Z_{\Sigma2}$接近相等，因此，故障相的短路电流除了与$Z_{\Sigma1}$有关外，还将随着$Z_{\Sigma0}$的增大而减小。由于$Z_{\Sigma0}$与系统中变压器的接线方式和中性点接地的位置和数目有关，一般来说，接地中性点越多，则$Z_{\Sigma0}$越小，从而单相短路电流越大。不难看出，在$Z_{\Sigma0}<Z_{\Sigma1}$的情况下，单相短路电流$I_f^{(1)}$将大于同一地点的三相短路电流$I_f^{(3)}(=U_{f(0)}/Z_{\Sigma1})$；反之，则$I_f^{(1)}<I_f^{(3)}$。对于中性点不接地系统，在忽略电容电流的情况下，$Z_{\Sigma0}=\infty$，单相短路电流为零。

对于非故障相的电压，可以近似分析如下。忽略系统中各元件的电阻，将式(5-72)代入式(5-73)，可以得出

$$\dot{U}_{fb}=a^2\dot{U}_{f1}+a\dot{U}_{f2}+\dot{U}_{f0}=a^2\left(\dot{U}_{f(0)}-\mathrm{j}X_{\Sigma1}\dot{I}_{f1}\right)+a\left(-\mathrm{j}X_{\Sigma2}\dot{I}_{f2}\right)+\left(-\mathrm{j}X_{\Sigma0}\dot{I}_{f0}\right)\tag{5-74}$$

在$X_{\Sigma1}=X_{\Sigma2}$的情况下，有

$$\begin{aligned}\dot{U}_{fb}&=a^2\dot{U}_{f(0)}-\mathrm{j}\left(a^2+a\right)X_{\Sigma1}\dot{I}_{f1}-\mathrm{j}X_{\Sigma0}\dot{I}_{f1}=\dot{U}_{fb(0)}+\mathrm{j}\dot{I}_{f1}\left(X_{\Sigma1}-X_{\Sigma0}\right)\\ &=\dot{U}_{fb(0)}+\frac{\dot{U}_{fb(0)}}{2X_{\Sigma1}+X_{\Sigma0}}\left(X_{\Sigma1}-X_{\Sigma0}\right)=\dot{U}_{fb(0)}-\dot{U}_{fa(0)}\frac{k_0-1}{2+k_0}\end{aligned}\tag{5-75}$$

其中

$$k_0=X_{\Sigma0}/X_{\Sigma1}\tag{5-76}$$

同理可得

$$\dot{U}_{fc}=\dot{U}_{fc(0)}-\dot{U}_{fa(0)}\frac{k_0-1}{2+k_0}\tag{5-77}$$

当$k_0<1$，即$X_{\Sigma0}<X_{\Sigma1}$时，非故障相的电压较故障前有所降低。在$k_0=0$的极端情况下，有

$$\dot{U}_{fb}=\dot{U}_{fb(0)}+\frac{1}{2}\dot{U}_{fa(0)}=\frac{\sqrt{3}}{2}\dot{U}_{fb(0)}\angle\pi/6;\quad \dot{U}_{fc}=\frac{\sqrt{3}}{2}\dot{U}_{fc(0)}\angle-\pi/6\tag{5-78}$$

而当$k_0=1$，即$X_{\Sigma0}=X_{\Sigma1}$时，有$\dot{U}_{fb}=\dot{U}_{fb(0)}$和$\dot{U}_{fc}=\dot{U}_{fc(0)}$，即短路点处的非故障相电压不变。当$k_0>1$，即$X_{\Sigma0}>X_{\Sigma1}$时，短路点的非故障相电压较故障前升高，最严重的情况为$X_{\Sigma0}=\infty$，这时有

$$\begin{aligned}\dot{U}_{fb}&=\dot{U}_{fb(0)}-\dot{U}_{fa(0)}=\sqrt{3}\dot{U}_{fb(0)}\angle-\pi/6\\ \dot{U}_{fc}&=\dot{U}_{fc(0)}-\dot{U}_{fa(0)}=\sqrt{3}\dot{U}_{fc(0)}\angle\pi/6\end{aligned}\tag{5-79}$$

这相当于在中性点不接地的电力系统中发生单相接地短路时，中性点电压升高到相电压，而非故障相电压升高到线电压。

图5-19（a）（b）分别画出了$a$相接地短路时，在$X_{\Sigma0}>X_{\Sigma1}$的情况下，短路点电流和电压的各序相量，以及由各序分量合成的三相相量。图5-19（c）给出了不同$k_0$下非故障相电压的变化轨迹。

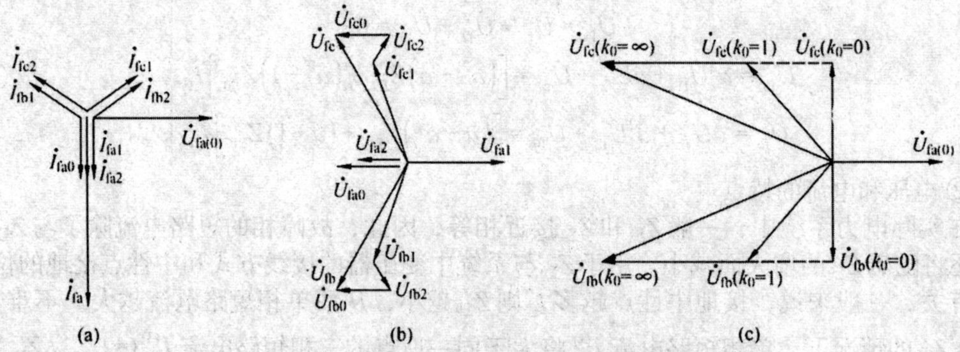


**图5—19　$a$相接地短路点的相量图**

(a)电流相量图；(b)电压相量图；(c)非故障相电压变化轨迹

(2) 短路点经过阻抗接地

在一般情况下，接地点往往产生电弧，这相当于故障点经过阻抗接地。在此情况下，短路点的电压和电流如图5-20（a）所示，从而可以列出短路点的边界条件为

$$\dot{U}_{fa}=\dot{I}_{fa}Z_f;\dot{I}_{fb}=\dot{I}_{fc}=0 \tag{5-80}$$

将它转换成序分量，有

$$\dot{U}_{f1}+\dot{U}_{f2}+\dot{U}_{f0}=\left(\dot{I}_{f1}+\dot{I}_{f2}+\dot{I}_{f0}\right)Z_f;\ \dot{I}_{f1}=\dot{I}_{f2}=\dot{I}_{f0} \tag{5-81}$$

显然，满足这一边界条件的复合序网如图5-20（b）所示。

由复合序网可以求得短路点的各序电流分量为

$$\dot{I}_{f1}=\dot{I}_{f2}=\dot{I}_{f0}=\frac{\dot{U}_{f(0)}}{Z_{\Sigma1}+Z_{\Sigma2}+Z_{\Sigma0}+3Z_f} \tag{5-82}$$

注意：由于通过电弧中的零序电流为一相零序电流的3倍，因此，在式（5-82）分母中，将零序网络的等值阻抗增加了3倍的接地阻抗。电压序分量的计算与式（5-71）相同。

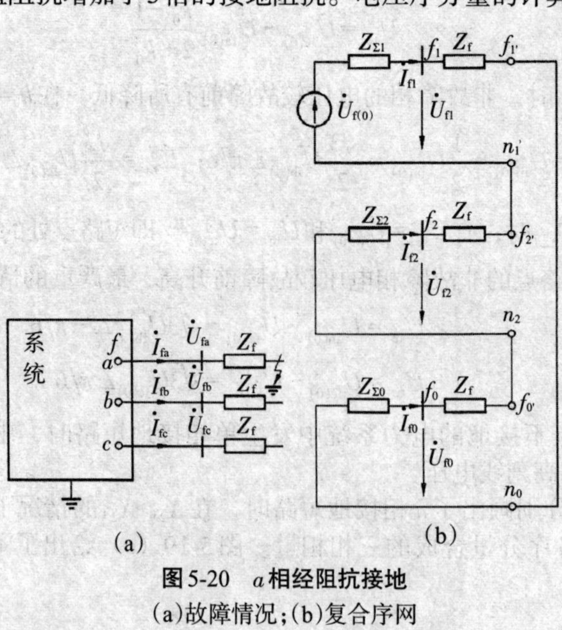


**图5-20　$a$相经阻抗接地**

(a)故障情况；(b)复合序网

3. 两相短路

（1）两相直接短路

当系统中$f$点发生两相（b、c相）直接短路时，短路点处的电流和电压可以用图5-21（a）表示，并由此可以列出短路点的边界条件为

$$\dot{I}_{fa}=0;\dot{I}_{fb}=-\dot{I}_{fc};\dot{U}_{fb}=\dot{U}_{fc} \tag{5-83}$$

可以得出边界条件中序电流的关系为

$$\begin{bmatrix}\dot{I}_{f1}\\ \dot{I}_{f2}\\ \dot{I}_{f0}\end{bmatrix}=\frac{1}{3}\begin{bmatrix}1 & a & a^2\\ 1 & a^2 & a\\ 1 & 1 & 1\end{bmatrix}\begin{bmatrix}0\\ \dot{I}_{fb}\\ -\dot{I}_{fb}\end{bmatrix}=\frac{1}{3}\begin{bmatrix}\dot{I}_{fb}\\ -\dot{I}_{fb}\\ 0\end{bmatrix}$$

并由上式可以得出用电流序分量表示的边界条件为

$$\dot{I}_{f0}=0;\dot{I}_{f1}+\dot{I}_{f2}=0 \tag{5-84}$$

对于边界条件中的电压关系，同理有

$$\begin{bmatrix}\dot{U}_{f1}\\ \dot{U}_{f2}\\ \dot{U}_{f0}\end{bmatrix}=\frac{1}{3}\begin{bmatrix}1 & a & a^2\\ 1 & a^2 & a\\ 1 & 1 & 1\end{bmatrix}\begin{bmatrix}\dot{U}_{fa}\\ \dot{U}_{fb}\\ \dot{U}_{fb}\end{bmatrix}=\frac{1}{3}\begin{bmatrix}\dot{U}_{fa}+a\dot{U}_{fb}+a^2\dot{U}_{fb}\\ \dot{U}_{fa}+a^2\dot{U}_{fb}+a\dot{U}_{fb}\\ \dot{U}_{fa}+\dot{U}_{fb}+\dot{U}_{fb}\end{bmatrix}$$

从而得出用电压序分量表示的边界条件为

$$\dot{U}_{f1}=\dot{U}_{f2} \tag{5-85}$$

由式（5-84）和式（5-85）可以看出，复合序网是正序和负序网络在其端口的并联，而零序网络则在端口开路，说明在短路电流中不含零序分量，如图5-21（b）所示。从这里可以看出，当考虑$b$、$c$两相短路时，复合序网的组成比较简单，而如果考虑其他两相短路，则复合序网要复杂一些（建议读者自行推导）。

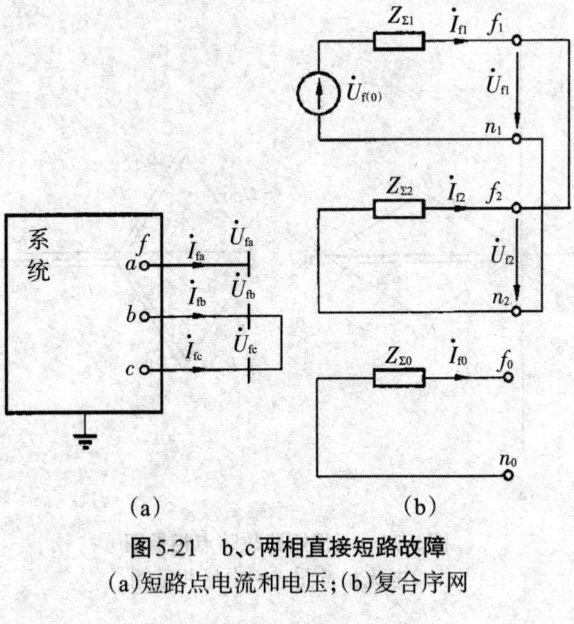


图5-21 b、c两相直接短路故障

(a)短路点电流和电压；(b)复合序网

由复合序网可以直接解出短路点处的各序电流分量为

$$\dot{I}_{f1}=-\dot{I}_{f2}=\frac{\dot{U}_{f(0)}}{Z_{\Sigma1}+Z_{\Sigma2}};\ \dot{I}_{f0}=0 \tag{5-86}$$

短路点的各序电压分量为

$$\dot{U}_{f1}=\dot{U}_{f2}=\dot{U}_{f(0)}-Z_{\Sigma1}\dot{I}_{f1}=Z_{\Sigma2}\dot{I}_{f2}=\frac{\dot{U}_{f(0)}}{Z_{\Sigma1}+Z_{\Sigma2}}Z_{\Sigma2} \tag{5-87}$$

然后，可以得出故障相的短路电流和各相电压

$$\left.\begin{aligned}\dot{I}_{fb}&=a^2\dot{I}_{f1}+a\dot{I}_{f2}=\left(a^2-a\right)\dot{I}_{f1}=-\mathrm{j}\sqrt{3}\dot{I}_{f1}=\frac{-\mathrm{j}\sqrt{3}\dot{U}_{f(0)}}{Z_{\Sigma1}+Z_{\Sigma2}}\\ \dot{I}_{fc}&=a\dot{I}_{f1}+a^2\dot{I}_{f2}=\left(a-a^2\right)\dot{I}_{f1}=\mathrm{j}\sqrt{3}\dot{I}_{f1}=\frac{\mathrm{j}\sqrt{3}\dot{U}_{f(0)}}{Z_{\Sigma1}+Z_{\Sigma2}}\end{aligned}\right\} \tag{5-88}$$

$$\left.\begin{aligned}\dot{U}_{fa}&=\dot{U}_{f1}+\dot{U}_{f2}=2\dot{U}_{f1}=\frac{2\dot{U}_{f(0)}}{Z_{\Sigma1}+Z_{\Sigma2}}Z_{\Sigma2}\\ \dot{U}_{fb}&=\dot{U}_{fc}=\left(a^2+a\right)\dot{U}_{f1}=-\dot{U}_{f1}=-\frac{\dot{U}_{f(0)}}{Z_{\Sigma1}+Z_{\Sigma2}}Z_{\Sigma2}\end{aligned}\right\} \tag{5-89}$$

如果令 $Z_{\Sigma1}=Z_{\Sigma2}$，则由式（5-88）和式（5-89）可见，两相短路电流大约是三相短路电流的后 $\sqrt{3}/2$。因此，一般来说，电力系统中的两相短路电流小于三相短路电流，而对于电压来说，故障相的电压幅值约降低一半，非故障相的电压约等于故障前的电压。

图5-22给出了 $b$、$c$ 两相短路时，短路点处的各序电流和电压相量以及经合成而得出的各相电流和电压，其中假定各序阻抗为纯电抗，且 $X_{\Sigma1}=X_{\Sigma2}$。

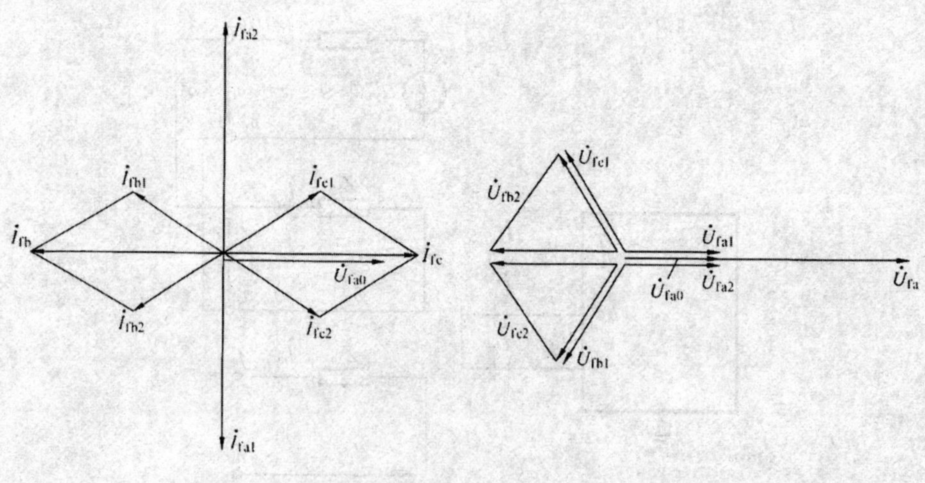


**图5-22　两相短路故障点相量图**

(a)电流相量图;(b)电压相量图

（2）两相经阻抗短路

如果两相经阻抗$Z_f$短路，如图5-23（a）所示，则边界条件为

$$\dot{I}_{fa}=0;\dot{I}_{fb}=-\dot{I}_{fc};\dot{U}_{fb}-\dot{U}_{fc}=Z_f\dot{I}_{fb} \tag{5-90}$$

转换成序分量为

$$\dot{I}_{f0}=0;\dot{I}_{f1}=-\dot{I}_{f2};\dot{U}_{f1}-\dot{U}_{f2}=Z_f\dot{I}_{f1} \tag{5-91}$$

将边界条件式（5-91）与三序电压平衡方程式（5-66）联立求解，便可得出短路点电流和电压的序分量。实际上，可以将经阻抗$Z_f$短路的情况，看成是在$f$点串联阻抗$Z_f/2$后的$f'$点发生两相直接短路的情况。于是便可以直接得出图5-23（b）所示的复合序网，从而有

$$\dot{I}_{f1}=-\dot{I}_{f2}=\frac{\dot{U}_{f(0)}}{Z_{\Sigma1}+Z_{\Sigma2}+Z_{\Sigma3}} \tag{5-92}$$

$$\dot{I}_{fb}=-\dot{I}_{fc}=\frac{-j\sqrt{3}\dot{U}_{f(0)}}{Z_{\Sigma1}+Z_{\Sigma2}+Z_{\Sigma3}} \tag{5-93}$$

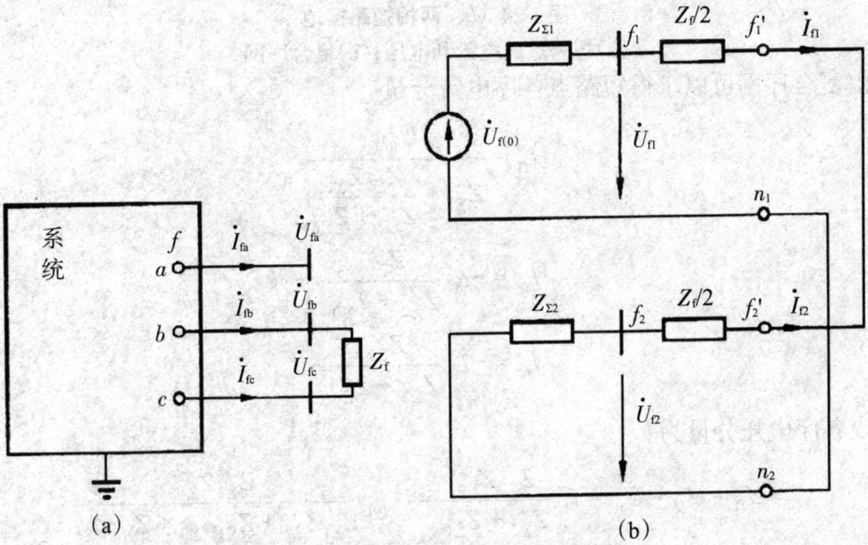


**图5-23 两相经阻抗短路的复合序网**

(a)故障情况；(b)复合序网

**4. 两相短路接地**

（1）两相直接短路接地

当系统中发生$b$、$c$两相直接短路接地时，短路点处的电压和电流可以用图5-24（a）表示，从而可以列出相分量的边界条件为

$$\dot{I}_{fa}=0;\dot{U}_{fb}=\dot{U}_{fc}=0 \tag{5-94}$$

由式（5-94）可以导出相应的序分量边界条件为

$$\left.\begin{aligned}\dot{U}_{f1}=\dot{U}_{f2}=\dot{U}_{f0}\\ \dot{I}_{f1}+\dot{I}_{f2}+\dot{I}_{f0}=0\end{aligned}\right\} \tag{5-95}$$

显然，满足此边界条件的复合序网为正序、负序、零序三个序网在短路点处并联，如图5-24（b）所示。

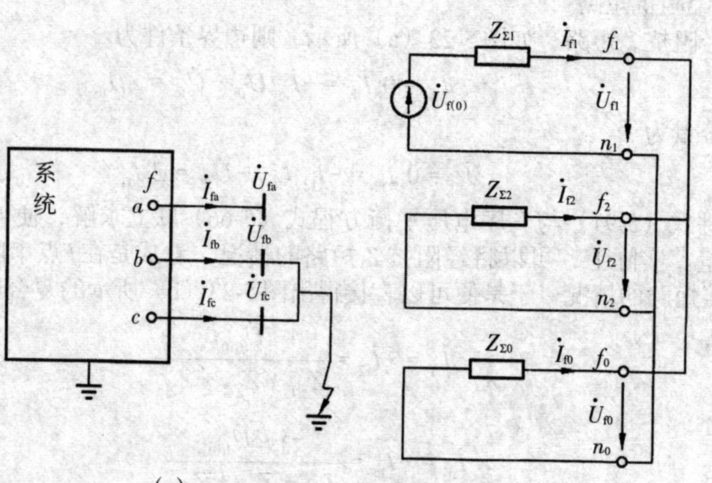

(a)　　　　(b)

**图5-24　$b$、$c$两相短路接地**

(a)短路点的电流和电压；(b)复合序网

直接由复合序网可以求得短路点各序电流分量

$$\begin{aligned} I_{f1} &= \frac{\dot{U}_{f(0)}}{Z_{\Sigma1} + \dfrac{Z_{\Sigma2}Z_{\Sigma0}}{Z_{\Sigma2}+Z_{\Sigma0}}} \\ \dot{I}_{f2} &= -\dot{I}_{f1}\frac{Z_{\Sigma0}}{Z_{\Sigma2}+Z_{\Sigma0}} \\ \dot{I}_{f0} &= -\dot{I}_{f1}\frac{Z_{\Sigma2}}{Z_{\Sigma2}+Z_{\Sigma0}} \end{aligned} \tag{5-96}$$

故障点各序电压分量为

$$\dot{U}_{f1} = \dot{U}_{f2} = \dot{U}_{f0} = \dot{I}_{f1}\frac{Z_{\Sigma2}Z_{\Sigma0}}{Z_{\Sigma2}+Z_{\Sigma0}} = \dot{U}_{f(0)}\frac{Z_{\Sigma2}Z_{\Sigma0}}{Z_{\Sigma1}Z_{\Sigma2}+Z_{\Sigma1}Z_{\Sigma0}+Z_{\Sigma2}Z_{\Sigma0}} \tag{5-97}$$

故障相的短路电流为

$$\left.\begin{aligned} \dot{I}_{fb} &= a^2\dot{I}_{f1} + a\dot{I}_{f2} + \dot{I}_{f0} = \dot{I}_{f1}\left(a^2 - \frac{Z_{\Sigma2}+aZ_{\Sigma0}}{Z_{\Sigma2}+Z_{\Sigma0}}\right) \\ \dot{I}_{fc} &= a\dot{I}_{f1} + a^2\dot{I}_{f2} + \dot{I}_{f0} = \dot{I}_{f1}\left(a - \frac{Z_{\Sigma2}+a^2Z_{\Sigma0}}{Z_{\Sigma2}+Z_{\Sigma0}}\right) \end{aligned}\right\} \tag{5-98}$$

若忽略各序阻抗中的电阻分量，即认为它们为纯电阻，则故障相短路电流的有效值为

$$I_{fb} = I_{fc} = \sqrt{3}\times\sqrt{1-\frac{X_{\Sigma2}X_{\Sigma0}}{\left(X_{\Sigma2}+X_{\Sigma0}\right)^2}}I_{f1} \tag{5-99}$$

在$X_{\Sigma1}$=$X_{\Sigma2}$的情况下，令$k_0$=$X_{\Sigma1}/X_{\Sigma2}$，则有

$$I_{fb}=I_{fc}=\sqrt{3}\times\sqrt{1-\frac{k_0}{(1+k_0)^2}}\times\frac{1+k_0}{1+2k_0}I_f^{(3)} \tag{5-100}$$

式中的$I_f^{(3)}$为$f$点三相短路时的短路电流。

由式（5-100）可见，故障相的短路电流将随着$k_0$的增大而减小，如：

①当$k_0=0$时，$I_{fb}=I_{fc}=\sqrt{3}I_f^{(3)}$。

②当$k_0=1$时，$I_{fb}=I_{fc}=I_f^{(3)}$。

③当$k_0=\infty$时，$I_{fb}=I_{fc}=\sqrt{3}I_f^{(3)}/2$。

另外，两相短路接地时，流入大地的电流为

$$\dot{I}_g=\dot{I}_{fb}+\dot{I}_{fc}=3\dot{I}_{f0}=-3\dot{I}_{f1}\frac{Z_{\Sigma2}}{Z_{\Sigma2}+Z_{\Sigma0}} \tag{5-101}$$

在短路点处，非故障相的电压为

$$\dot{U}_{fa}=\dot{U}_{f1}+\dot{U}_{f2}+\dot{U}_{f0}=3\dot{U}_{f1} \tag{5-102}$$

略去网络中的电阻且$X_{\Sigma1}=X_{\Sigma2}$的情况下，有

$$\dot{U}_{fa}=3\dot{U}_{f(0)}\frac{k_0}{1+2k_0} \tag{5-103}$$

显然，当$k_0=0$时，$\dot{U}_{fa}=0$；$k_0=1$时，$\dot{U}_{fa}=\dot{U}_{fa(0)}$；$k_0=\infty$时，$\dot{U}_{fa}=1.5\dot{U}_{fa(0)}$。注意，$k_0=\infty$相当于中性点不接地系统（或零序电流不能形成通路），在此情况下当发生两相短路接地时，非故障相的电压可能升高到正常电压的1.5倍，但仍小于单相接地短路情况下可能的电压升高。

图5-25画出了两相短路接地故障时，短路点短路电流、电压的相量图。

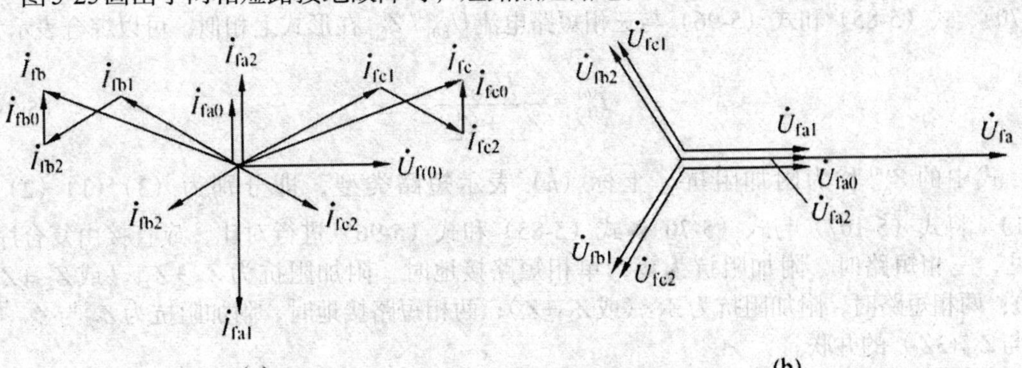


**图5-25 两相短路接地短路点电流、电压相量图**

(a)电流相量图；(b)电压相量图

（2）两相经阻抗接地短路

如果$b$、$c$两相经阻抗接地，如图5-26（a）所示，则故障点的边界条件为

$$\dot{U}_{fb}=\dot{U}_{fc}=(\dot{I}_{fb}+\dot{I}_{fc})Z_f;\dot{I}_{fa}=0 \tag{5-104}$$

相应的序分量边界条件为

$$\dot{U}_{f1}=\dot{U}_{f2}=\dot{U}_{f0}-3Z_f\dot{I}_{f0};\dot{I}_{f1}+\dot{I}_{f2}+\dot{I}_{f0}=0 \tag{5-105}$$

其复合序网如图5-26（b）所示，即零序网络串联$3Z_f$后在短路点与正序序网和负序序网相并联。零序网络中串联$3Z_f$的原因与单相经过阻抗接地的情况相同。

显然，$b$、$c$两相短路经阻抗接地情况下的电流和电压计算可利用式（5-96）、式（5-97）和式（5-101），只需将式中的$Z_{\Sigma0}$换成$Z_{\Sigma0}+3Z_f$。

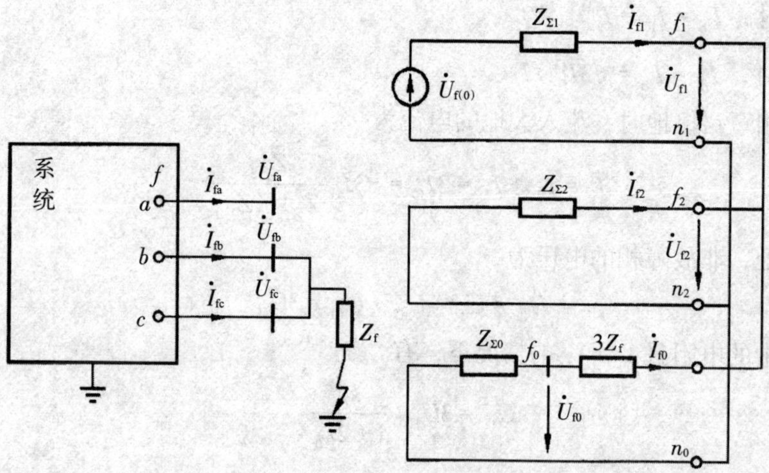


（a）　　（b）

**图5-26　$b$、$c$两相短路经阻抗接地**

（a）故障情况；（b）复合序网

**5. 正序等效定则**

从以上三种不对称短路的分析结果可以看出，三种情况下短路电流正序分量的计算式（5-70）、式（5-85）和式（5-96）与三相短路电流$\dot{U}_{f(0)}/Z_{\Sigma1}$在形式上相似，可以综合表示为

$$\dot{I}_{f1}^{(n)}=\frac{\dot{U}_{f(0)}}{Z_{\Sigma1}+Z_{\Delta}^{(n)}} \tag{5-106}$$

式中的$Z_{\Delta}^{(n)}$称为附加阻抗，上标（$n$）表示短路类型，即分别为（3）（1）（2）和（1.1）。将式（5-107）与式（5-70）、式（5-85）和式（5-96）进行对比，或直接由复合序网可见，三相短路时，附加阻抗为零；单相短路接地时，附加阻抗为$Z_{\Sigma2}+Z_{\Sigma0}$（或$Z_{\Sigma2}+Z_{\Sigma0}+3Z_f$）；两相短路时，附加阻抗为$Z_{\Sigma2}$（或$Z_{\Sigma2}+Z_f$）；两相短路接地时，附加阻抗为$Z_{\Sigma2}$与$Z_{\Sigma0}$（或$Z_{\Sigma2}$与$Z_{\Sigma0}+3Z_f$）的并联。

式（5-107）表明，只就简单不对称短路时的正序电流分量来说，它与在短路点串联一个附加阻抗并在其后发生三相短路时的短路电流相等。这一关系常称为正序等效定则，并可以用如图5-27所示的正序增广网络表示。

注意：这个定则从表面上来看似乎比较简单，但它却是复杂电力系统不对称短路分析和计算的重要依据。

由前面的分析还可看出，故障相的短路电流与其中的正序分量之间的关系可以归结为

$$I_{\mathrm{f}}^{(n)}=M^{(n)}I_{\mathrm{f1}}^{(n)} \tag{5-107}$$

式中，$M^{(n)}$ 为故障相短路电流对正序分量的倍数。

表5-2列出了各种短路情况下的 $Z_{\Delta}^{(n)}$ 和 $M^{(n)}$，其中对于两相短路接地，$M^{(1.1)}$ 只适用于纯电抗的情况。

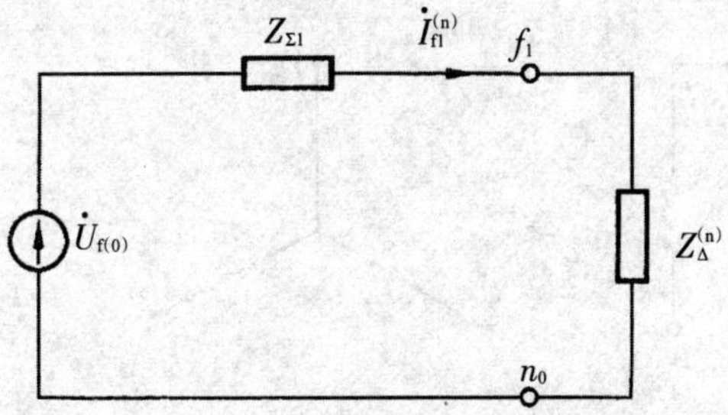


图5-27　正序增广网络

表5-2　各种短路情况下的附加阻抗和电流倍数

| 短路种类 | $Z_{\Delta}^{(n)}$ | $M^{(n)}$ |
| --- | --- | --- |
| 三相短路 | 0 | 1 |
| 单相短路 | $Z_{\Sigma2}(Z_{\Sigma0}+3Z_{\mathrm{f}})$ | 3 |
| 两相短路 | $Z_{\Sigma2}+Z_{\mathrm{f}}$ | $\sqrt{3}$ |
| 两相短路接地 | $\dfrac{Z_{\Sigma2}(Z_{\Sigma0}+3Z_{\mathrm{f}})}{Z_{\Sigma2}+Z_{\Sigma0}+3Z_{\mathrm{f}}}$ | $\sqrt{3}\sqrt{1-\dfrac{x_{\Sigma2}(x_{\Sigma0}+3x_{\mathrm{f}})}{(x_{\Sigma2}+x_{\Sigma0}+3x_{\mathrm{f}})^2}}$ |

### 5.4.4　电压和电流对称分量经变压器后的相位变换

电压和电流对称分量经变压器后，可能要发生相位移动，这取决于变压器绕组的连接组别。现以变压器的两种常用连接方式Yy0和Yd11来说明这个问题。

图5-28（a）表示Yy0连接的变压器，用$A$、$B$和$C$表示变压器绕组Ⅰ的出线端，用$a$、$b$和$c$表示绕组Ⅱ的出线端。如果在Ⅰ侧施以正序电压，则Ⅱ侧绕组的相电压与Ⅰ侧绕组的相电压同相位，如图5-28（b）所示。如果在Ⅰ侧施以负序电压，则Ⅱ侧的相电压与Ⅰ侧的相电压也是同相位，如图5-28（c）所示。对这样连接的变压器，当所选择的基准值使$k_*=1$时，两侧相电压的正序分量或负序分量的标幺值分别相等，且相位相同，即

$$\dot{U}_{a1}=\dot{U}_{A1};\dot{U}_{a2}=\dot{U}_{A2} \tag{5-108}$$

对于两侧相电流的正序及负序分量，也存在上述关系。

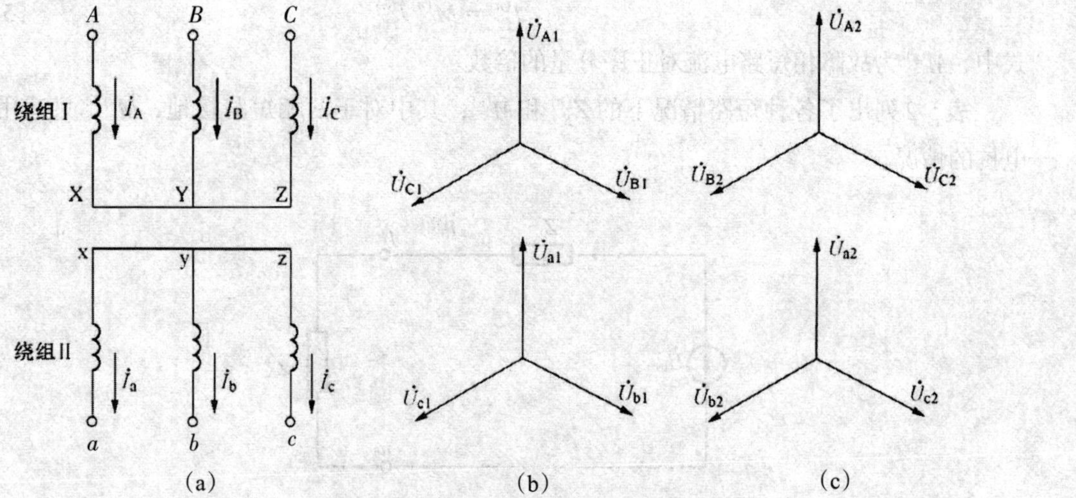


**图5-28　Yy0接法变压器两侧电压的正、负序分量的相位关系**

(a)接线图；(b)正序分量；(c)负序分量

如果变压器接成YNyn0，而又存在零序电流的通路时，则变压器两侧的零序电流（或零序电压）也是同相位的。因此，电压和电流的各序对称分量经过Yy0连接的变压器时，并不发生相位移动。

Yd11接的变压器，情况则大不相同。图5-29（a）表示这种变压器的接线图。如果在Y侧施以正序电压，d侧的线电压虽与Y侧的相电压同相位，但d侧的相电压却超前于Y侧相电压30°，如图5-29（b）所示。当Y侧施以负序电压时，d侧的相电压落后于Y侧相电压30°，如图5-29（c）所示。变压器两侧相电压的正序和负序分量（用标幺值表示且$k_*=1$时）存在以下的关系

$$\left.\begin{aligned}\dot{U}_{a1}&=\dot{U}_{A1}e^{j30°}\\ \dot{U}_{a2}&=\dot{U}_{A2}e^{-j30°}\end{aligned}\right\}\tag{5-109}$$

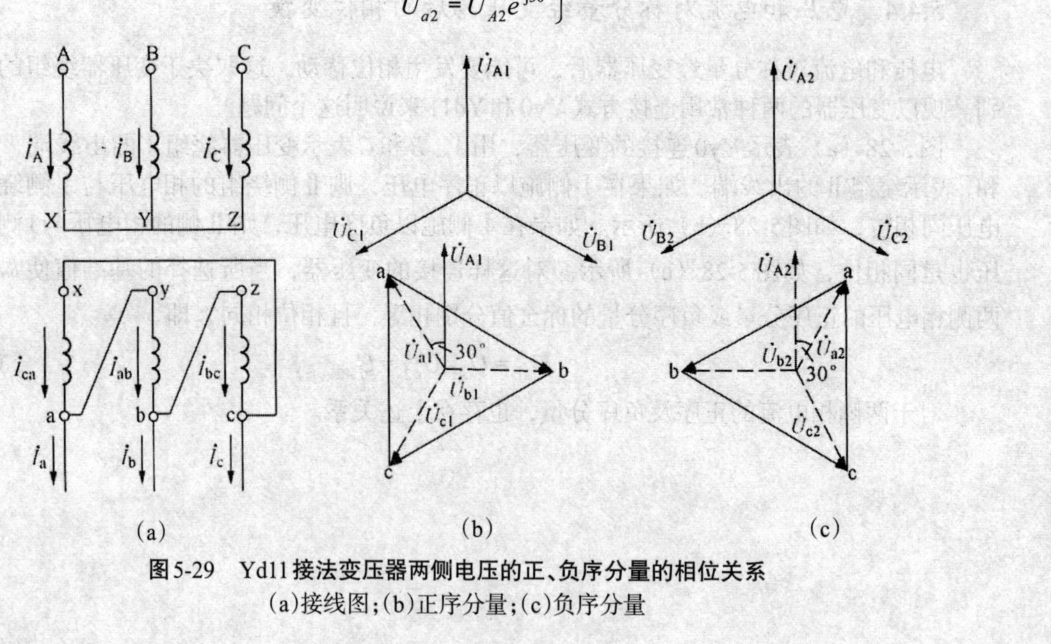


**图5-29　Yd11接法变压器两侧电压的正、负序分量的相位关系**

(a)接线图；(b)正序分量；(c)负序分量

电流也有类似的情况，d侧的正序线电流超前Y侧正序线电流30°，d侧的负序线电流则落后于Y侧负序线电流30°。当用标幺值表示电流且$k_* = 1$时则有

$$\begin{aligned} \dot{I}_{a1} &= \dot{I}_{A1}\mathrm{e}^{\mathrm{j}30°} \\ \dot{I}_{a2} &= \dot{I}_{A2}\mathrm{e}^{-\mathrm{j}30°} \end{aligned} \tag{5-110}$$

Yd连接的变压器，在三角形侧的外电路中总不含零序分量。

由此可见，经过Yd11接法的变压器并且星形侧到三角形侧时，正序系统逆时针方向转过30°，负序系统顺时针方向转过30°。反之，由三角形侧到星形侧时，正序系统顺时针方向转过30°，负序系统逆时针方向转过30°。因此，当已求得星形侧的序电流$\dot{I}_{A1}$、$\dot{I}_{A2}$时，三角形侧外电路的各相电流分别为

$$\left.\begin{aligned} \dot{I}_{\mathrm{a}} &= \dot{I}_{\mathrm{a1}} + \dot{I}_{\mathrm{a2}} = \dot{I}_{\mathrm{A1}}\mathrm{e}^{\mathrm{j}30°} + \dot{I}_{\mathrm{A2}}\mathrm{e}^{-\mathrm{j}30°} = -\mathrm{j}\left[a\dot{I}_{\mathrm{A1}} + a^2\left(-\dot{I}_{\mathrm{A2}}\right)\right] \\ \dot{I}_{\mathrm{b}} &= a^2\dot{I}_{\mathrm{a1}} + a\dot{I}_{\mathrm{a2}} = a^2\dot{I}_{\mathrm{A1}}\mathrm{e}^{\mathrm{j}30°} + a\dot{I}_{\mathrm{A2}}\mathrm{e}^{-\mathrm{j}30°} = -\mathrm{j}\left[\dot{I}_{\mathrm{A1}} + \left(-\dot{I}_{\mathrm{A2}}\right)\right] \\ \dot{I}_{\mathrm{c}} &= a\dot{I}_{\mathrm{a1}} + a^2\dot{I}_{\mathrm{a2}} = a\dot{I}_{\mathrm{A1}}\mathrm{e}^{\mathrm{j}30°} + a^2\dot{I}_{\mathrm{A2}}\mathrm{e}^{-\mathrm{j}30°} = -\mathrm{j}\left[a^2\dot{I}_{\mathrm{A1}} + a\left(-\dot{I}_{\mathrm{A2}}\right)\right] \end{aligned}\right\} \tag{5-111}$$

从式（5-111）可以看到，如果不计变压器一、二次侧电流间的相位关系，略去式（5-111）右端的系数-j，并改选b相作为三角形侧的基准相，则只要将负序分量改变符号，就可以直接用星形侧的序分量合成三角形侧的各相电流（或电压）。上述原则适用于一切奇数点钟的Yd接法的变压器，只是三角形侧基准相应根据点钟数来确定。这个原则称为Yd接法变压器的负序分量变号原则。

应该指出，也可以利用直流计算台作短路计算，在计算台上按电力系统接线情况组成各序网络，并按照故障处的边界条件接成复合序网，通过直接测量，不仅能确定故障点的各序电流和各序电压，而且还可以确定网络中任何支路的各序电流和任一节点的各序电压。

# 第6章　电力系统稳定运行

## 6.1　概述

电力系统正常运行的一个重要标志，就是系统中的同步电机（主要是发电机）都处于同步运行状态。同步运行状态是指所有并联运行的同步电机都有相同的电角速度。在这种情况下，表征运行状态的参数具有接近于不变的数值，通常称此情况为稳定运行状态。

随着电力系统的发展和扩大，往往会有这样的情况：例如，水电厂或坑口火电厂通过长距离交流输电线路将大量的电力输送到中心系统，在输送功率达到一定的数值后，电力系统稍微有点小的扰动都有可能出现电流、电压、功率等运行参数剧烈变化和振荡的现象，这表明系统中的发电机之间失去了同步，电力系统不能保持稳定运行状态；又如，当电力系统中的个别元件发生故障时，虽然自动保护装置已将故障元件切除，但是电力系统受到这种大的扰动后，也有可能出现上述运行参数剧烈变化和振荡现象；此外，甚至运行人员的正常操作，如切断输电线路、发电机等，也有可能导致电力系统稳定状态的破坏。

通常，电力系统稳定性就是指电力系统在运行时受到微小的或大的扰动之后，能否继续保持系统中同步电机间同步运行的能力。

电力系统受到的扰动大小不同，运行参数的变化特性（或称为动态响应）随之不同，因而分析和计算方法也有所不同。为此，人们把电力系统稳定性问题分为静态稳定和暂态稳定两类。对这两类稳定问题的分析计算，可以根据研究的目的要求，采用不同精细程度的数学模型来描述电力系统。

我国现行的《电力系统安全稳定导则》对电力系统稳定做了如下规定。

（1）电力系统静态稳定是指电力系统受到小扰动后，不发生自发振荡和非周期性失调，自动恢复到原来稳定运行状态的能力。

（2）电力系统暂态稳定是指电力系统受到大扰动后，各同步发电机保持同步运行并过渡到新的或恢复到原来稳定运行方式的能力。

电力系统稳定性的破坏，将使整个电力系统受到严重的不良影响，造成大量用户供电中断，甚至造成整个系统瓦解。因此，研究电力系统稳定性的内在规律，正确运用提高电力系统稳定性的措施，对现代电力系统的安全、可靠、经济运行有着十分重大的意义。

## 6.2　同步发电机的功—角特性

要分析电力系统的稳定性问题，首先就要讨论同步发电机组和异步发电机组的机电特性，即机组的转子运动方程式和同步发电机组的功—角特性方程式。其中同步发电机组是电力系统中最主要的电源，对电力系统的稳定性起了主导作用，因此对电力系统稳定性的研究主要是针对同步发电机组运行的稳定性。

发电机输出的电磁功率和功率角的关系，称为发电机的功—角特性，这是分析电力系统稳定性的一个重要基础方程式。

### 6.2.1　隐极式发电机的功—角特性方程

以如图6-1所示的简单电力系统为例，分析发电机的电磁功率。

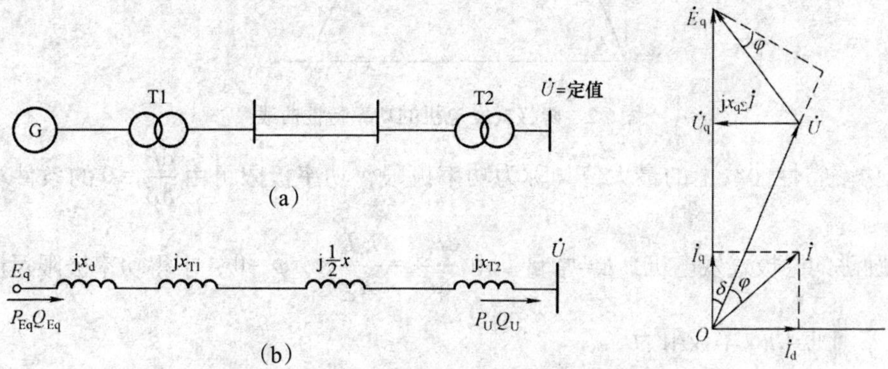

图6-1　简单电力系统的等值电路及相量图

(a)等值电路;(b)相量图

发电机电动势$E_q$处的功率为

$$P_{Eq}=R_e\left(E_q I\right)=E_q I\cos\phi\cos\delta-E_q I\sin\phi\sin\delta \tag{6-1}$$

由于隐式发电机的转子是对称的，因而它的直轴同步电抗和交轴同步电抗是相等的，即有$x_d=x_q$。系统总电抗为

$$X_{d\Sigma}=X_d+X_{T1}+\frac{1}{2}X_L+X_{T2}=X_d+X_{TL} \tag{6-2}$$

$$X_{T1}+\frac{1}{2}X_L+X_{T2}=X_{TL}$$

式中，$X_{TL}$——变压器、线路等输电网的总电抗。

其相量图如图6-1（b）所示，由相量图可得

$$\left.\begin{aligned}E_q\cos\delta=IX_{d\Sigma}\sin\phi+U\\E_q\sin\delta=IX_{d\Sigma}\cos\phi\end{aligned}\right\} \tag{6-3}$$

将式（6-3）代入式（6-1），经整理后可得

$$P_{Eq}=\frac{E_q U}{X_{d\Sigma}}\sin\delta \tag{6-4}$$

当电动势$E_q$及电压$U$恒定时，可以做出隐极式发电机的简单电力系统的功率特性曲线(见图6-2)。

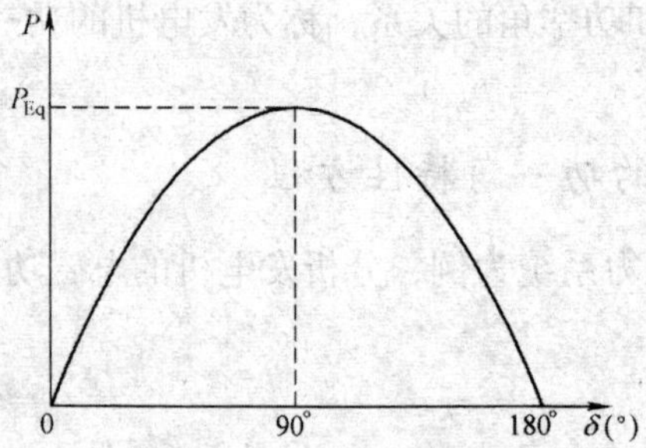


图6-2 隐极式发电机的功率特性曲线

电磁功率特性曲线上的最大值，称为功率极限，功率极限可由 $\frac{\mathrm{d}P}{\mathrm{d}\delta}=0$ 的条件求出。对于无调节励磁的隐极式发电机，$E_q$=常量。由 $\frac{\mathrm{d}P_{Eq}}{\mathrm{d}\delta}=\frac{E_qU}{X_{d\Sigma}}\cos\phi=0$，求得功率极限对应的角度 $\delta_{Eqm}=90°$，于是功效率极限为

$$P_{Eqm}=\frac{E_qU}{X_{d\Sigma}}\sin\delta_{Eqm}=\frac{E_qU}{X_{d\Sigma}}\sin 90°=\frac{E_qU}{X_{d\Sigma}} \tag{6-5}$$

### 6.2.2 凸极式发电机的功—角特性方程

当略去定子绕组的电阻，由式 $\dot{E}_Q=\dot{U}+\mathrm{j}\dot{I}X_q$ 及 $E_q=E_Q+\left(X_d-X_q\right)I_d$，可以画出凸极式发电机正常运行时的相量图如图6-3所示，由该相量图就可以导出以不同电动势和电抗表示的凸极式发电机的功—角特性方程。

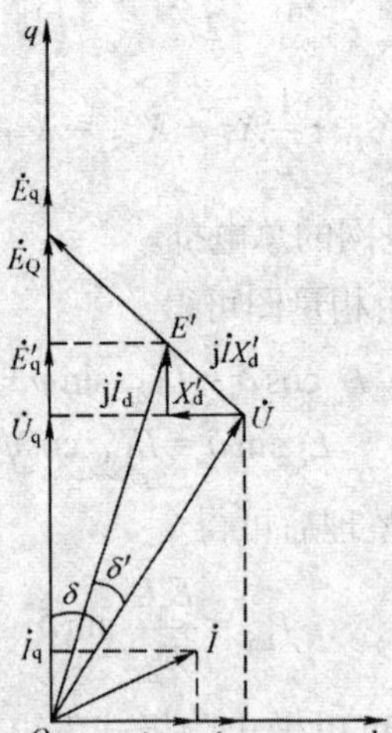


图6-3 凸极式发电机相量图

（1）以空载电动势 $E_q$ 和同步电抗 $X_d$、$X_q$ 表示发电机（即假设励磁回路电压、电流无变化，$E_q$ 为常数），则

由图可见

$$\left.\begin{aligned} E_q &= U_q + I_d X_d \\ 0 &= U_d - I_q X_q \end{aligned}\right\} \tag{6-6}$$

将式（6-5）代入式（6-6）中，可得

$$\begin{aligned} P_{Eq} &= U_d I_d + U_q I_q = \frac{E_q U_d}{X_d} + U_d U_q \left( \frac{1}{X_q} - \frac{1}{X_d} \right) = \frac{E_q U_d}{X_d} + \frac{X_d - X_q}{X_d X_q} U^2 \sin\delta\cos\delta \\ &= \frac{E_q U}{X_d} \sin\delta + \frac{U^2}{2} \frac{X_d - X_q}{X_d X_q} \sin 2\delta \end{aligned} \tag{6-7}$$

对于无自动调节励磁装置的发电机与无限大容量电力系统母线连接时，则有$E_q$=定值，$U$=定值。取不同的$\delta$值代入式中，可以绘制出此种状态下发电机有功功率的功—角特性曲线，如图6-4所示。由图可见，由于直交轴同步电抗不相等$X_d \neq X_q$，出现了一个按两倍功率角的正弦sin2$\delta$变化的功率分量，即为磁阻功率。由于磁阻功率的存在使功—角特性曲线畸变，从而使功率极限有所增加，但这时功率极限出现在功率角小于90°处。

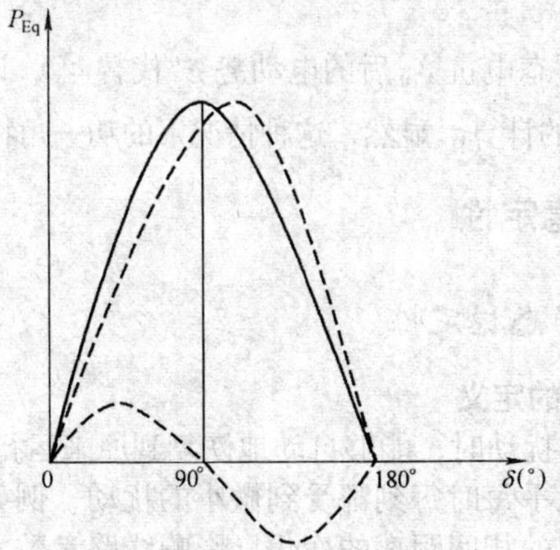


图6-4 以$E_q$表示的凸极式发电机有功功率的功—角特性(一)

(2) 以交轴暂态电动势$E'_q$和直轴暂态电抗$X'_q$表示发电机，不计阻尼时，暂态电动势在干扰的瞬间不变，并近似认为自动调节励磁装置的作用能保持$E'_q$=常数，由图6-3可见

$$\left.\begin{aligned} E'_q &= U_q + I_d X'_d \\ 0 &= U_d - I_q X_d \end{aligned}\right\} \tag{6-8}$$

将式（6-8）代入式（6-8）中可得

$$\begin{aligned} P_{E'q} &= \frac{E'_q U_d}{X'_d} + U_d U_q \left( \frac{1}{X_q} - \frac{1}{X'_q} \right) \\ &= \frac{E'_q U}{X'_d} \sin\delta - \frac{U^2}{2} \frac{X_q - X'_d}{X_q X'_{dd}} \sin 2\delta \end{aligned} \tag{6-9}$$

按式（6-9）可以绘制凸极式发电机与无限大容量母线相连，且$E'_q$=定值时有功功率的功—角特性曲线，如图6-5所示。

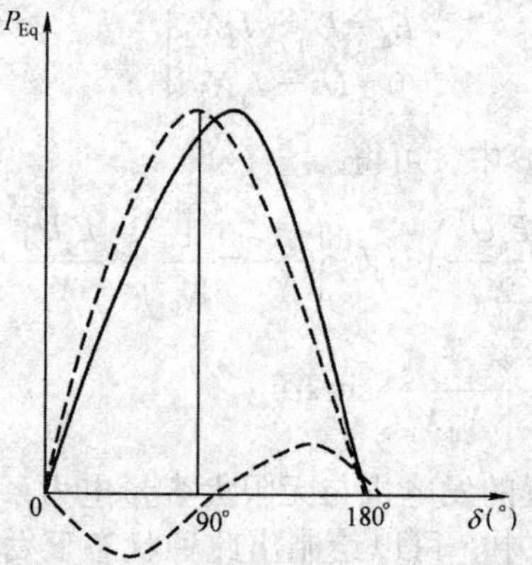


图6-5　以$E_q$表示的凸极式发电机有功功率的功—角特性(二)

由图6-5可见，这时也出现了暂态磁阻功率分量，但由于凸极式发电机的交轴同步电抗往往小于隐极式发电机的交轴同步电抗，因此暂态磁阻功率分量的最大值往往小于隐极式发电机相应分量的最大值。

同样地，也可以直轴暂态电抗$X_d'$后的电动势$E'$代替$E_q'$，以$E'$的相位角$\delta'$代替实际功率角$\delta$，以简化功—角特性的计算。显然，这种情况下的功—角特性方程也如式（6-9）所示。

## 6.3　电力系统静态稳定性

### 6.3.1　电力系统的静态稳定性

**1. 电力系统静态稳定性的定义**

当电力系统受到微小的扰动时，能够自动地恢复到原来运行状态的能力，称为电力系统的静态稳定性。电力系统几乎每时每刻都受到微小的扰动，例如个别电动机的投入或切除；架空线路因风吹摆动而引起的相间距离的变化（影响线路参数）；汽轮机因蒸汽参数的变化而引起其出力的变化。另外，发电机的转子转速也不是绝对均匀的，即功角也是有微小的变化的。因此，电力系统的静态稳定性就是电力系统是否具有抵抗微小扰动的能力的问题。

**2. 电力系统静态稳定性的分析**

在如图6-6（a）所示的电力系统中，假设发电机是隐极机，受端为无穷大电网，则该系统的等效电路如图6-6（b）所示，两电源之间的转移电抗为

$$X_{d\Sigma} = X_d + X_{T-1} + \frac{1}{2}X_L \tag{6-10}$$

发电机的输出功率为

$$P_e = \frac{E_q U \sin\delta}{X_{d\Sigma}} \tag{6-11}$$

如果不考虑发电机的励磁调节器的作用，即认为发电机的空载电动势$E_q$恒定，则发电机的功角特性曲线如图6-7所示。

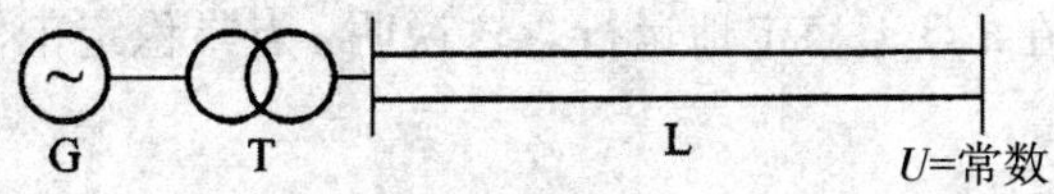


(a)简单电力系统

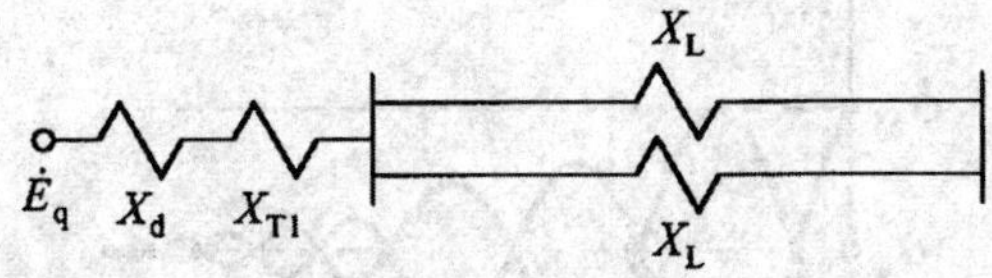


(b)等效电路

图6-6 简单电力系统及等效电路

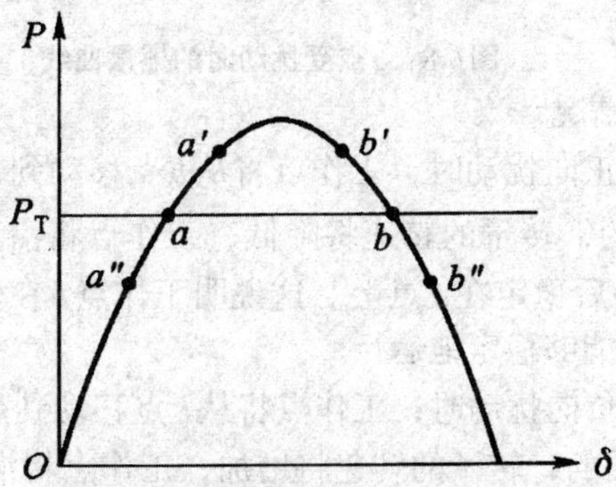


图6-7 简单电力系统的功角特性

若不计原动机的调速作用，则原动机的输出功率（即发电机的输入功率）$P_T$不变。假定在某一正常运行情况下，发电机向无穷大系统输送的功率为$P_0$，如果忽略发电机的损耗，则$P_T=P_0$。由图6-7可见，当输送的功率为$P_T$时，可能的运行点有两个，即$a$、$b$两点。下面分别分析$a$、$b$两点的抗扰动的能力。

（1）先讨论$a$点的情况

假定$a$点受到某种正向扰动，使工作点移动到$a'$点。这时电磁功率$P_e$大于原动机的输出功率$P_T$，发电机的转子上的过剩转矩（$P_e>P_T$）属于阻力功率的性质，转子将减速。这时$\delta$将减小，工作点将沿着$a'a$向$a$点移动。在移动过程中，转子始终是减速的。工作点到达$a$点后，尽管这时的功率是平衡的，但由于转子的惯性作用，工作点仍然会越过$a$点继续向$a''$点运动。一旦越过$a$点，发电机的过剩功率将变成动力功率（$P_e>P_T$），转子将加速。在$aa''$的过程中，由于$a$点的转速太慢，转子的转速始终小于额定转速，到达$a''$点时转速才恢复到同步转速。然后在原动机的输出功率的作用下，继续加速，工作点将沿着$a''\rightarrow a\rightarrow a'$的方向运动，最后由于转子阻尼绕组的作用和转子的各种损耗的作用，工作点在$a''$、$a$、$a'$做减幅振荡，最终稳定在$a$点上。

当工作点在$a$点受到负向扰动时，工作点从$a$点移动到$a''$上，也将在$a''$、$a$、$a'$之间做减幅振荡，最后稳定在$a$点上。

通过上面的分析，说明在$a$点上，无论工作点受到正向扰动还是受到负向扰动，工作点尽管振荡，但最后都将在$a$点上稳定地运行。这说明$a$点是稳定工作点，摇摆曲线如图6-8所示。

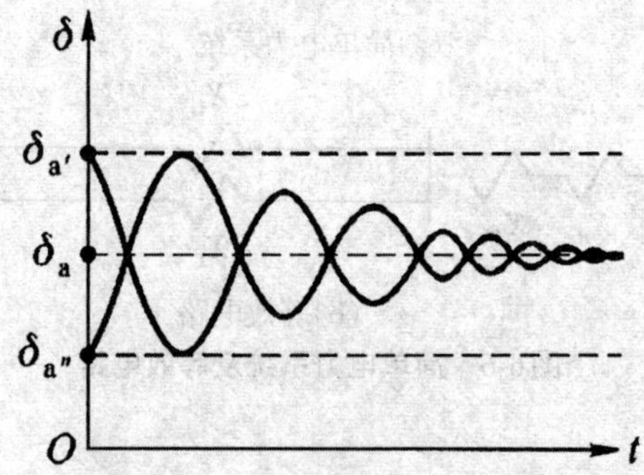


图6-8　$a$点受扰动时的摇摆曲线

（2）下面分析$b$点的情况

当工作点在$b$点受到正向扰动时，工作点将从$b$点移动到$b'$点上，由于转子上的过剩功率（$P_e>P_T$）为减速性质的，转子的转速将降低，工作点将沿着$b'\rightarrow a'\rightarrow a\rightarrow a''$运动，然后在此区间做减幅振荡，最后稳定在$a$点上。这说明工作点$b$在受到微小的正向扰动时，电力系统具有抗扰动的能力，能够稳定地运行。

当工作点在$b$点受到负向扰动时，工作点将从$b$点移动到点上$b''$上，由于转子上的过剩功率（$P_e<P_T$）为加速性质的，转子的转速将增加，工作点将沿着使$\delta$增大的方向运动，这时转子的转速将越来越快，功角$\delta$会越来越大，最后系统失去稳定。

通过上面的分析，说明在$b$点上，工作点不具备抗负向扰动的能力，$b$点是不稳定工作点。$b$点受到扰动时的摇摆曲线如图6-9所示。

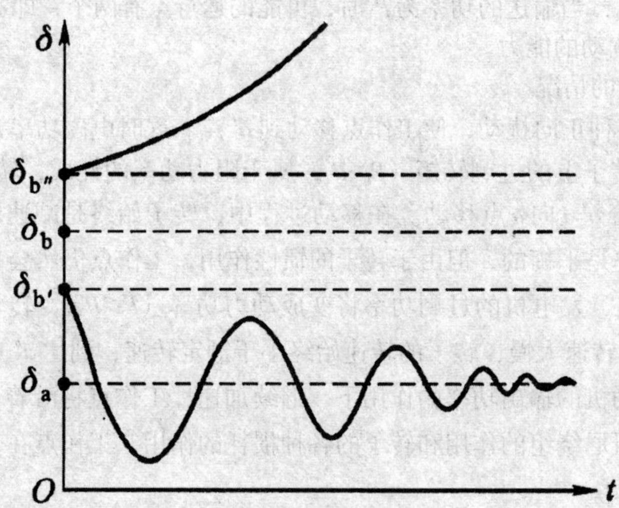


图6-9　摇摆曲线发散的情况

**3. 电力系统静态稳定性的判据**

在$a$点，$P_e(\delta)$曲线处于上升阶段，其曲线的斜率大于0；在$b$点，$P_e(\delta)$曲线处于下降阶段，其曲线的斜率小于0。因此，电力系统的静态稳定性的判据如下：

当$\frac{dP_e}{d\delta}>0$时，系统静态稳定；

当$\frac{dP_e}{d\delta}<0$时，系统静态不稳定。

当然，电力系统不应运行在接近稳定极限的区域，而应保持一定的储备，其静态储备系数的定义为

$$K_P\%=\left[\frac{(P_M-P_0)}{P_0}\right]\times 100\% \tag{6-12}$$

式中，$P_M$——极限功率；

$P_0$——某一运行方式下的输送功率。

系统在正常运行方式下$K_P$%不应小于20%。在事故后的运行方式下，$K_P$%不应小于10%，以保证系统能够稳定运行。

### 6.3.2　自动励磁调节器对静态稳定的影响

现代电力系统的发电机装设了各种各样的自动励磁调节器。下面以典型的自动励磁调节器为例，用小扰动法分析它对静态稳定极限、稳定判据等方面的影响，以便得到一些有用的概念。

**1. 按电压偏差调节的比例式调节器**

所谓比例式调节器一般是指稳态调节量比例于简单的实际运行参数（电压、电流）与它的给定（整定）值之间的偏差值的调节器，有时又称为按偏移调节器。属于这类调节器的有单参数调节器和多参数调节器。单参数调节器是按电压、电流等参数中的某一个参数的偏差调节的，如电子型电压调节器；多参数调节器则按几个运行参数偏差量的线性组合进行调节，如相复励、带有电压校正器的复式励磁调节器等。

下面以按电压偏差调节的比例式调节器为例来进行分析。

(1) 各元件的动态方程

计及自动励磁调节器作用后，发电机电动势的变化规律必须由求解励磁系统的微分方程来确定。具有继电强行励磁的发电机励磁调节系统如图6-10所示。

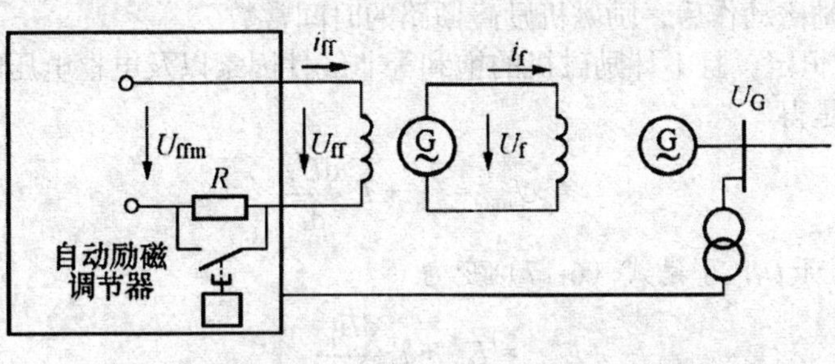


图6-10　有继电强行励磁的发电机励磁调节系统

当不计阻尼绕组的作用（即阻尼绕组开路）时，发电机励磁绕组方程为

$$U_{\mathrm{f}} = R_{\mathrm{f}} i_{\mathrm{f}} + \frac{\mathrm{d}\psi_{\mathrm{f}}}{\mathrm{d}t} \tag{6-13}$$

式中，$\psi_{\mathrm{f}}$——励磁绕组的总磁链。

将式（6-13）变成用发电机电动势表示的形式。等式两边乘以$X_{\mathrm{ad}}/R_{\mathrm{f}}$得

$$\frac{U_{\mathrm{f}}}{R_{\mathrm{f}}} X_{ad} = i_{\mathrm{f}} X_{ad} + \frac{X_{ad}}{R_{\mathrm{f}}} \times \frac{X_{\mathrm{f}}}{X_{\mathrm{f}}} \times \frac{\mathrm{d}\psi_{\mathrm{f}}}{\mathrm{d}t} \tag{6-14}$$

或

$$i_{\mathrm{fe}} X_{ad} = i_{\mathrm{f}} X_{ad} + \frac{X_{\mathrm{f}}}{R_{\mathrm{f}}} \frac{\mathrm{d}}{\mathrm{d}t}\left(\frac{X_{ad}}{X_{\mathrm{f}}} \psi_{\mathrm{f}}\right) \tag{6-15}$$

式中$i_{\mathrm{fe}} = \dfrac{U_{\mathrm{f}}}{R_{\mathrm{f}}}$是励磁电流的强制分量。在标幺值中，$i_{\mathrm{fe}} x_{ad} = E_{qe}$是空载电动势的强制分量，且有$i_{\mathrm{fe}} X_{ad} = E_q$，$\dfrac{X_{\mathrm{f}}}{R_{\mathrm{f}}} = T'_{d0}$，$\dfrac{X_{ad}}{X_{\mathrm{f}}} \psi_{\mathrm{f}} = E'_q$。于是发电机励磁绕组方程为

$$E_{qe} = E_q + T'_{d0} \frac{\mathrm{d}E'_q}{\mathrm{d}t} \tag{6-16}$$

对于励磁机的励磁绕组有

$$U_{\mathrm{ff}} = R_{\mathrm{ff}} i_{\mathrm{ff}} + L_{\mathrm{ff}} \frac{\mathrm{d}i_{\mathrm{ff}}}{\mathrm{d}t} \tag{6-17}$$

发生短路时，强行励磁动作（例如将磁场电阻短接，或开放晶闸管的导通角），励磁机的励磁绕组电压从正常运行时的$U_{\mathrm{ff0}}$跃变到它的最大值$U_{\mathrm{ffm}}$。于是式（6-17）变为

$$U_{\mathrm{ffm}} = R_{\mathrm{ff}} i_{\mathrm{ff}} + L_{\mathrm{ff}} \frac{\mathrm{d}i_{\mathrm{ff}}}{\mathrm{d}t} \tag{6-18}$$

全式除以$R_{\mathrm{ff}}$，得

$$i_{\mathrm{ffm}} = i_{\mathrm{ff}} + T_{\mathrm{e}} \frac{\mathrm{d}i_{\mathrm{ff}}}{\mathrm{d}t} \tag{6-19}$$

$$i_{\mathrm{ffm}} = U_{\mathrm{ffm}} / R_{\mathrm{ff}} ; T_{\mathrm{e}} = L_{\mathrm{ff}} / R_{\mathrm{ff}} \tag{6-20}$$

式中，$T_{\mathrm{e}}$——强行励磁动作后，励磁机励磁回路的时间常数。

当励磁机转速恒定，且不计励磁机的饱和等非线性因素以及电枢电压时，励磁机输出电压$U_{\mathrm{f}}$正比于$i_{\mathrm{ff}}$，于是得

$$U_{\mathrm{ffm}} = U_{\mathrm{f}} + T_{\mathrm{e}} \frac{\mathrm{d}U_{\mathrm{f}}}{\mathrm{d}t} \tag{6-21}$$

又因为$E_{\mathrm{qe}}$正比于$U_{\mathrm{f}}$，于是式（6-17）变为

$$E_{\mathrm{qem}} = E_{\mathrm{qe}} + T_{\mathrm{e}} \frac{\mathrm{d}E_{\mathrm{qe}}}{\mathrm{d}t} \tag{6-22}$$

$E_{\mathrm{qem}}$通常称为峰值电动势。式（6-22）的解为

$$E_{qe} = E_{qem} - (E_{qem} - E_{qe0}) \exp(-t / T_e) \tag{6-23}$$

$E_{qe}$的变化曲线如图6-11所示。由式（6-23）知，$E_{qem}$越大、$T_e$越小，$E_{qe}$的上升速度越快，这对暂态稳定也越有利。

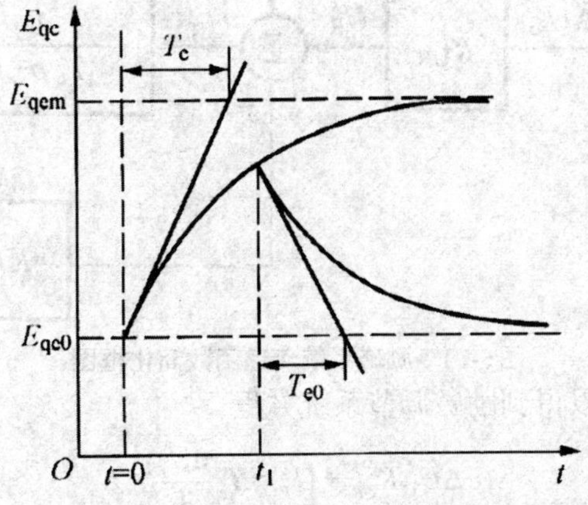


图6-11　强行励磁动作时电势的变化

具有自动励磁调节器的简单电力系统如图6-12所示，图中$U_{G0}$为给定的运行参数，$U_G$为发电机实际运行电压，$U_P$为手动整定电压。如果不计调节器本身的时间常数，则调节器将是一个比例环节。为了简化起见，不计励磁机的饱和等非线性因素，励磁调节系统的传递函数框图如图6-13所示，图中$K_{UR}$为调节器的放大系数。根据框图可以写出励磁系统的方程为

$$\left.\begin{aligned}&U_G-U_{G0}=\Delta U_G\\&\Delta U_G K_{UR}=U_R\\&U_P-U_R=U_{ff}\\&U_{ff}=T_e\frac{\mathrm{d}U_f}{\mathrm{d}t}+U_f\end{aligned}\right\}\tag{6-24}$$

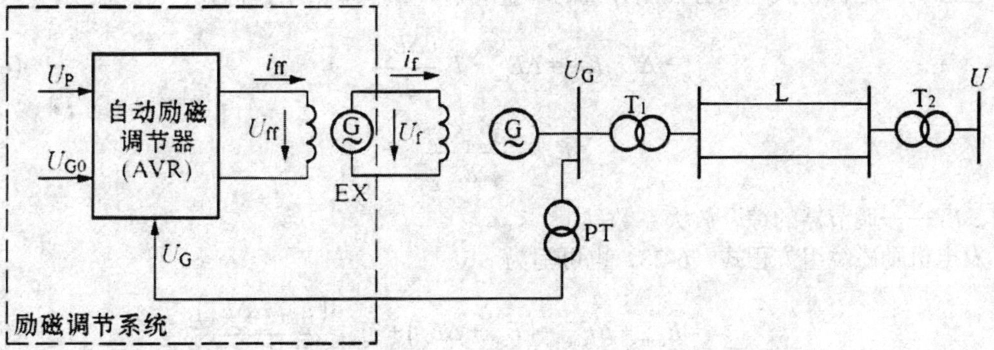


图6-12　具有自动励磁调节器的简单电力系统

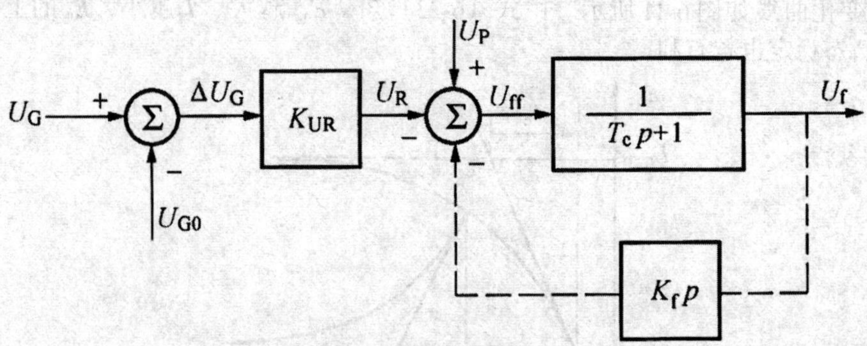


图6-13　励磁系统传递函数简化框图

消去中间变量后，可以得到励磁调节系统方程

$$-\Delta U_G K_{UR} + U_P = T_e \frac{\mathrm{d}U_f}{\mathrm{d}t} + U_f \tag{6-25}$$

令 $U_f=U_{f0}+\Delta U_f$，且考虑到给定的运行平衡点有 $U_{f0}=U_P$，将这些关系代入到式（6-25）后，可得到以偏差量表示的小扰动方程

$$-\Delta U_G K_{UR} = T_e \frac{\mathrm{d}\Delta U_f}{\mathrm{d}t} + \Delta U_f \tag{6-26}$$

为了研究自动励磁调节器对静态稳定的影响，必须把式（6-26）变换一下，使之与发电机定子的运行参数联系起来。为此，全式乘以 $\frac{X_{ad}}{R_f}$ 得

$$-\frac{X_{ad}}{R_f}\Delta U_G K_{UR} = \frac{X_{ad}}{R_f} T_e \frac{\mathrm{d}\Delta U_f}{\mathrm{d}t} + \frac{X_{ad}}{R_f}\Delta U_f = X_{ad}\Delta i_{fe} + T_e \frac{\mathrm{d}X_{ad}\Delta i_{fe}}{\mathrm{d}t} \tag{6-27}$$

注意到发电机空载电动势强制分量的增量 $\Delta E_{qe} = X_{ad}\Delta i_{fe}$，于是得到

$$-\Delta U_G K_U = \Delta E_{qe} + T_e \frac{\mathrm{d}\Delta E_{qe}}{\mathrm{d}t} \tag{6-28}$$

$$K_U = \frac{X_{ad} K_{UR}}{R_f}$$

式中，$K_U$——调节器的综合放大系数。

发电机励磁绕组方程式（6-28）也可写为

$$E_{qe0} + \Delta E_{qe} = \left(E_{q0} + \Delta E_q\right) + T'_{d0} \frac{\mathrm{d}\left(E'_{q0} + \Delta E'_q\right)}{\mathrm{d}t} \tag{6-29}$$

在给定的运行平衡点有 $E_{qe0}=E_{q0}$。计及 $E'_{q0}$ 为一常数，于是得到用偏差量表示的方程

$$\Delta E_{qe} = \Delta E_q + T'_{d0} \frac{\mathrm{d}\Delta E'_q}{\mathrm{d}t} \tag{6-30}$$

以偏差量表示的发电机转子运动方程以前已讨论过，为

$$\left.\begin{aligned}\frac{\mathrm{d}\Delta\delta}{\mathrm{d}t}&=\Delta\omega\\\frac{\mathrm{d}\Delta\omega}{\mathrm{d}t}&=-\frac{\omega N}{T_J}\Delta P_{\mathrm{e}}\end{aligned}\right\}\tag{6-31}$$

（2）发电机的电磁功率方程

上述微分方程式（6-28）~式（6-31）中，共有$\Delta U_{\mathrm{G}}$、$\Delta E_{\mathrm{qe}}$、$\Delta E_{\mathrm{q}}$、$\Delta E'_{\mathrm{q}}$、$\Delta\delta$、$\Delta\omega$、$\Delta P_{\mathrm{e}}$七个变量，因此，必须应用网络方程求出发电机的功率方程，以消去其中的非状态变量。发电机的功率特性可以用不同的电动势表示，并且各功率特性曲线在规定的稳态运行点相交。将不同电动势表示的功率特性写成一般函数的形式，即

$$\left.\begin{aligned}P_{\mathrm{Eq}}&=P_{\mathrm{Eq}}\left(E_{\mathrm{q}},\ \delta\right)\\P_{\mathrm{E'q}}&=P_{\mathrm{E'q}}\left(E'_{\mathrm{q}},\ \delta\right)\\P_{\mathrm{UGq}}&=P_{\mathrm{UGq}}\left(\mathrm{U}_{\mathrm{Gq}},\ \delta\right)\end{aligned}\right\}\tag{6-32}$$

通过对这些功率方程的线性化处理，便可以求得电磁功率的增量$\Delta P_{\mathrm{e}}$。例如，对于$P_{\mathrm{Eq}}$（$E_{\mathrm{q}}$，$\delta$），将其在平衡点附近展开成泰勒级数，可得

$$P_{\mathrm{E}q}\left(E_q,\ \delta\right)=P_{\mathrm{Eq}}\left(E_{\mathrm{q}0}+\Delta E_{\mathrm{q}},\ \delta_0+\Delta\delta\right)=P_{\mathrm{E}q}\left(E_{\mathrm{q}0},\ \delta_0\right)+\frac{\partial P_{\mathrm{Eq}}}{\partial\delta}\Delta\delta+\frac{\partial P_{\mathrm{Eq}}}{\partial E_{\mathrm{q}}}\Delta E_{\mathrm{q}}+\cdots\tag{6-33}$$

忽略二次及以上各项，便得到

$$\left.\begin{aligned}&\Delta P_{\mathrm{E}q}=S_{Eq}\Delta\delta+R_{\mathrm{Eq}}\Delta E_{\mathrm{q}}\\&S_{E\mathrm{q}}=\frac{\partial P_{\mathrm{Eq}}}{\partial\delta}\bigg|_{\substack{E_{\mathrm{q}}=E_{\mathrm{q}0}\\\delta=\delta_0}},R_{\mathrm{Eq}}=\frac{\partial P_{\mathrm{Eq}}}{\partial E_{\mathrm{q}}}\bigg|_{\substack{E_{\mathrm{q}}=E_{\mathrm{q}0}\\\delta=\delta_0}}\end{aligned}\right\}\tag{6-34}$$

同理可以得到

$$\left.\begin{aligned}&\Delta P_{\mathrm{E'}q}=S_{E'q}\Delta\delta+R_{\mathrm{E'q}}\Delta E'_{\mathrm{q}}\\&S_{E'\mathrm{q}}=\frac{\partial P_{\mathrm{E'q}}}{\partial\delta}\bigg|_{\substack{E'_{\mathrm{q}}=E'_{\mathrm{q}0}\\\delta=\delta_0}},R_{\mathrm{E'q}}=\frac{\partial P_{\mathrm{E'q}}}{\partial E'_{\mathrm{q}}}\bigg|_{\substack{E'_{\mathrm{q}}=E'_{\mathrm{q}0}\\\delta=\delta_0}}\end{aligned}\right\}\tag{6-35}$$

$$\left.\begin{aligned}&\Delta P_{\mathrm{U}Gq}=S_{\mathrm{UGq}}\Delta\delta+R_{\mathrm{UGq}}\Delta E_{\mathrm{q}}\\&S_{\mathrm{UGq}}=\frac{\partial P_{\mathrm{UGq}}}{\partial\delta}\bigg|_{\substack{U_{\mathrm{Gq}}=U_{\mathrm{Gq}0}\\\delta=\delta_0}},R_{\mathrm{UGq}}=\frac{\partial P_{\mathrm{UGq}}}{\partial_{\mathrm{UGq}}}\bigg|_{\substack{U_{\mathrm{Gq}}=U_{\mathrm{Gq}0}\\\delta=\delta_0}}\end{aligned}\right\}\tag{6-36}$$

因为扰动是微小的，所以假定

$$\Delta P_{\mathrm{Eq}}\approx\Delta P_{\mathrm{E'q}}\approx\Delta P_{\mathrm{UGq}}=\Delta P_{\mathrm{e}}\text{及}\Delta U_{\mathrm{G}}=\Delta U_{\mathrm{Gq}}\tag{6-37}$$

将式（6-28）~式（6-37）整理后可得到

$$\left.\begin{aligned}
&\frac{\mathrm{d}\Delta E_{\mathrm{qe}}}{\mathrm{d}t}=\frac{1}{T_{\mathrm{e}}}\Delta E_{\mathrm{qe}}-\frac{K_{\mathrm{U}}}{T_{\mathrm{e}}}\Delta U_{\mathrm{Gq}}\\
&\frac{\mathrm{d}\Delta E_{\mathrm{q}}'}{\mathrm{d}t}=\frac{1}{T_{\mathrm{d0}}'}\Delta E_{\mathrm{qe}}-\frac{1}{T_{\mathrm{d0}}'}\Delta E_{\mathrm{q}}\\
&\frac{\mathrm{d}\Delta\delta}{\mathrm{d}t}=\Delta\omega\\
&\frac{\mathrm{d}\Delta\omega}{\mathrm{d}t}=\frac{\omega_{\mathrm{N}}}{T_{\mathrm{J}}}\Delta P_{\mathrm{e}}\\
&0=S_{\mathrm{Eq}}\Delta\delta+R_{\mathrm{Eq}}\Delta E_{\mathrm{q}}-\Delta P_{\mathrm{e}}\\
&0=S_{\mathrm{E'q}}\Delta\delta+R_{\mathrm{E'q}}\Delta E_{\mathrm{q}}-\Delta P_{\mathrm{e}}\\
&0=S_{\mathrm{UGq}}\Delta\delta+R_{\mathrm{UGq}}\Delta U_{\mathrm{Gq}}-\Delta P_{\mathrm{e}}
\end{aligned}\right\}\qquad(6\text{-}38)$$

（3）消去代数方程及非状态变量，求状态方程

将式（6-38）写成矩阵的形式

$$\begin{bmatrix}\dfrac{\mathrm{d}\Delta E_{\mathrm{qe}}}{\mathrm{d}t}\\ \dfrac{\mathrm{d}\Delta E_{\mathrm{q}}'}{\mathrm{d}t}\\ \dfrac{\mathrm{d}\Delta\delta}{\mathrm{d}t}\\ \dfrac{\mathrm{d}\Delta\omega}{\mathrm{d}t}\\ \hdashline 0\\ 0\\ 0\end{bmatrix}=\left[\begin{array}{cccc:ccc}-\dfrac{1}{T_{\mathrm{e}}} & 0 & 0 & 0 & 0 & -\dfrac{K_{\mathrm{U}}}{T_{\mathrm{e}}} & 0\\ \dfrac{1}{T_{\mathrm{d0}}'} & 0 & 0 & 0 & -\dfrac{1}{T_{\mathrm{d0}}'} & 0 & 0\\ 0 & 0 & 0 & 1 & 0 & 0 & 0\\ 0 & 0 & 0 & 0 & 0 & 0 & -\dfrac{\omega_{\mathrm{N}}}{T_{\mathrm{J}}}\\ \hdashline 0 & 0 & S_{\mathrm{Eq}} & 0 & R_{\mathrm{Eq}} & 0 & -1\\ 0 & R_{\mathrm{E'q}} & S_{\mathrm{E'q}} & 0 & 0 & 0 & -1\\ 0 & 0 & S_{\mathrm{UGq}} & 0 & 0 & R_{\mathrm{UGq}} & -1\end{array}\right]\begin{bmatrix}\Delta E_{\mathrm{qe}}\\ \Delta E_{\mathrm{q}}'\\ \Delta\delta\\ \Delta\omega\\ \hdashline \Delta E_{\mathrm{q}}\\ \Delta U_{\mathrm{Gq}}\\ \Delta P_{\mathrm{e}}\end{bmatrix}\qquad(6\text{-}39)$$

将式（6-39）写成分块矩阵的形式为

$$\begin{bmatrix}\dfrac{\mathrm{d}\Delta X}{\mathrm{d}t}\\ 0\end{bmatrix}=\begin{bmatrix}A_{\mathrm{XX}} & A_{\mathrm{XY}}\\ A_{\mathrm{YX}} & A_{\mathrm{YY}}\end{bmatrix}\begin{bmatrix}\Delta X\\ \Delta Y\end{bmatrix}\qquad(6\text{-}40)$$

式中，$\Delta X$——状态变量列向量，$\Delta\boldsymbol{X}=\begin{bmatrix}\Delta E_{\mathrm{qe}} & \Delta E_{\mathrm{q}}' & \Delta\delta & \Delta\omega\end{bmatrix}^{\mathrm{T}}$；

$\Delta Y$——非状态变量列向量，$\Delta\boldsymbol{Y}=\begin{bmatrix}\Delta E_{\mathrm{q}} & \Delta U_{\mathrm{Gq}} & \Delta P_{\mathrm{e}}\end{bmatrix}^{\mathrm{T}}$。

展开式（6-40），并进行消去运算，便可得到计及励磁调节器的线性化小扰动方程

$$\left.\begin{aligned}
&\frac{\mathrm{d}\Delta X}{\mathrm{d}t}=B\Delta X\\
&B=A_{\mathrm{XX}}-A_{\mathrm{XY}}A_{\mathrm{YY}}^{-1}A_{\mathrm{YX}}
\end{aligned}\right\}\qquad(6\text{-}41)$$

上述求解线性化小扰动方程的步骤和方法，也适用于多机电力系统。

对于简单电力系统，可以用直接代入消去的方法解出$B$矩阵，代入式（6-41）的第一个式中，经过整理便得到

$$\begin{bmatrix} \dfrac{\mathrm{d}\Delta E_{\mathrm{qe}}}{\mathrm{d}t} \\ \dfrac{\mathrm{d}\Delta E'_{\mathrm{q}}}{\mathrm{d}t} \\ \dfrac{\mathrm{d}\Delta\delta}{\mathrm{d}t} \\ \dfrac{\mathrm{d}\Delta\omega}{\mathrm{d}t} \end{bmatrix} = \begin{bmatrix} -\dfrac{1}{T_{\mathrm{e}}} & -\dfrac{K_{\mathrm{U}}R_{\mathrm{E'q}}}{T_{\mathrm{e}}R_{\mathrm{UGq}}} & -\dfrac{K_{\mathrm{U}}\left(S_{\mathrm{UGq}}-S_{\mathrm{E'q}}\right)}{T_{\mathrm{e}}R_{\mathrm{UGq}}} & 0 \\ \dfrac{1}{T'_{\mathrm{d0}}} & -\dfrac{R_{\mathrm{E'q}}}{T'_{\mathrm{d0}}R_{\mathrm{Eq}}} & -\dfrac{S_{\mathrm{E'q}}-S_{\mathrm{Eq}}}{T'_{d0}R_{\mathrm{Eq}}} & 0 \\ 0 & 0 & 0 & \\ 0 & -\dfrac{\omega_{\mathrm{N}}R_{\mathrm{E'q}}}{T_{\mathrm{J}}} & -\dfrac{\omega_{\mathrm{N}}S_{\mathrm{E'q}}}{T_{\mathrm{J}}} & 0 \end{bmatrix} \begin{bmatrix} \Delta E_{\mathrm{qe}} \\ \Delta E'_{q} \\ \Delta\delta \\ \Delta\omega \end{bmatrix} \tag{6-42}$$

将式（6-42）的线性化状态方程求其全部特征值，便可判断电力系统在给定的运行条件下是否具有静态稳定性。也可以求出其特征方程，由特征方程的系数间接判断电力系统的静态稳定性，劳斯法或胡尔维茨判别法就是这种间接判别方法。下面只介绍胡尔维茨判别法。

（4）稳定判据及其分析

假定式（6-42）对应的特征方程为

$$\alpha_0\rho^4+\alpha_1\rho^3+\alpha_2\rho^2+\alpha_3\rho+\alpha_4=0 \tag{6-43}$$

在整理化简的过程当中，假定发电机为隐极机，并引用了

$R_{\mathrm{Eq}}=\dfrac{U}{X_{d\Sigma}}=\sin\delta$；$R_{\mathrm{E'q}}=\dfrac{U}{X'_{d\Sigma}}=\sin\delta$；$R_{\mathrm{UGq}}=\dfrac{U}{X_{\mathrm{TL}}}=\sin\delta$；$T'_d=T'_{d0}\dfrac{R_{\mathrm{Eq}}}{R_{\mathrm{E'q}}}$;$\dfrac{R_{\mathrm{Eq}}}{R_{\mathrm{UGq}}}=\dfrac{X_{\mathrm{TL}}}{X_{\mathrm{d\Sigma}}}$，则方程式的系数为

$$\left.\begin{aligned} \alpha_0&=\frac{1}{\omega_{\mathrm{N}}}T_{\mathrm{J}}T_{\mathrm{e}}T'_{\mathrm{d}} \\ \alpha_1&=\frac{1}{\omega_{\mathrm{N}}}T_{\mathrm{J}}\left(T_{\mathrm{e}}+T'_d\right) \\ \alpha_2&=\frac{1}{\omega_{\mathrm{N}}}T_{\mathrm{J}}\left(1+K_{\mathrm{U}}\frac{X_{\mathrm{TL}}}{X_{\mathrm{d\Sigma}}}\right) \\ \alpha_3&=T_{\mathrm{e}}S_{\mathrm{Eq}}+T'_{\mathrm{d}}S_{\mathrm{E'q}} \\ \alpha_4&=S_{\mathrm{Eq}}+K_{\mathrm{U}}S_{\mathrm{UGq}}\frac{X_{\mathrm{TL}}}{X_{\mathrm{d\Sigma}}} \end{aligned}\right\} \tag{6-44}$$

根据胡尔维茨判别法，所有特征值的实部为负值时系统保持稳定，为此，必须满足以下条件：

特征方程所有的系数均大于零，即

$$a_0>0，a_1>0，a_2>0，a_3>0，a_4>0 \tag{6-45}$$

胡尔维茨行列式及其主子式的值均大于零，即

$$\varDelta_4=\begin{vmatrix} \alpha_1 & \alpha_3 & 0 & 0 \\ \alpha_0 & \alpha_2 & \alpha_4 & 0 \\ 0 & \alpha_1 & \alpha_3 & 0 \\ 0 & 0 & \alpha_2 & \alpha_4 \end{vmatrix}>0;\ \varDelta_3=\begin{vmatrix} \alpha_1 & \alpha_3 & 0 \\ \alpha_0 & \alpha_2 & \alpha_4 \\ 0 & \alpha_1 & \alpha_3 \end{vmatrix}>0;\ \varDelta_2=\begin{vmatrix} \alpha_1 & \alpha_3 \\ \alpha_0 & \alpha_2 \end{vmatrix}>0 \tag{6-46}$$

条件①中的系数$a_0$和$a_1$与运行情况无关，总是大于零。其余三个与运行情况有关的系数，由于功角从给定$\delta_0$继续增大时，$S_{E'q}$总比$S_{Eq}$大［见图（6-14）］，因此，要求$a_3>0$必须有$S_{E'q}>0$。并且，只要$a_3>0$，则必有$a_2>0$。这样，由条件①可得到两个与运行参数相联系的稳定条件，即

$$\alpha_3 = T_e S_{Eq} + T'_d S_{E'q} > 0 \tag{6-47}$$

$$\alpha_4 = S_{Eq} + K_U S_{UGq} \frac{X_{TL}}{X_{d\Sigma}} > 0 \tag{6-48}$$

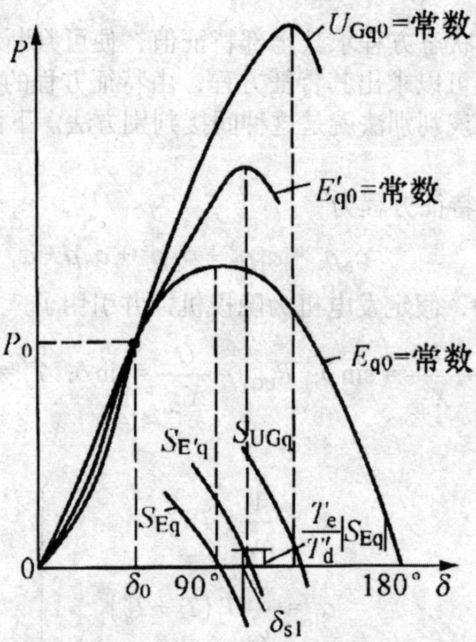


图6-14　自动励磁调节对静态稳定的影响

根据条件②从$\Delta_3 = a_3\Delta_2 - a_1a_4 > 0$，$\Delta_4 = a_4\Delta_3 > 0$可以看到，当特征方程的系数都大于零时，只要$\Delta_3>0$，必有$\Delta_2>0$和$\Delta_4>0$。这样，由条件②又得到一个与运行参数相联系的稳定条件，即

$$\Delta_3 = a_1a_2a_3 - a_0a_3^2 - a_1^2a_4 > 0 \tag{6-49}$$

将系数代入式（6-48），并解出$K_U$，得到

$$K_U < \frac{X_{d\Sigma}}{X_{TL}} \times \frac{S_{E'q} - S_{Eq}}{S_{UGq} - S_{E'q}} \times \frac{1 + \dfrac{\omega_N T_e^2}{T_J\left(T_e + T'_d\right)}\left(T_e S_{Eq} + T'_d S_{E'q}\right)}{1 + \dfrac{T_e}{T'_d} \times \dfrac{S_{UGq} - S_{Eq}}{S_{UGq} - S_{E'q}}} = K_{Umax} \tag{6-50}$$

这样便得到式（6-48）~式（6-50）三个为保持系统静态稳定而必须同时满足的条件。随着运行情况的变化，$S_{Eq}$、$S_{E'q}$、$S_{UGq}$都要变化。当达到某一运行状态时，有些稳定条件便不能满足，因而系统也就不能保持稳定运行。$S_{Eq}$、$S_{E'q}$、$S_{UGq}$与功角δ的关系如图6-14所示。

随着运行角度的增大，$S_{Eq}$、$S_{E'q}$、$S_{UGq}$依次由正值变为负值。根据这个特点和三个稳定条件，进一步分析励磁调节器对静态稳定的影响。

式（6-48）说明，如果没有调节器，即$K_U=0$，则稳定条件变为$S_{Eq}>0$，这和上一节的结论相同。装设了调节器后，在运行功角$\delta>90°$的一段范围内，虽然$S_{Eq}<0$，但$S_{UGq}>0$，因此只要$K_U$足够大，仍然有可能使式（6-50）得到满足。所以，装设调节器后，运行角可以大于90°，从而扩大了系统稳定运行的范围。为了保证$\delta>90°$仍能稳定运行，由（6-48）解出

$$K_U > \frac{|S_{Eq}|}{S_{UGq}} \times \frac{X_{d\Sigma}}{X_{TL}} = K_{Umin} \qquad (\delta>90°) \tag{6-51}$$

式（6-51）说明，调节器在运行中所整定的放大系数要大于与运行情况有关的最小允许值$K_{Umin}$。

再来看式（6-47）。当运行角$\delta<90°$时，$S_{Eq}$、$S_{E'q}$均为正值，该式总能满足。在运行角$\delta>90°$的一段范围内，$S_{Eq}<0$，$S_{E'q}>0$。式（6-47）可改为

$$S_{E'q} > \frac{T_e}{T'_d}|S_{Eq}| \qquad (\delta>90°) \tag{6-52}$$

为了满足式（6-52），必须有$S_{E'q}>0$，这就是说，稳定的极限功角$\delta_{s1}$将小于与$S_{E'q}=0$所对应的角$\delta_{E'qm}$。这说明，比例式励磁调节器虽然能把稳定运行范围扩大到$\delta>90°$，但不能达到$S_{E'q}=0$所对应的功角$\delta_{E'qm}$。一般$T_e$远小于$T'_d$，因此，$\delta_{s1}$与$\delta_{E'qm}$相差很小，在简化近似计算中，可以把式（6-47）近似地写为

$$S_{E'q}>0 \tag{6-53}$$

这说明，在发电机装设了比例式励磁调节器后，计算发电机保持稳定下所能输送的最大功率时，可以近似地采用$E'_q$ = 常数的模型。

最后分析式（$E'_q = E'_{q0}$ = 常数）。$K_{Umax}$是运行参数的复杂函数。一般励磁机的等值时间常数$T_e$是不大的，按稳定条件所允许的放大系数$K_{Umax}$也是不大的。例如，对于$T_e$=0.5$s$的情况，当运行角$\delta$=100°时，$K_{Umax}$=10。通常，为了使发电机端电压波动不大，要求调节器的放大系数整定得大些。然而式（6-50）却限制了放大系数，或者放大系数整定得大些，则允许运行的功角就较小，由此所确定的稳定极限$P_{s1}$远小于功率极限$P_m$，从而限制了输送功率。

当放大系数整定得过大而不满足式(6-50)时,系统失去静态稳定。

**2. 电力系统静态稳定的简要评述**

在发电机装设了励磁调节器之后，电力系统静态稳定的情况与无励磁调节不同。下面以简单电力系统为例，对电力系统静态稳定做一简要评述，以便简化计算中的发电机模型，并有较清晰的理解。

无励磁调节的发电机在运行情况缓慢变化时，发电机励磁电流保持不变，即发电机电动势$E'_q = E'_{q0}$ = 常数。当发电机输出的功率从给定的运行条件$P_0$慢慢增加，功角逐渐增大时，发电机工作点将沿$E'_q = E'_{q0}$ = 常数的曲线变化。电力系统静态稳定极限，将由$S_{Eq}$=0确定，它

与功率极限$P_{Eqm}$相等，即由图6-15的点1确定。在简化计算中，发电机采用$E_q=E_{q0}$=常数的模型。

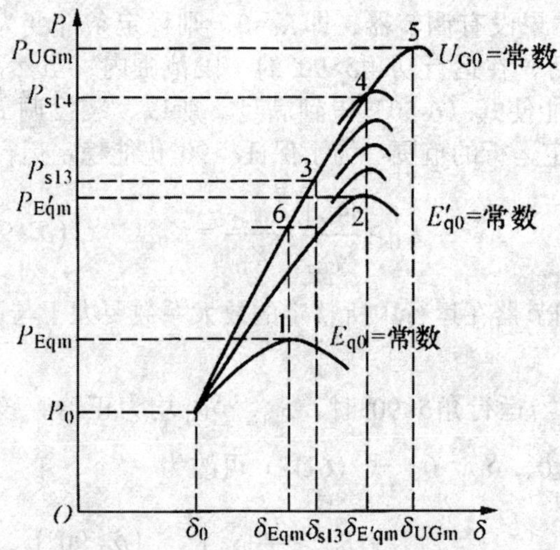


图6-15 电力系统静态稳定的一般情况

当发电机装有按单个参数偏差调节的比例式调节器时，如果放大倍数整定适中，例如大致能保持$E'_q=E'_{q0}$=常数时，则发电机工作点近似地沿$P_{E'q0}$的曲线变化。由于放大系数不是很大，即使在较大的运行角度时也能满足放大系数小于最大允许值$K_{Umax}$的要求，因而静态稳定极限功率$P_{s1}$，可以近似地由$S_{E'q}=0$确定，即大小取为与功率极限$P_{E'qm}$相等（图6-15中的点2）。简化计算中，发电机采用$E'_q$=常数的模型。

如果放大系数整定得比较大，则由于受到自发振荡条件的限制（即$K<K_{Umax}$），极限运行角$\delta_{s1}$将缩小，一般比$S_{E'q}=0$对应的$\delta_{E'qm}$小得多，差别的大小与$T_e$有关。但由于放大系数较大，维持电压能力较强，因此，稳定极限功率可以近似地按$U_G=U_{G0}$=常数的曲线$P_{UG0}$上对应的$\delta_{s1}$的点3确定。当发电机功率由$P_0$慢慢增加到$P_{s13}$，功角达到$\delta_{s1}$时，系统便要失去静态稳定。

对于装有单参数调节的比例式调节器的发电机，按点2和点3所确定的稳定极限功率值相差并不大。因此，在简化计算中，就按点2来确定稳定极限功率，并对发电机采用$E'_q$=常数的经典模型。

当发电机装有按两个参数偏差调节的比例式调节器，例如装设带电压校正器的复式励磁装置时，可以选择合适的电流放大系数$K_1$，使稳定运行角增大到接近于由$S_{E'q}=0$所确定的$\delta_{E'qm}$，而利用电压校正器来使发电机的端电压大致恒定，因此，静态稳定极限可以近似地由$U_G=U_{G0}$=常数的曲线上对应的$\delta_{E'qm}$的点4确定。

目前，在励磁调节系统中进行参数补偿的方式很多，通过反馈位移相等来改变励磁调节系统参数（或引入辅助调节量实现多参数调节）的调节器，习惯上称为电力系统稳定器，或简称为PSS（Power System Stabilizer）。加装了PSS后，励磁调节器的放大倍数可以大大提高，以致有可能保持发电机的端电压恒定，稳定极限也达到其功率极限；强力式调节器是按某些运行参数如电压、功率、角速度等的一阶甚至二阶导数调节励磁的，当发电机装有这种强力式调节器时，静态稳定极限可以提高到$P_{UG0}$的功率极限$P_{UGm}$。总之，加装了PSS或强力式调节器后，其稳定极限点可以达到图6-15中的点5。在简化计算中，发电机可以采用$U_G$=常数的模型。

附带指出，当发电机采用手动调节励磁或装有不连续的调节器，大致上保持发电机端电压不变时，由于受到自发振荡的限制，稳定运行角不能超过由$S_{Eq}$=0所确定$\delta_{Eqm}$。但是由于大致保持了发电机端电压不变，稳定极限功率值，将由$U_G=U_{G0}$=常数的功率特性上对应$\delta_{Eqm}$的点6来确定，它比无调节励磁时大得多。所以，即使手动调节励磁，也能提高输电系统的输送能力。

此外，目前我国已研制和开发了许多种类的微机励磁调节系统。由于微型计算机具有极强的综合处理能力，例如输入量之间的协调、按发电机的运行情况修改调节系统的参数等，这对于抑制自发振荡、提高稳定极限从而提高系统稳定性都有显著的效果。

### 6.3.3 电力系统静态稳定分析计算工程化方法

实际电力系统，都是复杂的电力系统。虽然前面以简单电力系统为例所指出的有关静态稳定的概念，在性质上都能适用于复杂电力系统，但是，有些则无法得出量值。本节将简要介绍实际电力系统分析计算的一些基本概念。

**1. 小扰动法在复杂电力系统中的应用**

应用小扰动法分析复杂电力系统静态电压稳定的原则和步骤，在前面已经都讲明白了。在复杂电力系统中，只要逐个地按发电机及其调节系统列些小扰动方程，从而得到全系统的微分方程组，不应有什么困难了。但是，在应用中还须注意如下的一些新问题和新概念。

（1）在复杂电力系统中静态稳定的判别法

对复杂电力系统，无法再导出反映特征值性质的用运行参数表示的简单稳定性判断条件，并求出稳定极限功率。而只能由给定的运行方式，确定A矩阵的元素值，然后借助于计算机，直接求出全部的特征值，或者对间接判断特征值性质的判据进行计算，从而判断系统在给定的运行方式下是否具有静态稳定性。但是，由于不能从理论上求出稳定极限功率，因而不能确定所给定运行方式的稳定程度之高低。

应该着重指出，当所有特征值实部为负值时，系统是稳定的。特征值实部绝对值的大小，仅说明系统受扰动后自由振荡衰减的速度，表征系统在给定运行条件下的阻尼情况，它也不能反映稳定程度的高低。

（2）关于参考轴的选择

在暂态稳定的分析计算中，是以发电机转子相对于同步旋转轴的角度和相对于同步转速的速度，即以“绝对”角$\delta_i$和“绝对”速度$\Delta\omega_i$作为变量的。在复杂多机电力系统静态稳定分析中，如果仍以“绝对”角和“绝对”速度作为变量来列写转子运动方程，则状态方程的系数矩阵A将会出现零特征值，这将无法判定所给定运行方式是否具有静态稳定性。

为了消除零特征值，在复杂电力系统中，必须用相对角作为变量；当不存在比例于“绝对”速度的阻尼项时，还必须以相对速度作为变量，也就是说，要以某一台发电机的转子作为参考轴来列写小扰动方程。

对发电机转子运动方程，若选最后一个编号$n$的发电机的转子作为参考轴，则第i台发电机的转子运动方程为发电机电磁功率增量的计算。

$$\left.\begin{aligned}&\frac{\mathrm{d}\Delta\delta_{\mathrm{in}}}{\mathrm{d}t}=\Delta\omega_{\mathrm{in}}\\&\frac{\mathrm{d}\Delta\delta_{\mathrm{in}}}{\mathrm{d}t}=\omega_{\mathrm{N}}\left(\frac{\Delta P_{\mathrm{i}}}{T_{\mathrm{Ji}}}-\frac{\Delta P_{\mathrm{n}}}{T_{\mathrm{Jn}}}\right)\\&\Delta P_{\mathrm{i}}=P_{\mathrm{Ti}}-P_{\mathrm{ei}},\ \Delta P_{\mathrm{n}}=P_{\mathrm{Tn}}-P_{\mathrm{en}}\end{aligned}\right\}\tag{6-54}$$

上式中的电磁功率$P_{ei}$，是由网络方程来确定的，它也应以同一参考轴的相对角表示。用$P_{ei}$及线性化求电磁功率增量的具体计算方法，与发电机的模型、负荷特性的考虑等有关。

**2. 静态稳定储备系数$K$sm（p）的计算**

（1）静态稳定储备

从电力系统运行可靠性要求出发，我们不能允许电力系统运行在稳定的极限附近，否则，运行情况稍有变动或者扰动，系统便会失去稳定。为此，我们要求电力系统有相当的稳定度。稳定度的大小，通常用稳定储备系数来表示。

以有功功率表示的静态稳定储备系数为

$$K_{\mathrm{sm(p)}}=\frac{P_{\mathrm{s1}}-P_{\mathrm{G0}}}{P_{\mathrm{G0}}}\times 100\%\tag{6-55}$$

要求电力系统稳定运行时具有多大的储备系数，必须从技术和经济等方面综合考虑。若储备系数定得较大，则要减小正常运行时发电机输送的功率（当稳定极限变化不大时）。因而限制了输送能力，恶化输电的经济指标。储备系数定得过小，虽然可以增大正常运行的输送功率，但运行的安全可靠性较低，若出现稳定破坏事故，那么将造成经济上的巨大损失。电力系统不仅要求正常运行下有足够的稳定储备，而且要求在非正常运行方式下也应有一定的稳定储备，当然，这一储备可以比正常运行时小些。

我国现行“电力系统安全稳定导则”规定：

正常运行方式和正常检修运行方式下，$K_{\mathrm{sm(p)}}\geqslant 15\%\sim 20\%$；

事故后运行方式和特殊运行方式下，$K_{\mathrm{sm(p)}}\geqslant 10\%$。

电力系统静态稳定实际计算的目的，就是按给定的运行条件，求出以运行参数表示的稳定极限，从而计算出该运行方式下的稳定储备系数，检验它是否满足规定的要求。

（2）静态稳定极限的计算

从以上的讨论中可以看到，即使是简单电力系统，要确定稳定极限功率$P_{s1}$也是很麻烦的，而复杂电力系统已无法确定稳定极限。为此，实用上认为系统在不发生自发振荡的前提下，用$\mathrm{d}P/\mathrm{d}\delta>0$作为静态稳定判据来计算储备系数，这意味着用功率极限$P_m$来代替极限$P_{s1}$，静态稳定储备系数$K_{\mathrm{sm(p)}}$将改用下式计算

$$K_{\mathrm{sm(p)}}=\frac{P_{\mathrm{m}}-P_{\mathrm{G0}}}{P_{\mathrm{G0}}}\times 100\%\tag{6-56}$$

这样，计算静态稳定储备系数$K_{\mathrm{sm(p)}}$时，首先根据发电机装设的励磁调节器特性和整定的参数，确定发电机的计算条件；然后根据给定的运行方式，进行潮流计算，求出发电机的电势此时的功率$P_{G0}$；接着根据计算条件，计算功率特性和功率极限；最后用上式计算

$K_{sm(p)}$，检验它是否满足规定的要求。

(3)两机电力系统功率极限的计算

两机电力系统及其等值电路如图6-16所示，图中$Z_1$和$Z_2$代表了包括发电机在内的网络阻抗。两机系统功率极限的计算，除与发电机的计算条件有关外，还与负荷所采用的数学模型有关。在实际计算中，发电机可以采用某一电抗电势恒定（如$X'_d$后电势$E'$）或某一$q$轴电势恒定（如$E'_q$）；负荷则可以采用恒定阻抗模型或电压静态特性模型，这样便会组合出4种算法。下面通过两种算法来说明两机系统的功率极限算法。

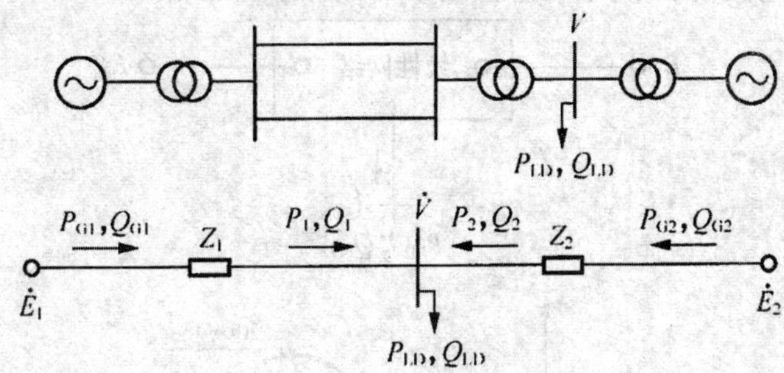


图6-16　两机系统及其等值电路

第一，最简化的算法。

最简化的算法是发电机某一电抗后的电势恒定，负荷用恒定负荷模型。首先根据给定的运行方式，进行潮流计算，计算出某个发电机的$E_{10}$、$E_{20}$、$E_{G10}$、$E_{G20}$以及负荷点的电压$U_0$。然后用$U_0$及$P_{LD0}$和$Q_{LD0}$求出负荷的阻抗$Z_{LD}$。接着便可求出两发电机的电势点的输入阻抗$Z_{11}$、$Z_{22}$及它们之间的转移阻抗$Z_{12}$。这样，两机电力系统的功率特性为

$$\left.\begin{aligned} P_{G1} &= \frac{E_{10}^2}{|Z_{11}|}\sin a_{11} + \frac{E_{10}E_{20}}{|Z_{12}|}\sin(\delta_{12} - \alpha_{12}) \\ P_{G2} &= \frac{E_{20}^2}{|Z_{22}|}\sin a_{22} - \frac{E_{10}E_{20}}{|Z_{12}|}\sin(\delta_{12} + \alpha_{12}) \end{aligned}\right\} \tag{6-57}$$

如果我们研究和检验发电机1，则可由$dP_{G1}/d\delta_{12}=0$求得发电机1的功率极限

$$P_{1Gm} = \frac{E_{10}^2}{|Z_{11}|}\sin a_{11} + \frac{E_{10}E_{20}}{|Z_{12}|} \tag{6-58}$$

稳定储备系数为

$$K_{sm(p)G1} = \frac{P_{G1m} - P_{G10}}{P_{G10}} \times 100\% \tag{6-59}$$

第二，迭代算法。

当负荷用电压静态特性模型，当功角$\delta_{12}$增大时，负荷点的电压$U_{LD}$也要发生变化，负荷所吸收的功率由负荷的电压静态特性确定，因而负荷的阻抗也发生变化，因此，不能简单地用线性等值电路导出计算功率特性和功率极限，而须迭代的算法来满足负荷特性的约束。

当发电机采用某一$q$轴电势恒定的模型时，由于发电机只能用一个阻抗及其后的电势$E_G$

的全电流等值电路（当不计算定值电阻时，通常用$E_Q$和$x_q$）与网络等值电路联系，因此，$\delta_{12}$变化时，发电机等值电路中的环也要发生变化，所以，也必须用迭代的算法来满足$q$轴电势恒定的约束。

两机系统发电机用某电抗后电势恒定、负荷用电压静态特性模型的一种算法。把负荷点独立出来，这样，发电机与输电网络便成为一个线性网络，两机系统计算用的模型如图6-17所示。用计算机计算时，其计算步骤如下。

①按正常（给定）运行方式进行潮流计算，可以求得$U_{LD(0)}$、$E_{1(0)}$、$E_{2(0)}$、$\delta_{12(0)}$、$P_{G1(0)}$、$P_{G2(0)}$，于是得到发电机2的功率特性$P_{G1}(\delta_{12})$曲线上的一点（图6-17中的点0）。

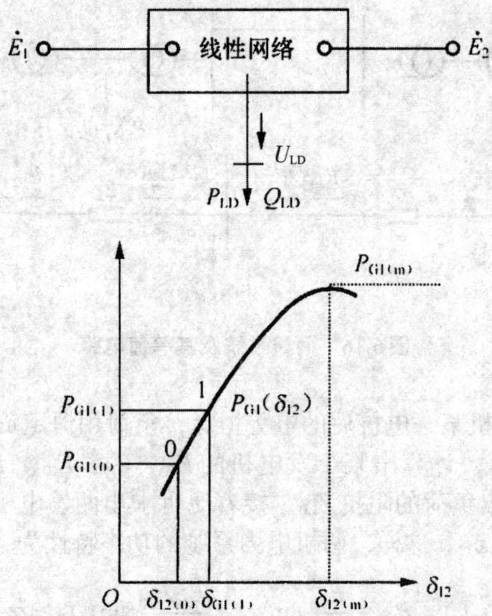


图6-17　负荷静态特性时的功率极限计算

②给定一个新角度点：$\delta_{12(1)}>\delta_{12(2)}$，此时，发电机1、2的电势大小和角度已知。由于$\delta_{12}$增大到$\delta_{12(1)}$，负荷点的电压将发生变化，负荷吸收的功率也要发生变化，并受到电压静态特性约束。先取负荷第一次计算值等于正常运行值即$P_{LD(1)}^{(0)}=P_{LD(0)}$；$Q_{LD(1)}^{(0)}=Q_{LD(0)}$。以此进行潮流计算，可以求得负荷点电压的第一次迭代值$U_{LD(1)}^{(1)}$。

③查负荷电压静态特性，由$U_{LD(1)}^{(1)}$查得$P_{LD(1)}^{(1)}$、$Q_{LD(1)}^{(1)}$，并以此作为负荷点功率的指定值。发电机的电势和相对角仍为$E_1$、$E_2$、$\delta_{12(1)}$。再进行潮流计算，求得负荷点电压第二次迭代值$U_{LD(1)}^{(2)}$。

④用$U_{LD(1)}^{(2)}$查负荷电压静态特性，求得新的指定值$P_{LD(1)}^{(2)}$、$Q_{LD(1)}^{(2)}$以第③步进行潮流计算。这样，重复③、④两步，一直到$U_{LD(1)}^{(k)}-U_{LD(1)}^{(k-1)}$满足精度要求为止。于是便得到$P_{G1(1)}^{(k)}$，即求得了功率特性上对应于$\delta_{12(1)}$的功率$P_{G1(1)}=P_{G1(1)}^{(k)}$（见图6-17中的点1）。

重复第②步到第④步，便可以把发电机1的功率特性逐点算出，其最大值即为功率极限$P_{G1m}$。

(4) 复杂电力系统功率极限的计算问题

由于多机系统功率的特性是多变量函数，因此理论上不能求出功率极限。目前，我国的一些设计和运行部门，有时仍需要按“导则”要求计算储备系数$K_{sm(p)}$。因此，只好凭经验做出一些规定和假设，在保留被研究的发电厂（机）的情况下，把复杂系统简化成两机系统，计算两机系统的功率极限和储备系数，作为被研究发电机的储备系数。根据不同的简化条件，大致有两种算法。

①角度恒定法

这种算法假定，除被研究的发电机以外，系统其余发电机的功角保持恒定。由于规定其余发电机的“绝对”角和相对角均恒定不变，实质上是把其余发电机看成是一个等值发电机。通过网络的等值变换和化简，将这些发电机合并成一个等值发电机，便可按照前述两机系统的算法进行计算。

②中间发电机有功功率恒定法

这个算法规定，除被研究的发电机和另一指定的发电机外，其余发电机输出的有功功率保持恒定。由于从给定的运行方式开始，改变被研究的发电机的功率后，各发电机端电压都会发生变化，因此，有功功率恒定的发电机，其输出的无功功率要受到机端电压与发电机电势间电路定律的约束，这与负荷电压静态特性是一样的。所以，这种算法的实质是除两个发电机外，其余发电机均当作是具有电压静态特性的负荷处理。这种算法与前面所说的两机系统负荷用电压静态特性的算法相同，只是发电机可看成是负值的负荷。

由于以上两种算法的规定都无理论依据，对于同一系统，两种算法得出的结果可能差别很大，这与系统的网架结构与被研究的发电机在系统中的地位有关。要使计算结果还能具有某些参考意义，应根据系统的网架结构、被研究的发电机（厂）在系统中的地位和比重，适当地选择算法。此外，上述两种规定还可混合使用，即除被研究的发电机以外，其余发电机根据网络结构及这些发电机在系统中的地位，一部分按角度恒定处理，另一部分按有功功率恒定处理。

## 6.4 电力系统暂态稳定性

### 6.4.1 电力系统的暂态稳定性

**1. 电力系统暂态稳定性的定义**

电力系统具有静态稳定性，只能说明电力系统具有抵抗小扰动的能力。但是，当电力系统受到较大的扰动时，是否具有抵抗较大扰动的能力，则完全是另外一回事。

当电力系统受到较大的扰动后，电力系统能够不失步地从一种稳态过渡到另一种稳态的能力，称为电力系统的暂态稳定性。这里所指的较大的扰动，是针对电力系统的静态稳定性而言的。主要是指电力系统的短路、电力系统运行方式的改变和负荷突然发生较大的变化等。

**2. 电力系统各种运行方式下的功角特性曲线**

假设电力系统如图6-18所示。短路发生在输电线路的始端，下面分别分析其功角特性曲线。

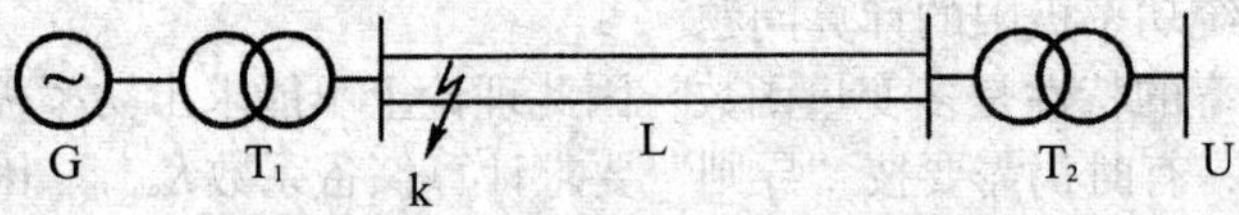


图6-18 简单电力系统

（1）当电力系统正常运行时

当电力系统正常运行时的等效电路如图6-19（a）所示。

系统的总电抗为

$$X_{\mathrm{I}} = X'_{\mathrm{d}} + X_{\mathrm{T1}} + \frac{1}{2}X_{\mathrm{L}} + X_{\mathrm{T2}} \tag{6-60}$$

其功角特性曲线为

$$P_{\mathrm{I}} = \frac{E'U\sin\delta}{X_{\mathrm{I}}} \tag{6-61}$$

式中，$E'$ 为暂态电动势，可以近似地认为短路前后 $E'$ 不能突变。

（2）当电力系统发生短路时

根据正序等效定则，短路发生时的等效电路图如图6-19（b）所示。其中 $X_{\Delta}^{(n)}$ 为附加电抗，$X_{\Delta}^{(n)}$ 随着短路形式的不同而不同。当发生单相短路接地时，$X_{\Delta}^{(n)}=X_{2\Sigma}+X_{0\Sigma}$；当发生两相短路时，$X_{\Delta}^{(n)}=X_{2\Sigma}$；当发生两相短路接地时，$X_{\Delta}^{(n)}=X_{2\Sigma}\|X_{0\Sigma}$；当发生三相短路时，$X_{\Delta}^{(n)}=0$。

根据图6-19（b），利用星网变换公式可求得发电机与无穷大电网之间的转移电抗为

$$X_{\mathrm{II}} = (X'_{\mathrm{d}} + X_{\mathrm{T1}}) + (\frac{1}{2}X_{\mathrm{L}} + X_{\mathrm{T2}}) + (X'_{\mathrm{d}} + X_{\mathrm{T1}})\frac{(\frac{1}{2}X_{\mathrm{L}} + X_{\mathrm{T2}})}{X_{\Delta}^{(n)}} \tag{6-62}$$

其功角特性曲线为

$$P_{\mathrm{II}} = \frac{E'U\sin\delta}{X_{\mathrm{II}}} \tag{6-63}$$

由于 $X_{\mathrm{II}}>X_{\mathrm{I}}$，短路时的功角特性曲线比正常运行时要低。

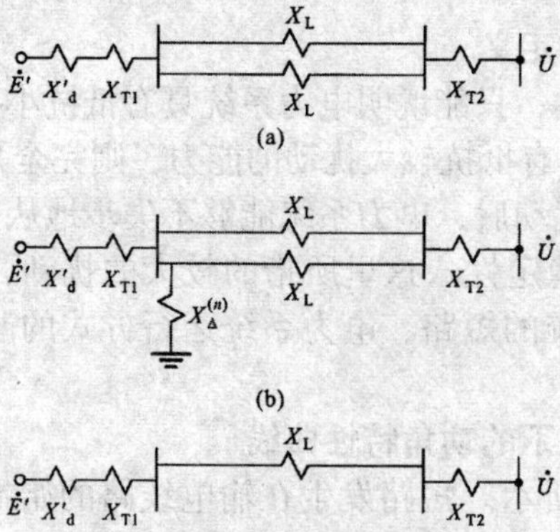


图6-19 简单电力系统等效电路

(a)正常运行时等效电路 (b)短路发生时等效电路 (c)短路切除后等效电路

(3) 当电力系统短路切除后

当电力系统短路切除后的等效电路如图6-19(c)所示。系统的总电抗为

$$X_{\mathrm{III}}=X'_{\mathrm{d}}+X_{\mathrm{T1}}+X_{\mathrm{L}}+X_{\mathrm{T2}} \tag{6-64}$$

其功角特性曲线为

$$P_{\mathrm{III}}=\frac{E'U\sin\delta}{X_{\mathrm{III}}} \tag{6-65}$$

一般地，转移电抗$X_{\mathrm{III}}$介于$X_{\mathrm{II}}$和$X_{\mathrm{I}}$之间，曲线$P_{\mathrm{III}}$介于$P_{\mathrm{II}}$和$P_{\mathrm{I}}$之间，如图6-20所示。

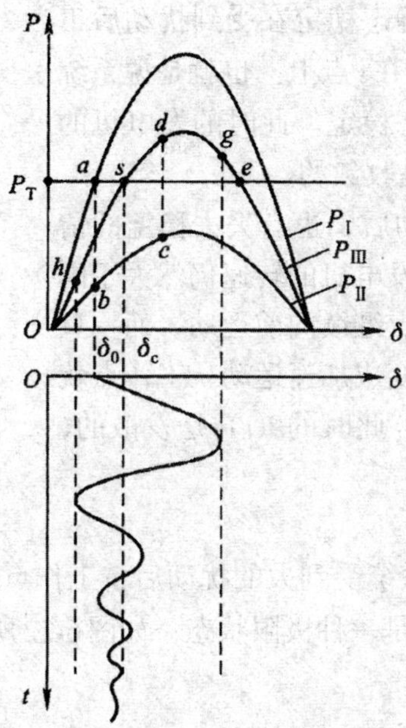


图6-20 转子相对运动及摇摆曲线

**3. 各种运行方式下工作点的运动轨迹**

在正常情况下，若原动机的机械功率为$P_{\mathrm{T}}=P_0$，发电机的工作点为$a$点，与此对应的功角为$\delta_0$。

短路发生瞬间，发电机的工作点应在短路时的功角$\delta_0$曲线上。由于转子巨大的惯性，功角不可能突变，发电机输出的电磁功率（即工作点）应在由$P_{\mathrm{II}}$上对应于$\delta_0$的$b$点确定，设其值为$P_{(0)}$。这时原动机的输出功率$P_{\mathrm{T}}$仍保持不变。于是出现了过剩功率$\Delta P_{(0)}=P_{\mathrm{T}}-P_{(0)}>0$，它具有加速的性质。

在加速过剩功率的作用下，发电机将加速，其相对速度$\Delta\omega=\omega-\omega_{\mathrm{N}}$，于是功角δ开始增大。发电机的工作点将沿着$P_{\mathrm{II}}$由$b$向$c$移动。在变动的过程中，随着功角δ的增大，发电机的电磁功率也增大，过剩功率则减小，所以$bc$段发电机的转子是变加速运动。

如果在功角为$\delta_c$时，故障线路被切除。在切除瞬间，由于功角不能突变，发电机的工作点便移动到曲线$P_{\mathrm{III}}$所对应的$d$点上。此时，发电机的电磁功率大于原动机的输出功率，过剩功率$P_{\mathrm{T}}-P_{\mathrm{e}}<0$，它具有减速的性质。在此过剩功率的作用下，发电机的转速将下降，虽然相

对速度$\Delta\omega$开始减小，但$\Delta\omega$仍大于零。因此，功角继续增大，工作点将沿着$P_{Ⅲ}$由$d$向$g$做减速运动。发电机则一直受到减速作用而不断减速。

如果到达$g$点，发电机恢复到同步转速，即$\Delta\omega=0$，则功角达到最大值。虽然发电机此时恢复了同步，但由于功率尚未恢复平衡，所以发电机不能在$g$点确立同步运行状态。发电机在减速性不平衡转矩的作用下，转速将继续下降而低于同步转速，这时$\Delta\omega<0$。于是功角$\delta$开始减小，发电机的工作点将沿着$P_{Ⅲ}$由点$g$向点$d$运动。

以后的过程与电力系统的静态稳定在受到扰动后工作点的运动情况相似，最后稳定在$s$点上。也就是说系统在受到大的扰动后能够保持暂态稳定。此时的发电机的摇摆曲线如图6-20所示，$\delta(t)$是收敛的。

当然，系统在受到大的扰动后，也有失去稳定的情况。如果工作点在到达$e$点后，发电机的转速仍然大于同步转速，那么工作点就要跨过$e$点继续向前运动。而一旦跨过$e$点，发电机的转子就又要变成加速运动，工作点就更要向前运动，最后失去同步，此时的$\delta(t)$是发散的，如图6-21所示。

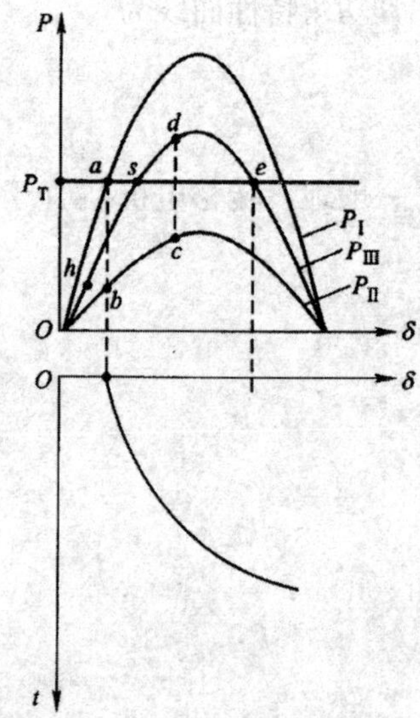

图6-21　摇摆曲线发散的情况

4. 等面积准则

当然也有这样的情况，当系统受到大的扰动后，工作点正好在到达$e$点时发电机的转子恢复到同步转速，即$\Delta\omega=0$，这是一种极限状态，如图6-22所示。下面讨论其数量关系。

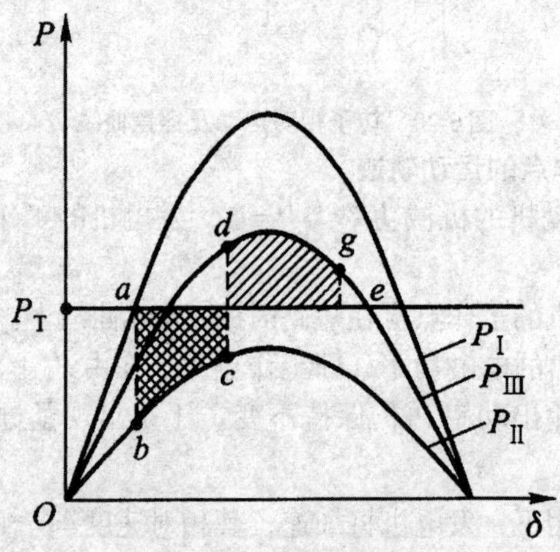

图6-22　等面积准则

当工作点在$bc$段做变加速运动时，发电机转子的动力功率大于阻力功率，发电机的转子是加速的。这时多余的功率以转子动能的形式储存在发电机的转子上。此时储存的动能为

$$W_a=\int_{\delta_0}^{\delta_c}(P_T-P_{Ⅱm}\sin\delta)\mathrm{d}\delta \tag{6-66}$$

当工作点在$dg$段做变减速运动时，发电机转子的动力功率小于阻力功率，发电机的转子是减速的。这时不足的功率由发电机的转子降低转速释放动能来弥补。此时转子释放的动能为

$$W_b = \int_{\delta_0}^{\delta_{max}} (P_{\text{III}m} \sin\delta - P_{\text{T}}) d\delta \tag{6-67}$$

由于$b$、$g$两点的转速相等，即$b$、$g$两点的发电机转子的动能相等，那么发电机转子在$bc$段所做的正功与在$dg$段所做负功是完全抵消的，也即完全相等，所以

$$\int_{\delta_0}^{\delta_c} (P_{\text{T}} - P_{\text{II}m} \sin\delta) d\delta = \int_{\delta_0}^{\delta_{max}} (P_{\text{III}m} \sin\delta - P_{\text{T}}) d\delta \tag{6-68}$$

这就是著名的等面积准则。

**5. 电力系统暂态稳定性的实用判据**

电力系统暂态稳定性的实用判据如下：

（1）当$\delta(t)$收敛时，系统具有暂态稳定性。

（2）当$\delta(t)$发散时，系统不具有暂态稳定性。

或

（1）当最大可能的减速面积大于加速面积时，系统稳定。

（2）当最大可能的减速面积小于加速面积时，系统不稳定。

（3）当最大可能的减速面积等于加速面积时，系统处于临界状态。

### 6.4.2 复杂电力系统暂态稳定的分析计算

**1. 大扰动后各发电机转子运动的特点**

以两机电力系统为例，来说明复杂电力系统大扰动后各发电机转子运动的特点。如图6-23所示为两机电力系统，其正常运行时，发电机$G_1$、$G_2$共同向负载LD供电。为了简化，负荷用恒定阻抗表示。这样，可以画出正常运行时的等值电路，并根据给定的运行条件，算出$E_1\angle\delta_1$、$E_2\angle\delta_2$以及发电机转子间的相对角$\delta_{12}=\delta_1-\delta_2$。对于两机系统，可得

$$P_{1\text{I}} = \frac{E_1^2}{|Z_{11\text{I}}|}\sin\alpha_{11\text{I}} + \frac{E_1E_2}{|Z_{12\text{I}}|}\sin(\delta_{12} - \alpha_{12\text{I}}) \tag{6-69}$$

$$P_{2\text{I}} = \frac{E_2^2}{|Z_{22\text{I}}|}\sin\alpha_{22\text{I}} - \frac{E_1E_2}{|Z_{12\text{I}}|}\sin(\delta_{12} + \alpha_{12\text{I}}) \tag{6-70}$$

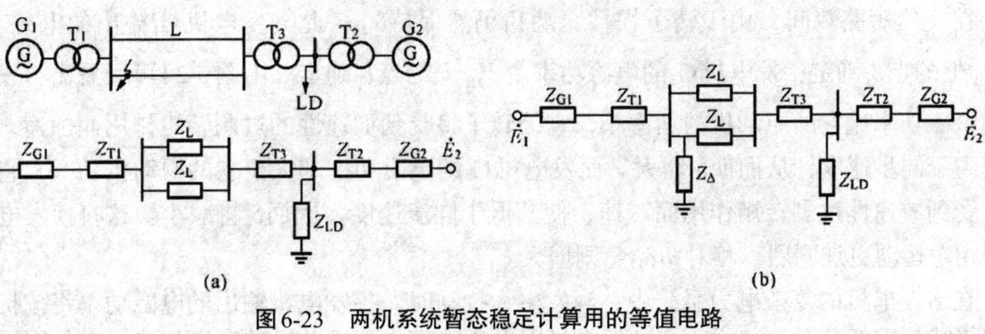


**图6-23 两机系统暂态稳定计算用的等值电路**

(a)正常运行；(b)短路状态

根据式（6-69）和式（6-70）可以画出功率特性曲线（见图6-24）。由于两发电机共同供给负荷所需的功率，所以发电机1的功率随相对角$\delta_{12}$增大而增大，发电机2的功率则随相对角$\delta_{12}$增大而减小。

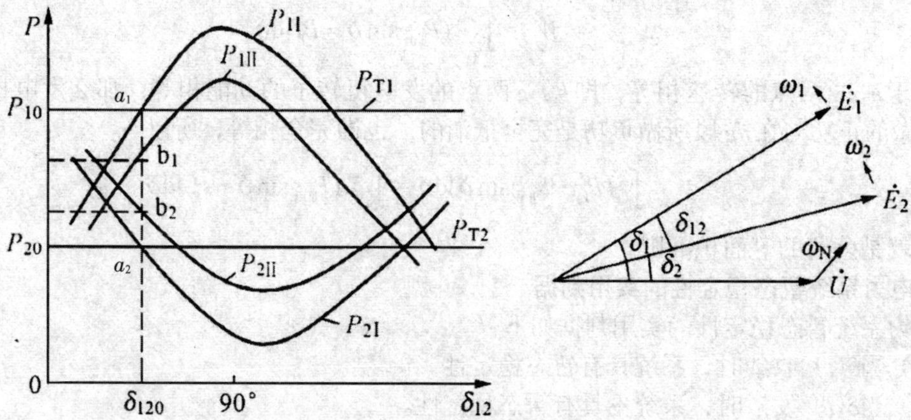


图6-24 两机系统的功率特性

正常运行时，$\delta_{12}=\delta_{120}$，发电机输出的功率应为由$P_{1I}$和$P_{2I}$分别与$\delta_{120}$相交的点$a_1$及$a_2$所确定的$P_{10}$和$P_{20}$，它们分别等于各自原动机的功率$P_{T1}$和$P_{T2}$。

如果是靠近发电机1的高压线路始端发生短路，则短路时的等值电路如图6-23（b）所示。此时各发电机的功率特性为

$$\begin{aligned} P_{1II} &= \frac{E_2^2}{|Z_{11II}|}\sin\alpha_{11II} + \frac{E_1E_2}{|Z_{12II}|}\sin(\delta_{12}-\alpha_{12II}) \\ P_{2II} &= \frac{E_2^2}{|Z_{22II}|}\sin\alpha_{22II} - \frac{E_1E_2}{|Z_{12II}|}\sin(\delta_{12}-\alpha_{12II}) \end{aligned} \tag{6-71}$$

通常，高压电网的电抗远大于电阻，因此，短路附加阻抗$Z_\Delta$主要是电抗。并联电抗的接入，使转移阻抗增大，即$|Z_{12II}|>|Z_{12I}|$，因而功率特性中与转移阻抗成反比的正弦项的幅值下降，从而使发电机1的功率比正常时低，发电机2的功率则比正常时的高（见图6-24中的$P_{1II}$、$P_{2II}$）。

在突然短路瞬间，由于转子惯性，功角仍然保持$\delta_{120}$。此刻发电机$G_1$输出的电磁功率，由$P_{1II}$上的点$b_1$确定；发电机$G_2$的电磁功率由$P_{2II}$上的点$b_2$确定。由图6-24可以看出，发电机$G_1$的电磁功率比它的原动机的功率小，它的转子将受到加速性的过剩转矩作用而加速，使其转速高于同步速度，从而使$\delta_1$增大。而发电机$G_2$的电磁功率却大于它的原动机功率，它的转子将受到减速性过剩转矩作用而减速，使其低于同步速度，因而$\delta_2$将减小。这将使发电机之间的相对运动更加剧烈，相对角$\delta_{12}$急剧增大。

在多发电机的复杂电力系统中，当发生大扰动时，各发电机输出的电磁功率将按扰动后的网络特性重新分配。这样，有的发电机因电磁功率小于原动机功率而加速，有的则因电磁

功率大于原动机功率而减速。

**2. 复杂电力系统暂态稳定计算的原理和特点**

判断复杂电力系统的暂态稳定同样需要发电机转子运动方程，计算功角随时间变化的曲线。复杂电力系统暂态稳定的计算，由于计算量很大，现在都采用计算机来完成。

每一台发电机的转子运动方程为

$$\left.\begin{aligned}\frac{\mathrm{d}\delta_i}{\mathrm{d}t}&=\Delta\omega_i\\ \frac{d\Delta\omega_i}{\mathrm{d}t}&=\frac{\omega_{\mathrm{N}}}{T_{\mathrm{J}i}}\left(P_{\mathrm{T}i}-P_{\mathrm{e}i}\right)\left(i=1,2,\cdots,\ n\right)\end{aligned}\right\}\tag{6-72}$$

式中，$P_{\mathrm{Ti}}$——第$i$号发电机的原动机的功率，它由本台原动机及其调速器特性所决定，基本上与其他发电机无关；

$P_{\mathrm{ei}}$——第$i$台发电机输出的电磁功率，它由求解全系统的网络方程来确定。

下面介绍最简化的条件下（即不考虑原动机的调节作用；发电机用$E'$=常数、负荷用恒定阻抗表示）复杂电力系统暂态稳定计算的特点。

采用改进欧拉法时计算步骤如下。

解网络方程（在最简化的条件下只需直接利用由网络方程导出的电磁功率公式）求第$k$个时间段初各发电机的电磁功率

$$P_{\mathrm{e}i(k-1)}=\frac{E_i^2}{\left|Z_{ii}\right|}\sin\alpha_{ii}+\sum_{j=1,\ j\neq i}^{n}\frac{E_iE_j}{\left|Z_{ij}\right|}\sin\left(\delta_{ij(k-1)}-\alpha_{ij}\right)\qquad(i=1,2,\cdots,n)\tag{6-73}$$

解微分方程求时间段末功角的近似值

$$\left.\begin{aligned}\frac{\mathrm{d}\delta_i}{\mathrm{d}t}\Big|_{k-1}&=\Delta\omega_i\left(k-1\right)\\ \frac{\mathrm{d}\Delta\omega_i}{\mathrm{d}t}\Big|_{k-1}&=\frac{\omega_{\mathrm{N}}}{T_{\mathrm{J}i}}\left(P_{i0}-P_{\mathrm{e}i(k-1)}\right)\\ \delta_{i(k)}^{(0)}&=\delta_{i(k-1)}+\frac{\mathrm{d}\delta_i}{\mathrm{d}t}\Big|_{k-1}\Delta t\\ \Delta\omega_{i(k)}^{(0)}&=\Delta\omega_i\left(k-1\right)+\frac{\mathrm{d}\Delta\omega_i}{\mathrm{d}t}\Big|_{k-1}\Delta t\\ \delta_{ij(k)}^{(0)}&=\delta_{i(k)}^{(0)}-\delta_{j(k)}^{(0)}\qquad(i,j=1,2,\cdots,n)\end{aligned}\right\}\tag{6-74}$$

计算时间段末各发电机电磁功率的近似值

$$P_{ei(k)}^{(0)}=\frac{E_i^2}{\left|Z_{ii}\right|}\sin\alpha_{ii}+\sum_{j=1,\ j\neq i}^{n}\frac{E_iE_j}{\left|Z_{ij}\right|}\sin\left(\delta_{ij(k)}^{(0)}-a_{ij}\right)\qquad(i=1,2,\cdots,n)\tag{6-75}$$

解微分方程求时间段末功角的修正值

$$\left.\begin{aligned}
\frac{\mathrm{d}\delta_i}{\mathrm{d}t}\Big|_k^{(0)} &= \Delta\omega_{(k)}^{(0)} \\
\frac{\mathrm{d}\Delta\omega_i}{\mathrm{d}t}\Big|_k^{(0)} &= \frac{\omega_{\mathrm{N}}}{T_{\mathrm{J}i}}\left(P_{i0} - P_{\mathrm{e}i(k)}^{(0)}\right) \\
\delta_{i(k)} &= \delta_{i(k-1)} + \frac{1}{2}\left[\frac{\mathrm{d}\delta_i}{\mathrm{d}t}\Big|_{k-1} + \frac{\mathrm{d}\delta_i}{\mathrm{d}t}\Big|_k^{(0)}\right]\Delta t \\
\Delta\omega_{i(k)} &= \Delta\omega_{i(k-1)} + \frac{1}{2}\left[\frac{\mathrm{d}\Delta\omega_i}{\mathrm{d}t}\Big|_{k-1} + \frac{\mathrm{d}\Delta\omega_i}{\mathrm{d}t}\Big|_k^{(0)}\right]\Delta t \\
\delta ij(k) &= \delta_i(k) - \delta_j(k) \qquad (i, j = 1, 2, \cdots, n)
\end{aligned}\right\} \tag{6-76}$$

对于最简化条件下的计算，采用分段计算法将会大大加快计算速度，其步骤如下。

求第$k$个时间段初各发电机的电磁功率

$$P_{\mathrm{e}i(k-1)} = \frac{E_i^2}{|Z_{ii}|}\sin\alpha_{ii} + \sum_{j=1, j\neq i}^{n}\frac{E_i E_j}{|Z_{ij}|}\sin\left(\delta_{ij(k-1)} - \alpha_{ij}\right)(i = 1, 2, \cdots, n) \tag{6-77}$$

解微分方程求时间段末功角的值

$$\left.\begin{aligned}
\Delta P_{i(k-1)} &= P_{i0} - P_{ei(k-1)} \\
\Delta\delta_{i(k)} &= \Delta\delta_{i(k-1)} + K_i\Delta P_{i(k-1)} \\
\delta_{i(k)} &= \delta_{i(k-1)} + \Delta\delta_{i(k)} \\
\delta_{ij(k)} &= \delta_{i(k)} - \delta_{j(k)}(i, j = 1, 2, \cdots, n)
\end{aligned}\right\} \tag{6-78}$$

从以上两种计算方法的计算过程可以看到复杂电力系统暂态稳定计算的几个特点。

（1）复杂电力系统暂态稳定计算的过程，是交替地求解网络方程和微分方程的过程。

（2）发电机转子运动方程是用每一台发电机的“绝对”角$\delta_i$和“绝对”角速度$\Delta\omega i$来描述的。在求解网络方程得到发电机的电磁功率之后，求解微分方程时，只考虑与本台发电机组（包括原动机和调速器）的有关特性，计算公式简单。

（3）网络方程与扰动后网络的结构和参数、所有发电机的电磁特性和参数以及负荷的特性和参数有关，它是由全系统的电磁特性所决定的。最简化的情况下，发电机的电磁功率是$n-1$个相对角$\delta_{ij}$的函数。

（4）对复杂电力系统不能再用等面积定则来确定极限切除角，而是按给定的故障切除时间$t_c$进行计算，当$t=t_c$时，以系统再发生一次扰动（操作）来处理，从而计算出发电机的摇摆曲线。

### 6.4.3 电力系统异步运行

电力系统由于严重故障或错误操作等原因而失去稳定时，各发电机之间便处于不同步的运行状态。这种状态称为异步运行状态。

异步运行是同步电机的一种非正常运行状态，带有励磁的同步电机异步运行会造成系统中电压、电流和功率的剧烈振荡；无励磁同步电机异步运行时要从系统中吸取大量的无功功率，这无论是对系统还是电机本身的安全运行都会带来不良的影响。但是理论研究和运行经验都表明，在一定的条件下，积极而谨慎地利用同步电机短时间的异步运行，采取措施使之迅速恢复同步，对于改善系统的运行条件也是很有利的。

1. **发电机异步运行的功率特性**

当发电机转速偏离同步转速时，它的转子相对于定子磁场就要产生相对运动，转子上所有闭合绕组便要感生电流。感生电流所建立的磁场与定子磁场相互作用，产生了一定的附加转矩。这部分转矩称为异步转矩（或功率）。

简单电力系统的发电机做稳态异步运行时，应用同步电机的基本方程——派克方程，可以导出发电机的转矩表达式。

有功功率表达式中同步功率分量为

$$P_{syn}=\frac{E_{\mathrm{q}}U}{X_{\mathrm{d}\Sigma}}\sin\left(\delta_0+st\right)+\frac{U^2}{2}\left(\frac{X_{\mathrm{d}\Sigma}-X_{\mathrm{q}\Sigma}}{X_{\mathrm{d}\Sigma}X_{\mathrm{q}\Sigma}}\right)\sin\left(2\delta_0+2st\right) \tag{6-79}$$

表达式中的两项分别以转差和两倍转差为角频率做周期变化，它的平均值为零。因此，它不能向系统输送能量。但是，这种幅值很大的交变功率将对系统产生强烈的扰动，并使发电机转子受到很大的扭转，这就是它的危害性。

由于受到同步功率的作用，发电机转差是做周期性变化的，发电机的异步有功功率的平均值为

$$P_{as.av}=\frac{U^2}{2}\left[\frac{X_{\mathrm{d}\Sigma}-X'_{\mathrm{d}\Sigma}}{X_{\mathrm{d}\Sigma}X'_{\mathrm{d}\Sigma}}\times\frac{sT'_d}{1+\left(sT'_d\right)^2}+\frac{X'_{\mathrm{d}\Sigma}-X''_{\mathrm{d}\Sigma}}{X'_{\mathrm{d}\Sigma}X''_{\mathrm{d}\Sigma}}\times\frac{sT''_d}{1+\left(sT''_d\right)^2}+\frac{X_{\mathrm{q}\Sigma}-X''_{q\Sigma}}{X_{\mathrm{q}\Sigma}X''_{q\Sigma}}\times\frac{sT''_{\mathrm{q}}}{1+\left(sT''_{\mathrm{q}}\right)^2}\right]$$

它的每一项与普通异步电机不计励磁损耗时的功率表达式

$$P=\frac{U^2}{X}\times\frac{sX/R}{1+\left(sX/R\right)^2} \tag{6-80}$$

具有完全相同的形式，只是发电机分为3项，分别对应励磁绕组、纵轴阻尼和横轴阻尼。当发电机转速高于同步转速时，发电机的转差$s$>0、$P_{\mathrm{as.av}}$>0，发电机发出有功功率。

异步运行时，平均异步功率就是发电机给系统输送的有功功率。平均异步功率与转差的关系曲线，是发电机异步运行的重要特性曲线。如图6-25所示为不同类型发电机的平均异步功率特性。从图中可以看到，当发电机端有额定电压时，汽轮发电机在很小的转差下，便可输出大小等于额定值的平均异步功率。

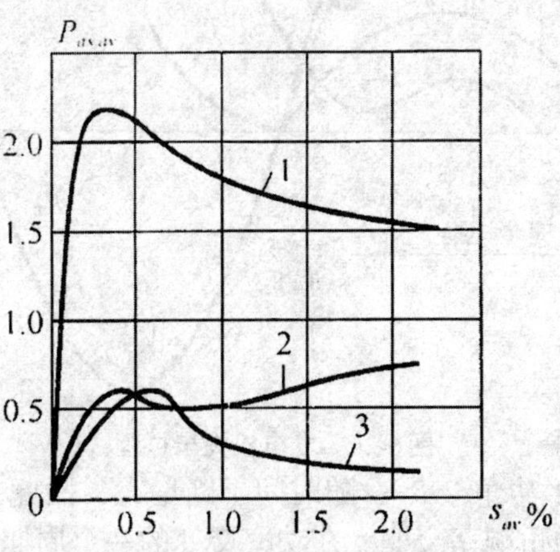


**图6-25　各种发电机的异步率特性**

1—汽轮发电机　2—有阻尼绕组水轮发电机　3—无阻尼绕组水轮发电机

平均无功功率为

$$Q_{av}=\frac{U^2}{2}\times\frac{X_{d\Sigma}+X_{q\Sigma}}{X_{d\Sigma}X_{q\Sigma}}-\frac{U^2}{2}\left[\frac{X_{d\Sigma}-X'_{d\Sigma}}{X_{d\Sigma}X'_{d\Sigma}}\times\frac{sT'_d}{1+\left(sT'_d\right)^2}+\frac{X'_{d\Sigma}-X''_{d\Sigma}}{X'_{d\Sigma}X''_{d\Sigma}}\times\frac{sT''_d}{1+\left(sT''_d\right)^2}+\frac{X_{q\Sigma}-X''_{q\Sigma}}{X_{q\Sigma}X''_{q\Sigma}}\times\frac{sT''_q}{1+\left(sT''_q\right)^2}\right]$$

它与普通异步电机吸收的无功功率表达式具有完全相同的形式。

$$Q=\frac{U^2}{X_\mu}+\frac{U^2}{X}\frac{\left(sX/R\right)^2}{1+\left(sX/R\right)^2} \tag{6-81}$$

两式中的第一项是由定子外施电压产生的励磁功率；第二项是漏抗上的无功损耗，只是发电机分成3小项分别对应于转子的3个闭合绕组。

从无功功率方程可以看到，无论转差的符号如何，平均无功功率总是具有负值，而且，由发电机励磁产生的无功功率分别是以转差为频率的交变分量，其平均值等于零。因此，发电机在异步运行时，总是从系统吸收无功功率。发电机从作为无功电源向系统输送无功功率变成从系统吸收无功功率的无功负荷，大大加重了无功负荷，特别是对于无功电源不足的电力系统，可能引起系统电压的大幅度地下降，从而使大量用户无法正常工作。

**2. 发电机由失步过渡到稳态异步运行的过程**

发电机由短路到失去同步运行的过程，可以用如图6-26所示的功角特性图定性的说明。从图中可以看到，最大可能的减速面积$A_{def}$小于加速面积$A_{abce}$。因此在第一次振荡时，发电机的转差不可能在点$f$以前重新下降到零，发电机工作点将越过点$f$。此后发电机继续加速，功角不断增大，转差也不断增大，发电机便失去同步而过渡到异步状态。

发电机失去同步以后，随转差的增大，异步功率也逐渐增大。与此同时，原动机调速器由于发电机转速超过同步速度而开始减小原动机的功率。

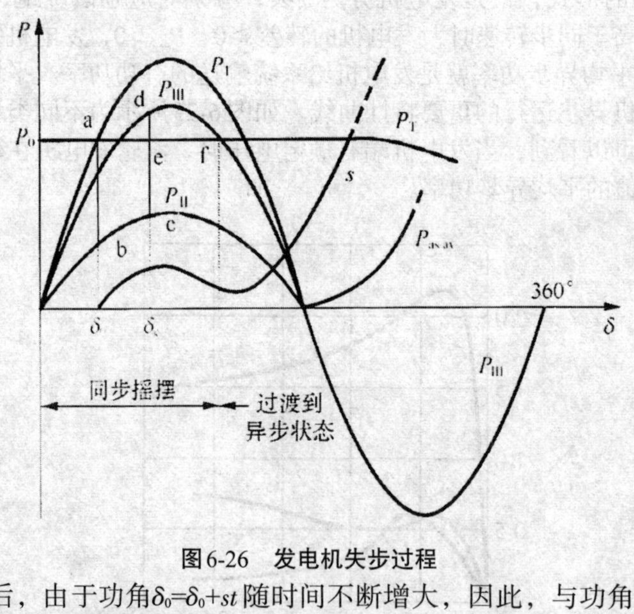


**图6-26　发电机失步过程**

发电机失步之后，由于功角$\delta_0=\delta_0+st$随时间不断增大，因此，与功角成正选函数的同步功率分量将随时间以转差为角频率交变。在功率交变的一个周期内，发电机有半个周期工作在发电机状态，同步功率对转子起制动作用；有半个周期工作在电动机状态，同步功率对转子起推动作用。由于同步功率一周期的平均值为零，所以它仅对转差的瞬时值产生影响，而对平均差的影响很小。

发电机的平均差是由原动机的功率和平均异步功率共同作用来确定的。图6-27定性地描述了简单电力系统发电机由失步到稳态异步运行的过程。在刚失步时，平均转差较小，而调速器刚刚开始减小原动机的功率，所以作用在发电机转子上的加速性过剩功率较大，平均转差迅速增大。随着平均转差的迅速增大，平均异步功率也迅速增大，而原动机的功率则在调速器的作用下迅速减小。在某一时刻$t_a$、$P_T=P_{as.av}$，达到功率平衡。但在此刻，发电机的平均转差较大，调速器继续减小原动机的功率，因而在$t>t_a$以后$P_T<P_{as.av}$，转子将受到减速性的过剩功率作用而开始减小平均转差。发电机的平均异步功率也开始减小。最后，平均异步功率和原动机的功率相平衡，平均转差达到它的稳态值$S_\infty$，发电机便进入稳态异步运行。

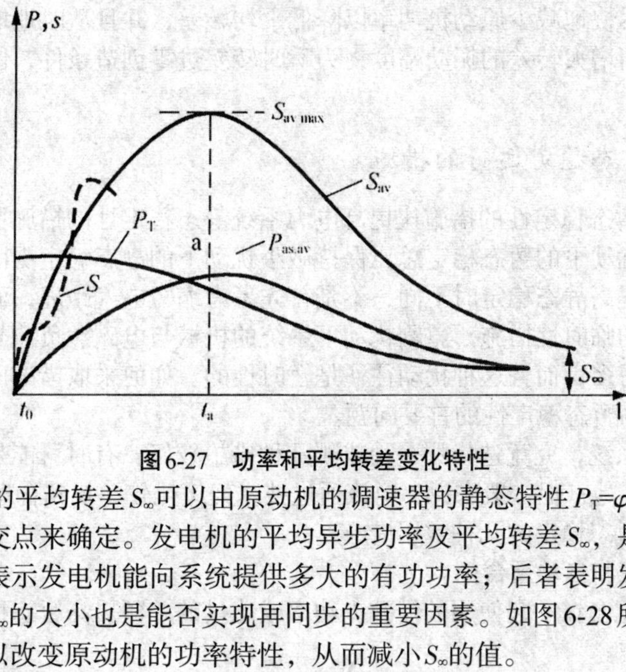


图6-27 功率和平均转差变化特性

稳态异步运行的平均转差$S_\infty$可以由原动机的调速器的静态特性$P_T=\varphi(S_{av})$和发电机的平均异步功率特性的交点来确定。发电机的平均异步功率及平均转差$S_\infty$，是稳态异步运行的两个重要参数。前者表示发电机能向系统提供多大的有功功率；后者表明发电机是否会处于危险的转速。同时，$S_\infty$的大小也是能否实现再同步的重要因素。如图6-28所示，手动调整调速器的伺服马达，可以改变原动机的功率特性，从而减小$S_\infty$的值。

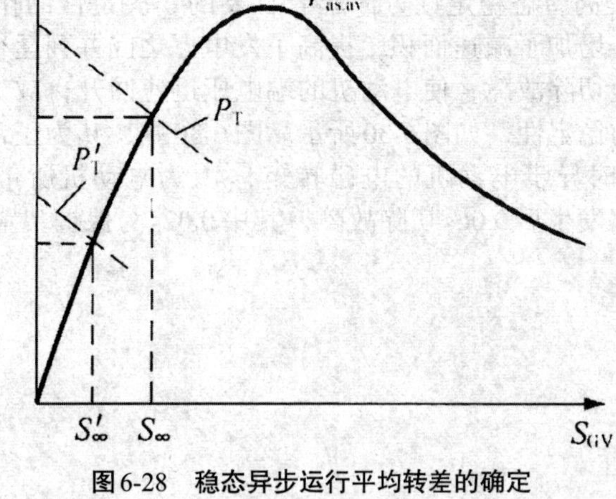


图6-28 稳态异步运行平均转差的确定

**3. 实现再同步的必要条件和促使再同步的措施**

发电机失去同步之后，允许它做异步运行，其目的就是促使它再次嵌入同步，以加快恢复系统的正常运行。

发电机能否实现再同步，取决于下面的两个条件：第一，发电机能否抵达同步转速，即发电机的转差瞬时值能否经过零值；第二，在抵达同步速度之后，能否不失步地过渡到稳定的同步运行状态。

大家知道转差的瞬时值是由作用在转子上的所有转矩共同决定的。原动机的功率与平均异步功率相互平衡决定了平均转差的大小，而同步转矩的存在，使转差作用周期性的脉振，其振幅与同步转矩的幅值有关，同步功率的幅值愈大，转差脉振的幅值也愈大。

平均转差越小，转差振荡幅度越大，转差瞬时值过零的机会就越多。因此，在发电机失去同步以后，必须尽快地减少原动机功率以降低平均转差，并且适时地增加励磁，以增大同步功率的幅值，从而增大转差的振动幅度，为瞬时转差过零创造条件，使发电机尽快地实现同步。

### 6.4.4 提高暂态稳定运行的措施

提高电力系统暂态稳定性的措施比提高电力系统静态稳定性的措施更多。对于同一个电力系统，保持急剧扰动下的暂态稳定总比保持微小扰动下的静态稳定更困难。提高电力系统暂态稳定的措施和提高静态稳定时不同，不是首先考虑缩短电气距离，而是首先考虑如何减少功率或能量差额的临时性措施。急剧扰动下系统的机械与电磁、负荷与电源的功率或能量差额比微小扰动大得多，而且这种扰动往往是暂时性的。如何采取措施以克服这种功率或能量平衡差额，是提高暂态稳定性的首要问题。

对于某一电力系统，究竟选择哪一种或哪几种措施较好，有时可能是明显的，或者为条件所限，并无选择余地；但一般来说，应该通过技术经济比较，找到合理的措施。

以下介绍提高暂态稳定的几种常用措施。

**1. 快速切除故障和自动重合闸**

这是两种常常配合在一起使用的借减少功率或能量的差额提高暂态稳定性的措施，经济而有效，应首先考虑。

（1）快速切除故障

快速切除故障在提高暂态稳定性方面起着首要的、决定性的作用。由于快速切除故障，减少了加速面积，增加了减速面积，提高了发电厂之间并列运行的稳定性，如图6-29所示。另外，由于快速切除故障，使电动机的端电压迅速回升，减少了电动机失速、停顿的危险，提高了负荷的稳定性，如图6-30所示。图6-30中，$M_{\text{I}}$为正常运行时异步电动机的电磁转矩，$M_{\text{II}}$为故障时异步电动机的电磁转矩，$M_{\text{m}}$为电动机所带负载的机械转矩。目前，已知能做到在短路发生后0.06s切除故障，其中0.02s为保护装置动作时间，0.04s为断路器动作时间。

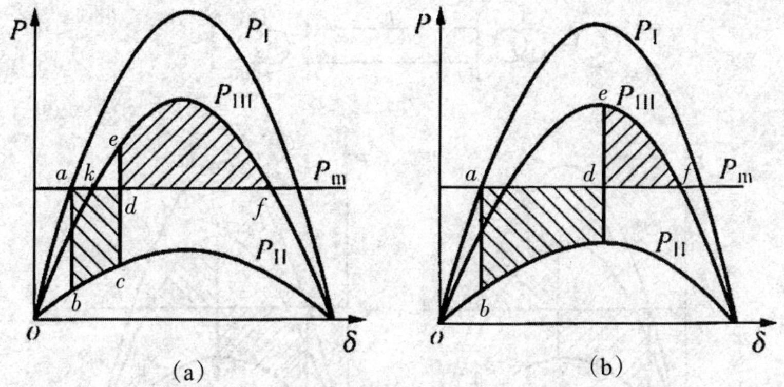


图6-29　快速切除故障提高发电厂之间并列运行的稳定性

(a)快速切除稳定；(b)慢速切除不稳定

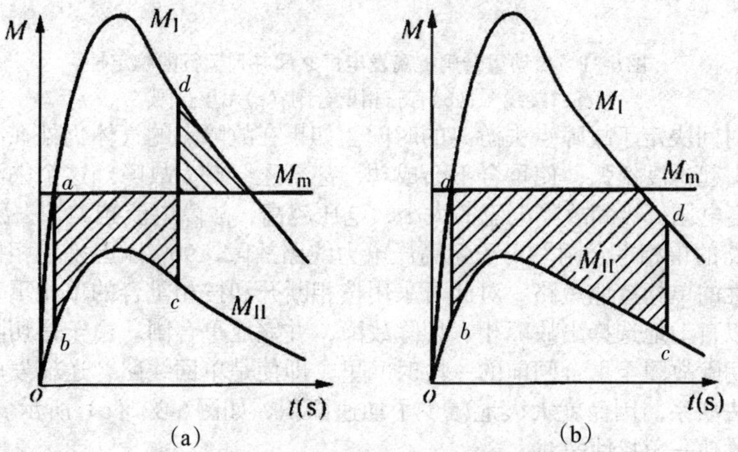


图6-30　快速切除故障提高电动机负荷的稳定性

(a)快速切除稳定；(b)慢速切除不稳定

（2）自动重合闸

电力系统中的故障，特别是高压电力线路的故障，大多是瞬时性短路故障。采用自动重合闸装置不仅可以提高系统供电的可靠性，而且可以大大地提高系统的暂态稳定性。下面介绍双回路的三相重合闸和单回线路的单相重合闸，在提高电力系统暂态稳定方面的作用。

①双回线路的三相重合闸。图6-31（a）为简单电力系统的接线图，设这个系统中双回线路中的一回线路发生了瞬时性短路故障，有无三相自动重合闸运行情况的变化分别如图6-31（b）、（c）所示。由图6-31可见，不装三相自动重合闸时，系统不能保持暂态稳定；而装设三相自动重合闸装置后，在运行点运行到$k$点时，如三相重合闸成功，则运行点将从$P_{\rm III}$上的$k$点跃升到$P_{\rm I}$上的$g$点，增加了减速面积$kghfk$，很可能使最大减速面积大于加速面积，从而保持电力系统的暂态稳定性。

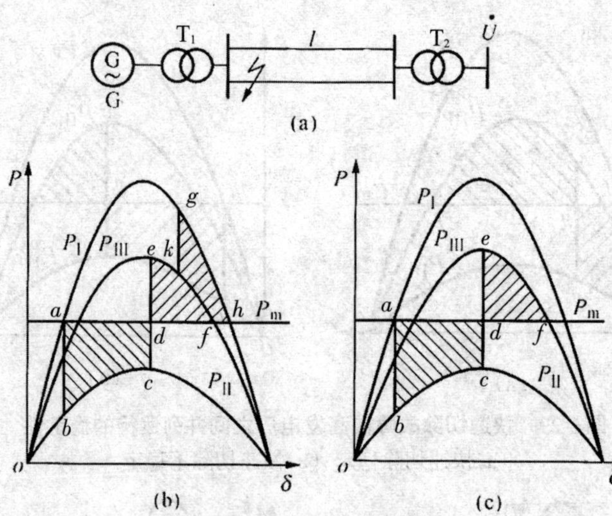


**图6-31　自动重合闸提高发电厂之间并列运行的稳定性**

(a)接线图；(b)有三相重合闸；(c)无重合闸

重合闸的时间决定于故障点去游离的时间。如果在故障点的气体仍处在游离状态下，过早地重合，将引起再度燃弧，使重合不会成功，甚至还会扩大故障。这个去游离时间主要取决于线路的额定电压等级和故障电流的大小，电压越高，故障电流越大，去游离时间越长。

②单回线路的单相重合闸。对于超高压电力线路故障，90%以上是单相接地短路，而且大多数为瞬时性的单相接地短路。对此可采用按相断开和按相重合的单相重合闸。这种自动重合闸装置可以自动地选择出故障相、切除故障，并完成重合闸。由于是切除了故障相而非三相，因此在切除故障至重合闸前的一段时间里，即使是单回线路，送端发电厂和受端系统也没有完全失去联系。因而就大大地减少了加速面积，如图6-32（c）所示。图6-32中$P_{\text{Ⅲ}}$为切除三相线路时功—角特性曲线。

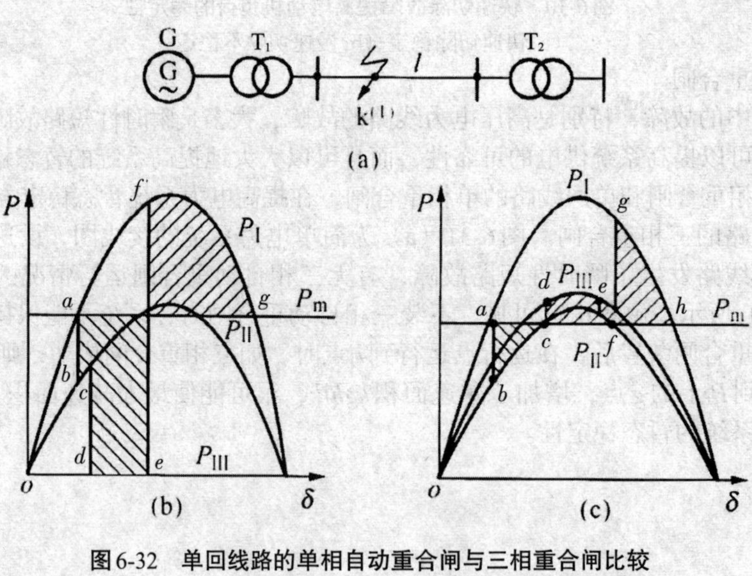


**图6-32　单回线路的单相自动重合闸与三相重合闸比较**

(a)接线图；(b)三相重合闸；(c)单相重合闸

根据实测数据，对于220kV输电线路，采用三相重合闸时，从故障切除到重合闸之间的时间间隙在0.3s以上时，不至于引起再燃弧；但采用按相重合闸时，由于故障切除后，带电的两相仍将通过导线之间的耦合向故障点继续供给电流，维持电弧继续燃烧，因此这个时间间隙就要长得多。

显然，单相重合闸对提高负荷的稳定性也是有利的。因重合成功会使系统电源充足，易满足负荷的要求，从而保证了负荷运行的稳定。

**2. 强行励磁和快速关闭汽门**

这两种措施是从自动调节系统入手，通过减少功率或能量的差额来提高电力系统的暂态稳定性，也是很经济有效的措施。

（1）强行励磁

发电机都备有强行励磁装置，以保证当系统发生故障而使发电机端电压$U_G$低于90%的额定电压时，迅速大幅度地增加发电机的励磁电流$i_f$，从而使发电机空载电动势$E_q$、发电机端电压$U_G$增加，一般可保持发电机端电压$U_G$为恒定值。这样也增加了发电机输出的电磁功率。因此强行励磁对提高发电机并列运行和负荷的暂态稳定性都是很有利的。强行励磁的效果与强行励磁的倍数（最大可能的励磁电压与发电机在额定条件下运行时的励磁电压之比）有关，强行励磁倍数越大，效果就越好。此外，强行励磁的效果还与强行励磁的速度有关，强励磁速度越快，效果就越好。

由于强行励磁作用，可使发电机的励磁电流$i_f$增大3～5倍，时间长了会使发电机转子励磁绕组过热。此外强行励磁作用时还增大了短路电流。这些都应给予足够的重视。

（2）快速关闭原动机汽门

快速关闭汽门可提高电力系统的暂态稳定性。由于快速改变原动机的功率对提高暂态稳定性有良好的作用，而现在调节器又很难满足要求，因此，提出了原动机的故障调节。所谓故障调节，就是利用一些特殊设备，在系统故障时，根据故障的情况，快速地调节原动机的功率。目前，已在使用汽轮发电机的快速动作汽门（汽门动作可有0.3s内关闭50%以上的功率，主要在大型机组中应用）。快速动作汽门对暂态稳定的影响如图6-33所示。从图6-33可以看到，没有快速动作汽门时，系统是不稳定的。有快速动作汽门时，如果发生短路，保护装置或专门的检测控制装置使快速汽门动作，则原动机的功率迅速下降，以减小加速面积，增大了减速面积，从而保持暂态稳定。为了减小发电机振荡幅度，可以在功角开始减小时重新开放汽门。

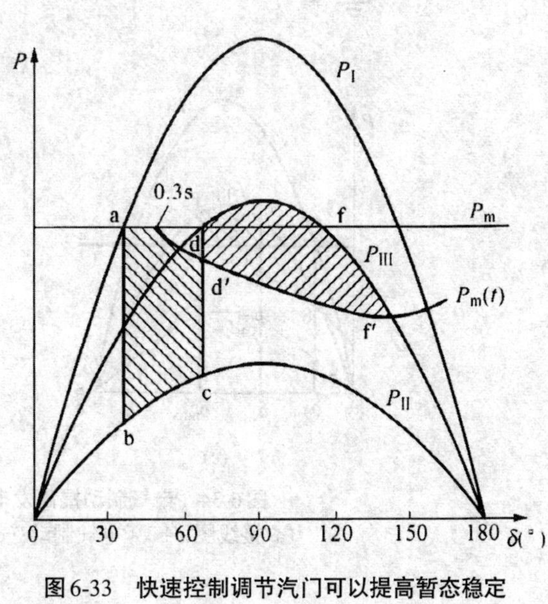


图6-33　快速控制调节汽门可以提高暂态稳定

必须指出，水轮机在迅速关闭或打开导水叶片时，导管中水压迅速上升或下降而产生的水锤（水锤即骤然升高的水击现象）影响比较突出，因此水轮发电机组借调速系统以提高系统的暂态稳定中可认为机械功率$P_m$为定值。

3. 电气制动和变压器中性点经小电阻接地

这些都是用消耗能量的办法减少能量的不平衡，以提高电力系统暂态稳定性的措施，但要增加投资。

（1）电气制动

当电力系统中发生短路时，发电机输出的有功功率急剧减少，发电机组因功率过剩而加速，如能迅速投入制动电阻，消耗发电机组的有功功率以制动发电机，使发电机不失步，仍能同步运行，从而提高了电力系统的暂态稳定性。

电气制动的接线如图6-34（a）所示。正常运行时断路器QF处于断开状态，当短路故障发生后，立即闭合QF而投入制动电阻$R$。这样就可以消耗发电机组中过剩的有功功率，从而限制发电机组的加速，使其能同步运行，从而提高了发电机并列运行的暂态稳定性。电气制动的作用也可用等面积定则来解释。图6-34（b）、（c）比较了有无电气制动的情况。在作此图时，认为短路故障发生后瞬时投入制动电阻，切除故障时，也即切除电阻。

由图6-34（b）、（c）可见，在切除故障角$\delta_c$不变时，由于有了电气制动，减少了加速面积$bb_1c_1cb$，使原来不能保持的暂态稳定性，变为可以保持暂态稳定性。在图6-34（c）中$P_{II}$为有制动时故障后功—角特性曲线，是将$P'_{II}$向上移动一个距离，向左移动一个相位角的结果。

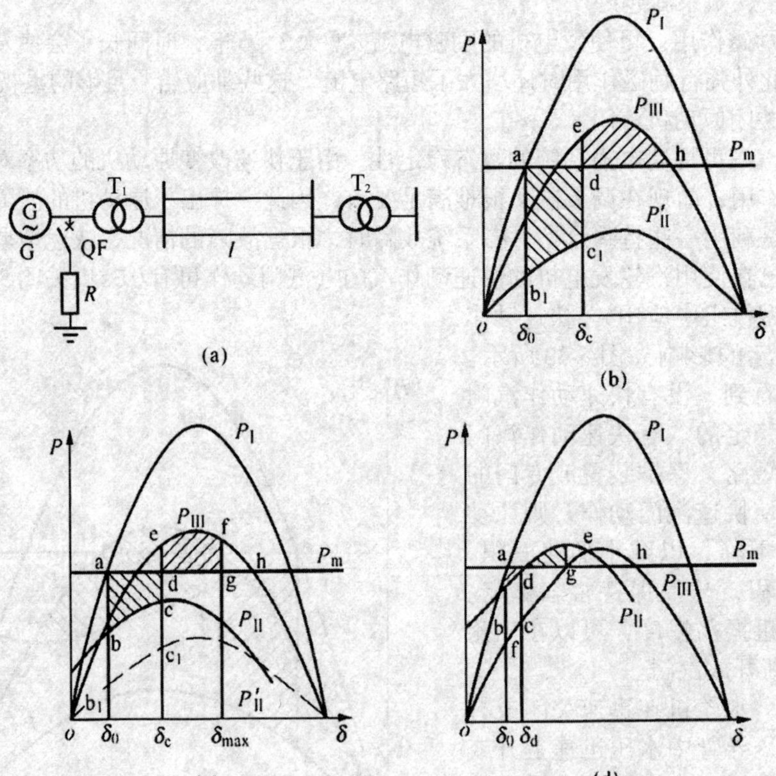


图6-34　电气制动提高发电机并列运行的稳定性

(a)接线图；(b)无电气制动；(c)有电气制动；(d)过制动

运用电气制动提高暂态稳定性时，制动电阻的大小及其投切时间要选择得恰当。否则，或者会发生所谓的欠制动，即制动作用过小，发电机仍要失步；或者会发生过制动，即制动过大，发电机虽在第一次振荡中没有失步，却在切除故障和切除制动电阻后的第二次振荡中或以后失步了。过制动现象也可用等面积定则解释。因此，在考虑某个具体电力系统中如何使用电气制动时，应通过一系列计算，求出不同输送功率下制动电阻的上下限和投切时间，然后选择一个恰当的方案。

（2）变压器中性点经小电阻接地

变压器中性点经小电阻接地就是对接地性短路故障的电气制动。变压器中性点经小电阻接地的接线图，如图6-35（a）所示，在$k$点发生了接地性不对称短路，短路电流的零序分量回路如图6-35（b）所示。短路电流的零序分量通过变压器中性点所接电阻$R$时，将产生有功功率损耗。在短路靠近送电端时，它主要由送电端发电厂供给；接近受电端时，则主要由受电端系统供给。送电端发电机由于要供给这部分功率损耗，短路时它们的加速度就要减缓，或者说这些电阻中的功率损耗起了制动作用，因而提高了系统的暂态稳定性。因此对于不是无限大容量母线的实际电力系统，一般只在送端变压器中性点接入小电阻。如果在受端变压器中性点接小电阻，则由于电阻上的功率消耗，大部分将由受端发电机负担，使本来处于减速的受端发电机加重负担，恶化了系统的暂态稳定性。

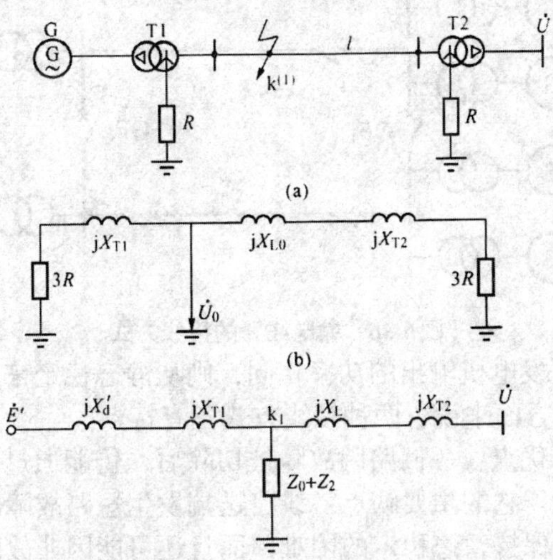


**图6-35　变压器中性点经小电阻接地接线图**

(a)接线图；(b)零序网络；(c)短路时的复合网络

对于不同类型短路时附加阻抗如下。

$k^{(1)}$时
$$Z_D^{(1)} = Z_2 + Z_0 = jX_{2\Sigma} + R_{0\Sigma} + jX_{0\Sigma}$$

$k^{(1.1)}$时
$$Z_D^{(1.1)} = \frac{jX_{2\Sigma}\left(R_{0\Sigma} + jX_{0\Sigma}\right)}{jX_{2\Sigma} + \left(R_{0\Sigma} + jX_{0\Sigma}\right)}$$

$k^{(2)}$时
$$Z_D^{(2)} = Z_2 = jX_{2\Sigma}$$

$k^{(3)}$时
$$Z_D^{(3)} = 0$$

由上可见，$R$只在$k^{(1)}$、$k^{(1.1)}$时才起制动作用。

此方法在故障时，功—角特性曲线将向上向左移动，功率极限提高了，有利于提高系统暂态稳定性，其情况类似图6-35（c）所示。

中性点连接的小电阻和连接三相上的制动电阻不完全相同，它的制动作用因短路点距送、受端的远近及短路的种类而异。因此在考虑某个具体系统中如何使用这一个措施，也应通过一系列计算才能确定适当的电阻值。

变压器中性点所接的用以提高系统暂态稳定性的小电阻或小电抗的数值很小，若以变压器的额定容量为基准，其电阻或电抗百分数一般不超过百分之几，因此并不改变电力系统中性点工作方式的性质。

**4. 合理选择电力系统的运行接线**

电力系统运行接线的确定，与许多因素有关，如系统本身的结构、运行的经济性、安全可靠性等。接线方式对电力系统运行的稳定性也有很大的影响，必须合理选择。

在电力系统中，远方发电厂向系统中心输电常常采用多回路输电方式。但运行中，可以选择并联接线和分组接线两种方式。如图6-36所示，当开关$QF_1$、$QF_2$投入时为并联接线方式；$QF_1$、$QF_2$断开时为分组接线方式。

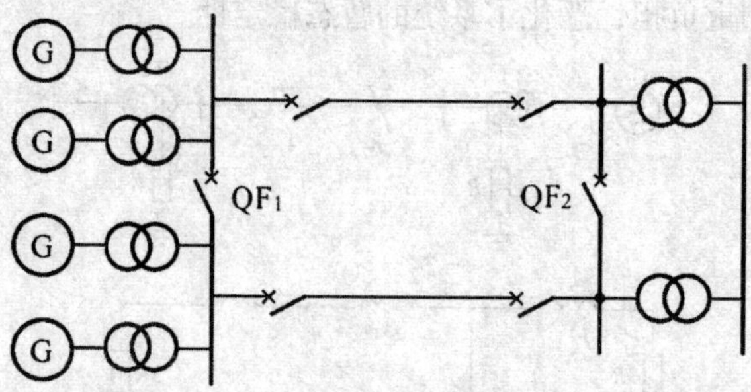


图6-36　输电线路的接线方式

如果两种接线方式下发电机输出的功率相同，则从静态稳定来说，两种接线方式是一样的。但从故障和暂态稳定方面来说，两种接线方式各有特点。

并联接线方式的主要优点：一回路因故障被切除后，仍能通过另一回路把功率送到系统中去，系统不会失去电源。它的主要缺点：线路送端发生短路故障时所有发电机都要受到很大的扰动，大大地增加了保持暂态稳定的困难，而且还可能因非故障线路的过负荷而导致事故的扩大，都会使系统出现较大的功率缺额，从而导致对部分用户的中断供电。

分组接线的优缺点正好与并联接线相反。当线路送端发生故障时，对无故障组的影响很小，可以大大改善暂态稳定，甚至可以按静态稳定条件来确定正常输送的功率。但分组接线在线路故障之后，由于线路被切除系统因而失去部分电源。如果系统有功容量备用不足，会使系统出现较大功率缺额，从而导致对部分用户的中断供电。上述两种接线方式的选择，应根据具体情况合理决定。也可以根据运行方式及输送功率的大小，在不同时间采用不同的接线方式。

**5. 连锁切机和切除部分负荷**

连锁切机是简单易行的提高稳定运行的措施，但连锁切除发电厂的部分发电机组，意味着系统内暂时丧失了部分能源，如果受端系统备用电源不足，会引起系统的频率下降。因此，使用时应考虑同时要连锁切除受端系统的部分负荷，以维持系统频率的相对稳定。

所谓连锁切机，就是在输电线路发生事故跳闸或重合闸不成功时，连锁切除线路送电端发电厂的部分发电机组。图6-37（a）表示某一电力系统的接线图，图6-37（b）为该系统在各种运行情况的功—角特性曲线。正常运行时，发电机运行点在功—角特性曲线$P_{\mathrm{I}}$上的1点；当线路的送电端A点发生短路故障时，运行点从1点转移到功—角特性曲线$P_{\mathrm{II}}$上的2点；当故障延续$t_1$后，故障线路被切除，运行点从3点转移到功—角特性曲线$P_{\mathrm{III}}$上的5点；再延迟某一时间段后，连锁切除发电厂内一台或几台机组，此时由于发电机的等效电抗增大，切机后的功—角特性曲线下降为$P'_{\mathrm{III}}$，运行点从6点转移到7点，但由于切除了发电机组，原动机的输入功率也从$P_{\mathrm{m}}$降到$P'_{\mathrm{m}}$，结果使减速面积反而增大，从而提高了系统的暂态稳定性。

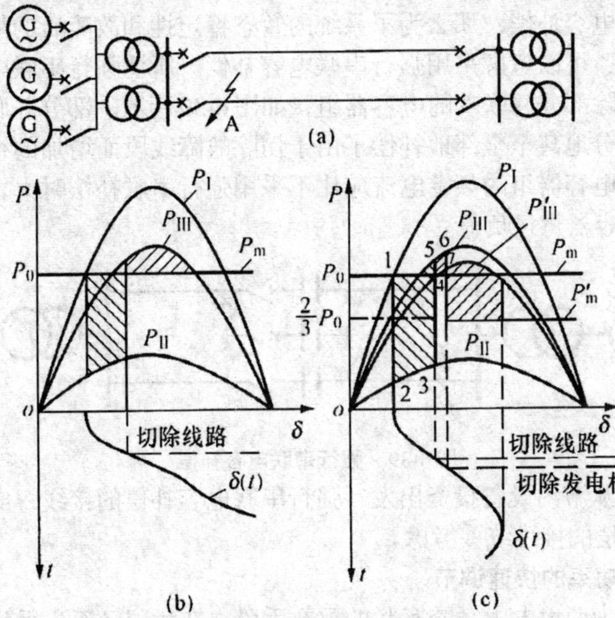


图6-37 连锁切机提高发电厂并列运行暂态稳定

(a)接线图；(b)不切除发电机；(c)切除一台发电机

6. 设置开关站

对双回路的输电线路，故障切除一回路后，线路阻抗增大一倍，故障后的功率极限要降低很多。这种情况，对暂态稳定和故障后的静态稳定都是不利的。超高压远距离输电线的阻抗占系统总阻抗的比例很大，这种影响就更大了。如果在线路中间设置开关站，把线路分成两段，故障时仅切除一段线路，如图6-38所示，则线路阻抗就增加得较少。不仅提高了发生故障时的暂态稳定性，而且能提高故障后的静态稳定性，改善故障后的电压质量。

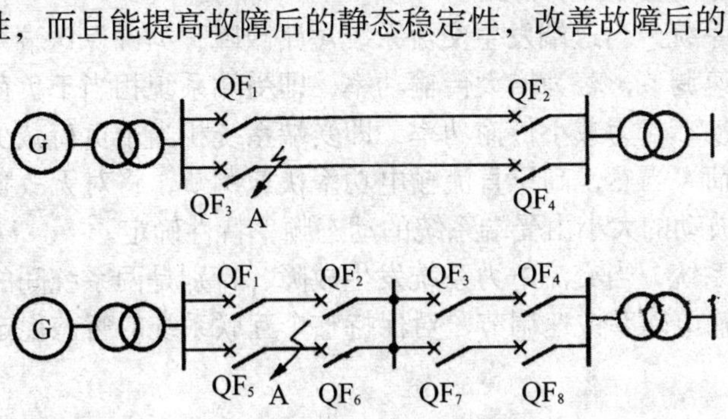


图6-38 输电线路设置开关站

设置开关站增加了电力网的投资费用和运行费用，因此，应从技术与经济两方面综合确定开关站的数目。过多地建设开关站在经济上是不合理的。一般对于长度为300～500km的输电线路，开关站以一个为宜。开关站的数目及分布位置，还可以结合串联电容补偿、并联电抗补偿的分布统一考虑。

设置开关站的地点，还应考虑到沿线路负荷的发展，尽可能设置在远景规划中拟建中间变电所的地方；开关站的接线、布置应兼顾到便于扩建为变电所的可能性。

### 7. 采用强行串联电容补偿

为了提高电力系统正常运行时的静态稳定性，改善正常运行时的电压质量，如果已经在输电线路上设置串联电容补偿，那么为了系统的暂态稳定性和故障后的静态稳定性，以及改善故障后的电压质量，可以考虑采用强行串联电容补偿。所谓强行串联电容补偿，就是在切除故障线段的同时切除部分并联着的电容器组，如图6-39所示。部分并联电容器后，增大了补偿电容的容抗，部分地甚至全部地补偿了由于切除故障线段而增加的线路感抗。当然，采用强行串联补偿时，电容器组的额定电流应比不采用强行串联补偿时大，否则，切除部分电容器组后，留下的电容器将过负荷。

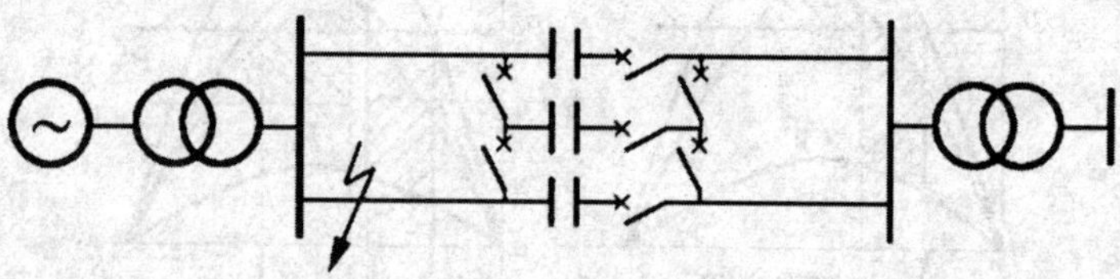

图6-39　强行串联电容补偿

由图6-39可见，从节约设备投资出发，强行串联电容补偿的接线，应与开关站或中间变电所以及串联电容补偿的接线统一考虑。

### 8. 高压直流输电功率的快速调节

高压直流输电作为两大电力系统互联的重要手段，在我国已逐步得到应用，如华中电网与华东电网的500kV超高压直流线路。高压直流输电的传输功率，可以通过阀控快速地调节(增大或减小)。当交流电力系统发生故障时，利用高压直流传输功率的快速调节，对提高非同步（指两系统间仅通过高压直流线路互联）和同步（指两系统间既有高压直流线路，又有高压交流线路互联）互联电力系统的稳定性，具有良好的效果。

调控信号（包括功率调节量的大小、方向、持续时间等）的选择是至关重要的，应由故障发生的地点、类型等信息综合后得出。

对于非同步互联系统，当送端发生交流系统短路故障，为确保送端系统的稳定性而进行高压直流输电功率快速调节，若为增大传输功率，即受端系统相当于负荷增加，则对送端系统来说相当于电气制动；若为减小传输功率，即受端系统相当于负荷减少，则对送端系统来说相当于切除有功负荷。当然，高压直流输电功率快速调节，将对无故障的受端电力系统的频率产生影响，频率波动的大小由受端系统的动态频率特性确定。

对于同步的互联系统，当交流电力系统发生故障，特别是两系统间的交流联络线发生故障时，采用高压直流输电功率快速调节，对保持整个互联系统的暂态稳定性，将会有更重要的作用。

## 6.5 提高电力系统稳定性的措施

### 6.5.1 提高系统稳定性的一般原则

电力系统运行的稳定性，是电力系统安全、经济运行的重要因素，随着电力系统的发展和扩大，特别是大容量机组和远距离输电线路的出现，电力系统的稳定性问题日益突出。可以说，电力系统稳定性问题成了当前交流电流系统发展的桎梏。所以，从电力系统规划设计到运行维护都应该进行电力系统稳定性的分析计算，并采取相应的提高和控制稳定运行的措施。

从静态稳定性的分析可知，若系统受到小扰动后具有较高的稳定极限，系统也就具有较高静态稳定性。从暂态稳定的分析可知，若系统受到大扰动后，发电机转子轴上的不平衡力矩将使并联运行发电机转子之间产生剧烈的相对运动，当发电机之间的功率角振荡超过一定限度时，发电机便会失去同步。因此，可以得出提高电力系统稳定性的一般原则：尽可能地提高系统的稳定极限，尽可能减小加速面积而增大最大可能的减速面积。

根据提高系统稳定性的一般原则，采取提高系统稳定性的措施很多，但应该指出，无论采用哪种措施来提高系统的稳定性，除了考虑技术上实现的可能性之外，还要考虑经济上的合理性，考虑多种措施的合理配合问题。此外，还要从电力系统发展的特点来考虑这些措施。

凡是提高发电机功率极限的措施，都有利于减小加速面积而增大最大可能减速面积。所以，凡是提高系统静态稳定性的措施都可以提高暂态稳定性。

下面分别介绍目前在电力系统中采用的一些提高静态稳定值和暂态稳定值的措施。

### 6.5.2 提高系统静态稳定值的措施

由简单电力系统功角特性方程可知，发电机功率极限为

$$P_{\max} = \frac{E_q U}{X_{d\Sigma}} \tag{6-82}$$

减小系统总电抗 $X_{d\Sigma}$、提高系统运行电压 $U$ 等都可以提高系统的稳定极限（简单电力系统的稳定极限等于功率极限）。因此，提高系统静态稳定性的措施如下。

**1. 减小系统电抗**

在如图6-1所示的简单电力系统中，系统电抗 $X_{d\Sigma}$ 为

$$X_{d\Sigma} = X_d + X_{T1} + \frac{1}{2}X_L + X_{T2} \tag{6-83}$$

发电机电抗 $X_d$ 在系统总电抗中所占的比例很大（一般1/3以上），但受制造成本和其他因素的限制，要想大幅度减小 $X_d$ 是较困难的。

变压器的电抗在系统总电抗中占有的比例较小，然而，在远距离超高压输电系统中，若已采取措施降低了发电机和输电线路的电抗后，减小变压器的电抗仍有一定的作用。例如，目前在远距离超高压输电系统中广泛采用的自耦变压器，除了节省材料、价格较便宜外，还因为它的电抗值较小，对提高远距离超高压输电系统的静态稳定性仍有一定意义。

输电线路的电抗在系统总电抗中占有最大的比例，特别是在远距离输电线路中，有的将

近占一半，所以减小输电线路的电抗对提高系统的静态稳定性有着十分重要的意义，可以通过以下措施来实现。

**2. 用串联电容补偿**

一般在较低电压等级线路上串联电容补偿主要是用于调压，在较高电压等级线路上串联电容补偿主要是用于提高系统的稳定性。采用串联电容补偿后，线路电抗为

$$X=X_L+X_C$$

式中，$X_L$——线路的感抗；

$X_C$——线路电容容抗。

很显然，采用串联电容补偿是大幅度减小线路电抗的有效措施。但是线路上采用串联电容补偿后又带来一些新问题，如串联电容的过电压/过电流保护、线路的继电保护及低频自发振荡等问题。总之，线路是否采用串联电容补偿要综合考虑多方面的问题。

**3. 提高输电线路的额定电压等级**

输电线路的额定电压是影响输送能力的重要因素，它直接影响传输电能的质量和线路的电能损耗。从分析稳定性方面来考虑，提高线路的额定电压等级相当于减小了线路的电抗，分析如下。

简单电力系统的功率极限为

$$P_{\max}=\frac{E_q U}{X_{d\Sigma}} \tag{6-84}$$

若将所有参数折算到发电机侧计算，随着输电线路额定电压等级的提高，线路电抗折算到发电机侧要大幅度减小。例如，已知发电机电动势为11kV，输电线路额定电压为110kV，线路电抗为100Ω，则折算到发电机侧的线路电抗值为1Ω；若提高输电线路的额定电压到220kV，则折算到发电机侧的线路电抗值为0.25Ω。

提高输电线路的额定电压等级提高了系统的稳定性，但同时也要考虑投资也增加了。

**4. 分裂导线**

采用分裂导线不仅可以防止电晕，而且还可以减小线路的电抗。例如，500kV架空线路采用单根导线的电抗大约为0.42Ω/km，采用二分裂、三分裂、四分裂导线时，电抗分别约为0.32Ω/km、0.3Ω/km、0.29Ω/km。

一种新式紧凑型分裂导线已在某些国家使用，同常规型分裂导线相比，这种导线更能大幅度减小电抗，但是目前这种导线结构工艺复杂、造价较高。

**5. 发电机采用自动调节励磁装置**

发电机的自动调节励磁装置不仅对电力系统无功功率平衡和电压调整起主导作用，而且对提高电力系统的静态稳定性也起着十分重要的作用。当发电机没有采用自动调节励磁装置时，空载电动势$E_q$恒定，发电机的电抗为$X_d$。当发电机装了自动调节励磁装置以后，发电机可以做到使暂态电动势$E'$或者机端电压$U_G$恒定。而$E'$恒定意味着发电机电抗由$X_d$减小到$X'_d$，$U_G$恒定则意味着$X_d$减小到几乎为零。由此可见，自动调节励磁装置对提高系统静态稳定性的效果是非常显著的。

由于自动调节励磁装置本身的价格相对于电力系统一次设备的投资来说是很小的，它和其他提高稳定性的措施相比也经济很多，因此发电机都应尽可能地装设高灵敏、完善的新型自动调节励磁装置，如具有电力系统稳定器（简称PSS）的自动调节励磁装置或微机型的自动调节励磁装置等。

6. 提高系统的运行电压

由简单电力系统的功角特性方程可知，功率极限与受端系统电压$U$成正比，所以提高系统运行电压水平可以提高系统的稳定性。但是，提高系统的运行电压水平，负荷所吸收的无功功率也大幅增加（$Q_L=U^2/X_L$），所以要考虑系统有充足的无功电源。

### 6.5.3　提高系统暂态稳定性的措施

1. 快速切除故障

快速切除故障是提高电力系统暂态稳定性最根本、最有效的措施。根据等面积定则，要使系统获得暂态稳定性，必须尽量减小加速面积，增大最大可能减速面积，这样才有可能使被加速了的转子回到同步转速，使系统恢复正常的同步运行。而要减小加速面积，最直接的方法就是快速切除故障。若切除故障的时间过长，系统可能会失去稳定性。用等面积定则对这两种情况的分析如图6-40所示。

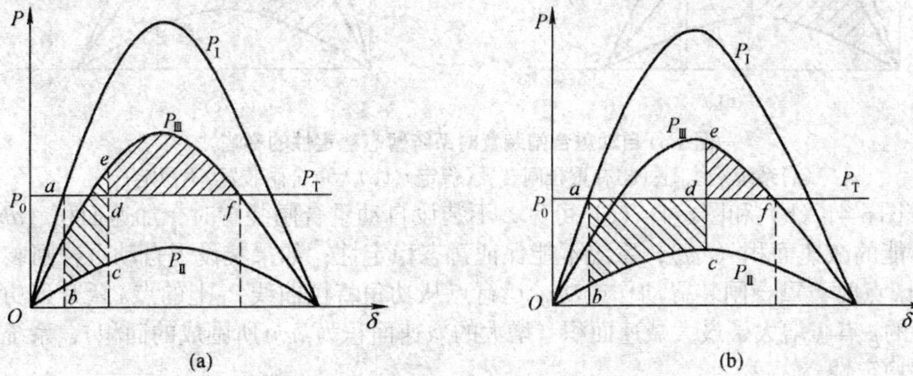


图6-40　切除故障时间对暂态稳定的影响

(a)快切除故障；(b)慢切除故障(不稳定)

切除故障的时间包括继电保护动作时间和从断路器接到跳闸脉冲到触头分开电弧熄灭为止的时间总和。因此，减小切除故障时间应从提高继电保护作用和改善断路器性能这两方面着手。目前最快可以做到短路故障后约一个工频周波（即0.02s）切除故障；220kV及以上电压等级的电力网，一般可做到在2.5 ~ 5个工频周波内（即0.05 ~ 0.1s）切除故障。

2. 采用自动重合闸装置

输电线路上的短路故障绝大多数是瞬时性故障（例如雷击线路，避雷器动作），当继电保护将故障线路两侧断路器断开，电弧熄灭后，绝缘又恢复到正常水平。在此情况下，若线路两侧都装有自动重合闸装置，则经延时预约时间后，两侧重合闸装置能自动将两侧断路器分别重合；若故障为永久性故障，则两侧重合闸装置能加速再次跳开两侧断路器。运行统计资料表明，输电线路自动重合闸动作成功率为60% ~ 90%，可见，自动重合闸的成功率很高。因此，GB/T 14285—2006《继电保护和安全自动装置技术规程》规定，对于1kV及以上电压等级的输电线路，当具有断路器时，应装设自动重合闸装置。高压线路的自动重合闸装置不仅可提高供电的可靠性，而且更重要的是可提高系统暂态稳定性。自动重合闸装置对提高电力系统暂态稳定性起着十分显著的作用。

简单电力系统如图6-41（a）所示。k点发生瞬时性短路故障，如图6-41（b）所示为线路两侧断路器装有自动重合闸装置的功角特性曲线分析图，如图6-41（c）所示为线路两侧断路器未装自动重合闸装置的功角特性曲线分析图。

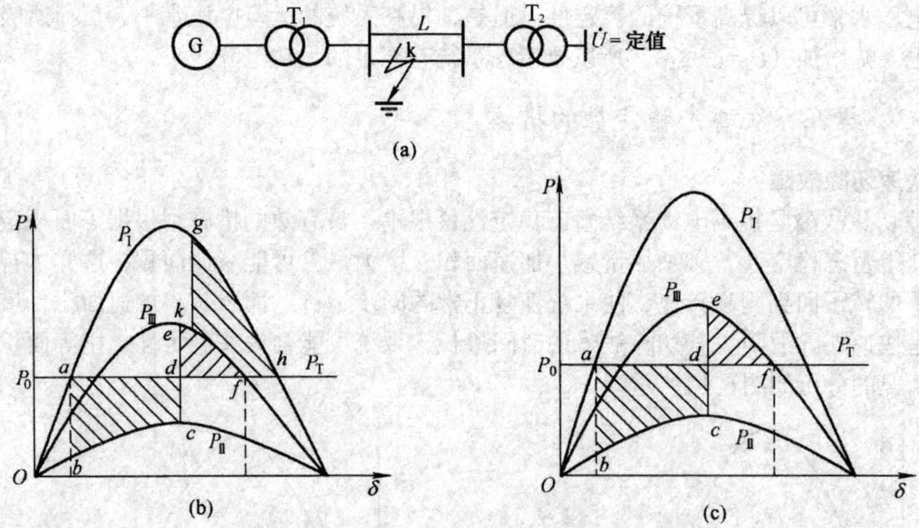

图6-41 自动重合闸装置对系统暂态稳定性的影响

(a)系统接线图；(b)有重合闸装置(稳定)；(c)无重合闸装置(不稳定)

比较图6-41（b）和图6-41（c）可见，不装设自动重合闸装置时，加速面积（*abcd*）大于最大可能的减速面积（*def*），系统不能保证暂态稳定性；如果装设了自动重合闸装置，当运行点到*k*点时，重合闸装置动作成功，运行点从功角特性曲线$P_{Ⅲ}$上的点*k*跃升到功角特性曲线$P_{Ⅰ}$上的*g*点，增大了最大减速面积（增大的减速面积为*kghf*所围成的面积），系统就能够保持暂态稳定性。

点*e*到点*k*之间对应的时间就是重合闸装置动作时间。从提高供电可靠性和暂态稳定性的角度分析，动作时间越短越好。但动作时间还要考虑故障点电弧熄灭的去游离时间和两侧断路器继电保护的配合问题，因此动作时间不能太短。对于三相自动重合闸，动作时间不宜低于0.5s。

在高压线路中，发生单相接地短路故障的概率最大。若采用综合重合闸装置，当线路发生单相短路故障时，通过选相元件仅对故障相实现单相重合闸，而非故障相照常运行，这样可以更好地提高电力系统的暂态稳定性，特别对于单回输电线路与系统连接的网络具有更重要的意义。

**3. 设置开关站和采用强行串联电容补偿**

在远距离输电系统中，输电线路对提高系统的稳定性起着重要的作用。下面介绍改善线路结构提高系统稳定性的两种方法。

（1）采用强行串联电容补偿。为了提高系统静态稳定性，改善正常运行的电压质量，若已经在输电线路上设置了串联电容补偿，为了提高系统的暂态稳定性和故障后的静态稳定性，以及改善故障后的电压质量，可以考虑采用强行串联电容补偿。所谓强行串联电容补偿，就是在切除故障线段的同时切除部分并联着的电容器组，如图6-42所示。

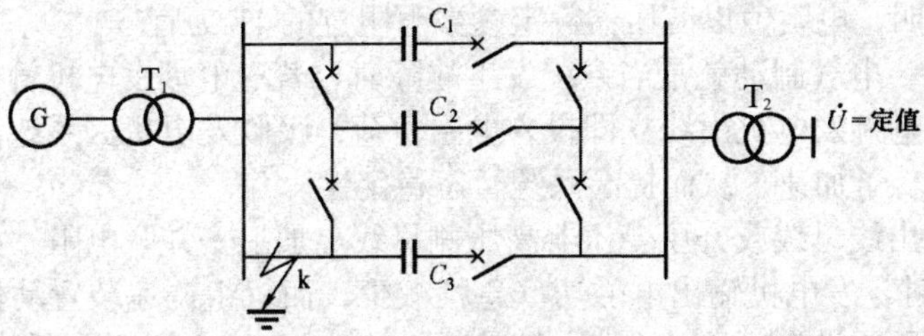


图6-42　强行串联电容补偿

当k点发生短路故障时，继电保护将该段线路切除，线路总电抗增大了。若在切除故障线段的同时也强行将电容器组$C_3$切除，总并联电容减少而总的容抗（$X_C=\frac{1}{\omega C}$）增加了，这样可补偿线路总电抗的增加。

在电力系统的规划设计中，强行串联电容补偿应该与开关站及串联电容补偿统一考虑。

（2）设置开关站。当远距离输电线路的长度超过300km，而沿途又没有中间变电站时，为了提高系统的稳定性，可以在输电线路中间设置开关站，如图6-43（a）所示。

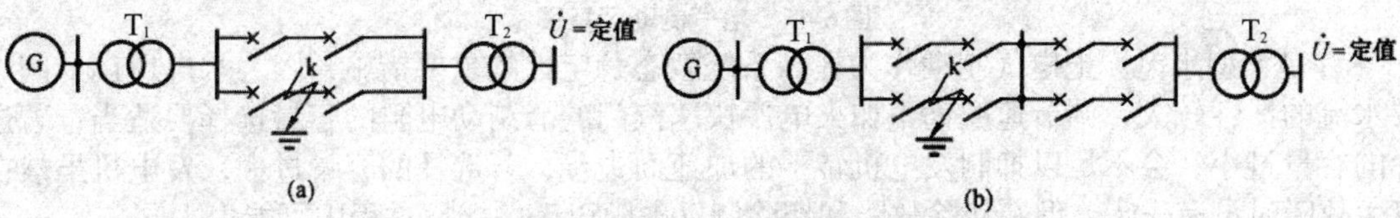


图6-43　输电线路中间设置开关站

(a)无开关站；(b)有开关站

当k点发生故障线路，若没有设置开关站，如图6-43（a）所示，则切除整条故障线路，线路总电抗将增大到故障前时的两倍；若中间设置了开关站，如图6-43（b）所示，则只切除一段线路，线路总电抗将增大到故障前的1.5倍。因此线路中间设置开关站不仅提高了系统的暂态稳定性，而且也提高故障后系统的静态稳定性。但是设置开关站要增加系统的投资费和运行维护费，开关站的设置要从技术和经济两方面综合考虑。开关站应尽可能设置在远景规划中拟建中间变电站的地方。开关站的接线布置应兼顾到以后便于扩建为变电站的可能性。一般地，对于距离为300～500km的输电线路，开关站以一个为宜，对于距离为500～1000km的输电线路，开关站以2～3个为宜。

**4. 采用变压器中性点经小电阻接地和电气制动**

（1）变压器中性点经小电阻接地。变压器中性点经小电阻接地实质上是系统在发生不对称接地短路时的电气制动。将小电阻接在发电机升压变压器星形侧中性点与大地之间，如图6-44所示。

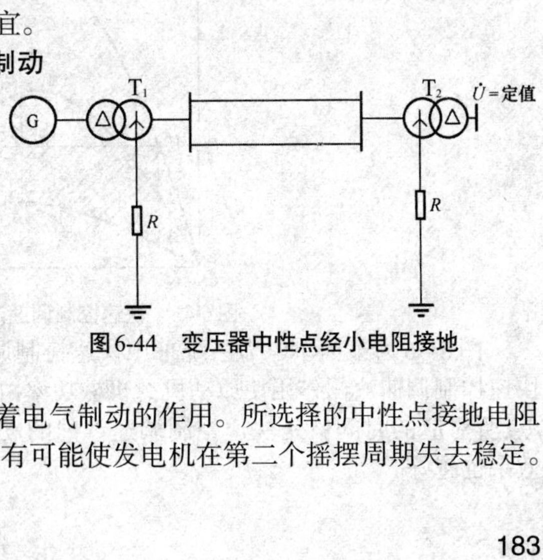


图6-44　变压器中性点经小电阻接地

在正常运行状态下，三相负荷电流对称，没有电流通过小电阻；当系统发生不对称接地短路时，接在变压器中性点的小电阻有零序电流通过，这时电阻中消耗的功率就起着电气制动的作用。所选择的中性点接地电阻值不宜过大，若电阻值过大，消耗功率太大，有可能使发电机在第二个摇摆周期失去稳定。

对典型系统计算表明，电阻值以变压器额定参数下阻抗的4%为宜。

（2）电气制动。电气制动就是当系统发生故障时，若送电端发电机输出给系统的电磁功率急剧减小，在送电端发电机出线立即投入电阻负荷，吸收发电机因系统故障而产生的过剩功率，抑制发电机转子加速，从而提高系统暂态稳定性。

一般在发电机出线母线或升压变压器高压侧母线上加上一并联电阻，如图6-45所示。当k点发生短路故障时，发电机输出电磁功率急剧减少，而机组调速装置动作需要时间，原动机输入机械功率来不及改变，多余能量将使转子加速，此时立即合上断路器QF用电阻$R$来吸收多余的能量，抑制转子加速。

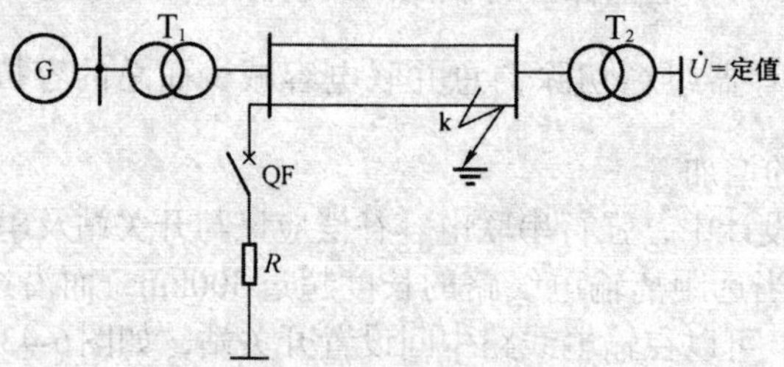


图6-45　电气制动示意图

许多大型水电厂把电气制动作为提高系统暂态稳定性的重要措施，因为水电厂调节阀门及水流的惯性较大，调节速度远不如火电厂快速汽门的。制动电阻的容量选择要适当，若选择的容量过小，会不足以抑制发电机转子的加速而失步；若选择的容量过大，发电机虽然在发生故障时没有失步，但在切除故障和切除制动电阻以后的摇摆过程中可能失去同步。

**5. 减小原动机输入的机械功率**

当系统故障输送电端发电机输出的电磁功率忽然减少时，可以通过减小原动机输入机械功率的办法，抑制发电机转子的加速，提高系统暂态稳定性。显然此措施的原理比电气制动的要好，下面介绍两种常用方法。

（1）快速控制调速汽门。现在大容量汽轮发电机组都是高温、高压、具有中间再热的机组，而且都配置了反应较快的阀门控制系统。因此在系统故障期间，这种机组能够做到快速关闭汽门，降低原动机的输入功率，提高系统的暂态稳定性。

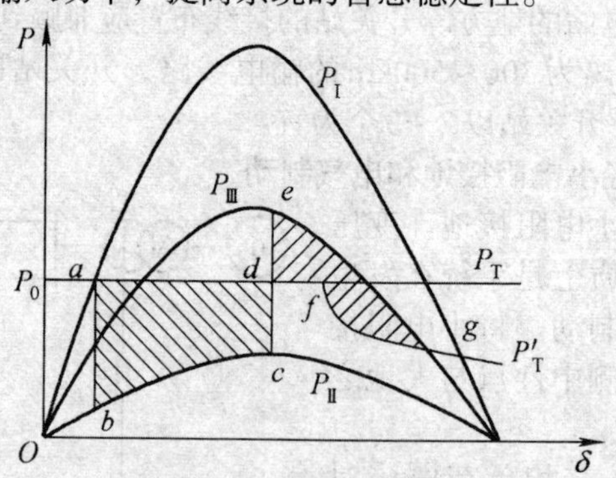


图6-46　快速控制调速汽门提高系统暂态稳定性

图6-46为某简单电力系统采用快速控制调速汽门提高系统暂态稳定性的示意图，在$f$点快速控制调速汽门作用使原动机的机械功率由$P_T$减少到$P'_T$，显然减速面积增大了。从$d$点到$f$点所对应的时间就是快速控制调速汽门的动作时间，可见动作时间越短，控制难度越大，效果也越好。

采用快速控制调速汽门可以在故障后不切机的情况下，抑制发电机的加速，提高系统暂态稳定性；同时，可以在故障被切除后使发电机能很快地恢复原来的出力。所以，采用快速控制调速汽门来提高系统的暂态稳定性是有效而又经济的措施。

（2）联锁切机。连锁切机就是在输电线路发生短路切除故障线路的同时（或重合闸不成功时），连锁切除线路送电端发电厂的部分发电机组。用简单电力系统的功角特性曲线说明连锁切机提高系统暂态稳定性的原理，如图6-47所示。

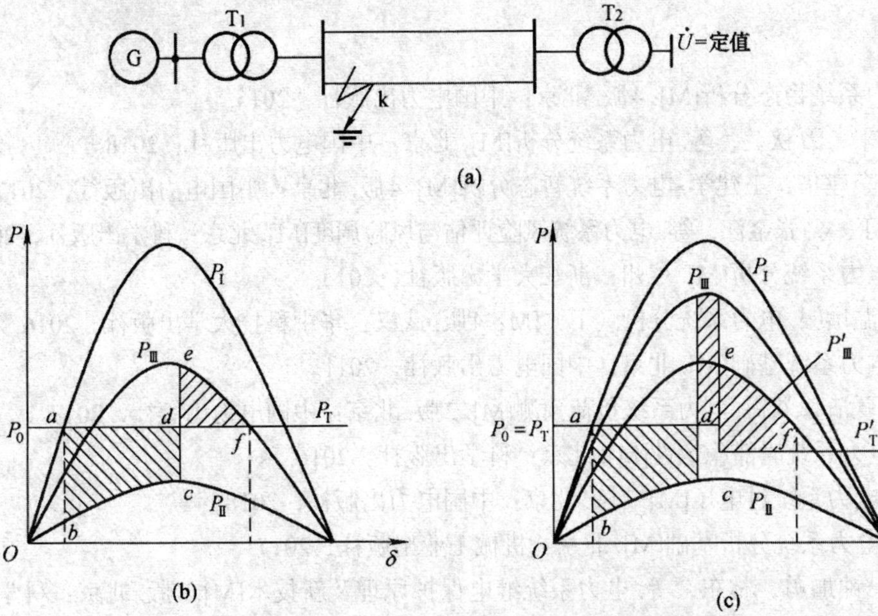


**图6-47　连锁切机对系统暂态稳定性的影响**

(a)系统接线图；(b)不切机(不稳定)；(c)切机(稳定)

正常运行状态时，发电机运行在$P_{\mathrm{I}}$曲线上的$a$点，当一回输电线路的首端k点发生短路故障时，运行点从$a$点转移到$P_{\mathrm{II}}$曲线上的$b$点，然后由$b$点向$c$点转移；当运行到$c$点时，故障线路被切除，运行点由$c$点转移到$P_{\mathrm{III}}$曲线上的$e$点。如图6-47（b）所示，若不采用连锁切机，$abcd$所围成的加速面积大于$def$所围成的减速面积，则系统不稳定；若在切除故障线路的同时，也切除发电厂的部分机组使原动机输出的机械功率由$P_{\mathrm{T}}$减少到$P'_{\mathrm{T}}$，如图6-47（c）所示，这时与功角特性曲线$P_{\mathrm{III}}$相交的最大可能减速面积显然增大，所以提高了系统的暂态稳定性。

**6. 利用调度自动化提供的信息及时调整运行方式**

目前，电力系统运行调度大部分都使用了计算机调度自动化系统，很多都配备安全、经济分析的高级应用软件。在运行中，应根据此软件提供的安全分析信息，随时调整系统的运行方式，以保证系统的稳定性。可以预言，利用调度自动化提供的信息及时调整运行方式，提高电力系统的稳定性，将有划时代的意义。

**7. 采用直流输电**

直流输电是将送电端的交流电经升压、整流后，通过高压直流线路送到受电端，然后在受电端将直流电逆变成交流后送入交流电力系统。由于直流输电传输的功率与频率无关，两端交流系统可以在不同的频率下通过直流输电线路连在一起运行，所以，两个交流系统之间不存在稳定性问题。此外，还可以利用直流输电的快速调整能力来提高两侧交流系统的稳定性。

# 参 考 文 献

[1] 陈珩. 电力系统稳态分析[M]. 4版. 北京：中国电力出版社，2015.
[2] 陈怡，蒋平，万秋兰，等. 电力系统分析[M]. 北京：中国电力出版社，2018.
[3] 方万良，李建华，王建学. 电力系统暂态分析[M]. 4版. 北京：中国电力出版社，2017.
[4] 郭创新，丁一，张金江，等. 电力系统风险评估与风险调度[M]. 北京：科学出版社，2018.
[5] 韩祯祥. 电力系统分析[M]. 杭州：浙江大学出版社，2013.
[6] 何仰赞，温增银. 电力系统分析（下）[M]. 4版. 武汉：华中科技大学出版社，2016.
[7] 侯卓生. 电力系统基础[M]. 北京：中国电力出版社，2011.
[8] 康重庆，夏清，刘梅. 电力系统负荷预测[M]. 2版. 北京：中国电力出版社，2017.
[9] 贾宏杰. 电力系统时滞稳定性[M]. 北京：科学出版社，2016.
[10] 解广润. 电力系统过电压[M]. 2版. 北京：中国电力出版社，2018.
[11] 李庚银. 电力系统分析基础[M]. 北京：机械工业出版社，2017.
[12] 李佑光，钟加勇，林东，等. 电力系统继电保护原理及新技术[M]. 3版. 北京：科学出版社，2019.
[13] 刘万顺，黄少锋，徐玉琴. 电力系统故障分析[M]. 3版. 北京：中国电力出版社，2010.
[14] 马小亮，潘月斗，李擎，等. 电力拖动自动控制系统[M]. 2版. 北京：机械工业出版社，2014.
[15] 孙宏斌，郭庆来，张伯明. 电力系统自动电压控制[M]. 北京：科学出版社，2018.
[16] 王杰. 柔性交直流输电系统的非线性控制[M]. 北京：科学出版社，2017.
[17] 夏道止，杜正春，程时杰，等. 电力系统分析[M]. 3版. 北京：中国电力出版社，2018.
[18] 杨海涛. 电力系统安全性[M]. 北京：中国电力出版社，2016.
[19] 臧家义. 现代电力系统稳态与暂态分析方法探究[M]. 北京：中国纺织出版社，2019.
[20] 张保会，尹项根. 电力系统继电保护[M]. 2版. 北京：中国电力出版社，2018.
[21] 张瑛. 电力系统自动装置[M]. 北京：中国电力出版社，2018.